BICHOS DE SETE CABEÇAS

OS AGENTES DA INQUISIÇÃO EM ALAGOAS COLONIAL, 1674-1820

Catalogação na Fonte
Elaborado por: Josefina A. S. Guedes
Bibliotecária CRB 9/870

Machado, Alex Rolim
M149b Bichos de sete cabeças: os agentes da inquisição em Alagoas colonial,
2024 1674-1820 / Alex Rolim Machado. – 1. ed. – Curitiba: Appris, 2024.
244 p. ; 23 cm. – (Ciências sociais. Seção história).

ISBN 978-65-250-5599-2

1. Alagoas – História. 2. Inquisição - Brasil. 3. Igreja Católica. Congregação do Santo Ofício. I. Título. II. Série.

CDD – 981.35

Livro de acordo com a normalização técnica da Chicago

Editora e Livraria Appris Ltda.
Av. Manoel Ribas, 2265 – Mercês
Curitiba/PR – CEP: 80810-002
Tel. (41) 3156 - 4731
www.editoraappris.com.br

Printed in Brazil
Impresso no Brasil

Alex Rolim Machado

BICHOS DE SETE CABEÇAS

OS AGENTES DA INQUISIÇÃO EM ALAGOAS COLONIAL, 1674-1820

À literatura

AGRADECIMENTOS

Aos meus pais, pelo apoio desde o início em minha carreira de historiador. Ao meu irmão, Adan Rolim Machado (*in memoriam*), que passava horas me escutando falar do meu tema. À Karolline Campos, pelo acompanhamento desde o início dessa jornada. Aos professores Antônio Filipe Pereira Caetano, Márcia Eliane de Souza e Mello, Irinéia Franco, Janaína Guimarães, Célia Nonata e Aldair Rodrigues, por todas as conversas e orientações durante a escrita da dissertação e sua avaliação.

No âmbito das pesquisas, agradeço aos funcionários e às funcionárias do Arquivo Nacional Torre do Tombo e Arquivo Histórico Ultramarino, em Lisboa, e da Universidade de Coimbra, pelas infinitas ajudas nos meus pedidos de documentos, inclusive daqueles que estavam retirados da leitura, necessitando de autorização para consultá-los. No Brasil, agradeço aos funcionários do Instituto Histórico e Geográfico Brasileiro, no Rio de Janeiro, bem como aos funcionários e às funcionárias do Arquivo Público do Estado da Bahia, em Salvador. Em terras alagoanas, agradeço às funcionárias do Instituto Histórico e Geográfico de Alagoas, e ao seu presidente, Jayme Lustosa de Altavila, pela disponibilidade e acesso aos documentos da história de Alagoas. Da mesma feita, deixo muitos agradecimentos às funcionárias do Arquivo Público do Estado de Alagoas, por terem me disponibilizado as fontes sobre Alagoas e livros que estavam em seu catálogo.

Por último, agradeço à Coordenação de Aperfeiçoamento de Pessoal de Nível Superior (Capes), pela concessão da bolsa de mestrado.

APRESENTAÇÃO

Este livro é uma reescrita da minha dissertação de mestrado concluída na Universidade Federal de Alagoas, em 2016. De lá para cá, algumas correções foram feitas, que nos levam a estabelecer alguns pontos explicativos.

A escrita e recorrente explicação do que está sendo produzido são mecanismos quase automáticos e próprios à Academia. Como somos avaliados por uma banca de doutores, para obtenção do título de mestre em História, é recomendado colocar seus dados e suas conclusões de forma direta, apresentando o caminho percorrido de forma bastante endurecida, científica e contextual, no que implica, na maior parte do tempo, uma exposição maior de explicações fundamentais, mas sem um linguajar ao público não especialista.

Aqui, o leitor terá um texto revisado pela terceira vez. A intenção era enxugar e cortar notas de rodapé explicativas em demasia e contextos muito longos. Admite-se que o exercício de cortar e enxugar exposições foram tão difíceis para mim quanto foi para o personagem de Tom Hulce, no filme *Amadeus*, do diretor Miloš Forman, que teve que ouvir constantemente os comentários "*too many notes*".

Porém não abdiquei de explicar vários meandros que seriam necessários a um público não especialista. Nesse sentido, este livro adota mais ou menos a dinâmica da versão cinematográfica de *Anna Karenina*, do diretor Joe Wright, exibida em 2012, em que a história se desenrola ao mesmo tempo que no fundo pessoas e mais pessoas se mexem para movimentar cenário, ajustar luzes etc. Ou seja, o leitor vai tanto acompanhar o processo do palco como o "detrás das cortinas", só que sem tantas notas. A citação do italiano Carlo Cippola ajuda, de maneira bem didática, a expor o que quero passar:

> Um espetáculo teatral é, normalmente, visto da plateia: e, então (se as coisas correrem bem), é tudo um esplendor de luzes e o público fica absorvido pelo desenrolar da história e pelo encadear das notas musicais, ou pelas duas coisas juntas. Mas um espectáculo teatral pode também ser visto dos bastidores: e então as coisas vêem-se de maneira muito diferente. A história recitada, ou a música, já não interessam. O que interessa é o esforço produtivo e o modo como o trabalho está a ser executado. Vêem-se cordas, cabos eléctricos, holofotes, cenários e maquinarias, actores que acabam de sair de cena revelando o esforço feito e com a pintura a derreter com o suor, e outros actores prontos para entrar em cena, que dão os últimos retoques e que,

> visivelmente excitados, preparam a expressão facial exigida pelo papel, um vaivém silencioso de actores, figurantes, operários, administradores, que sussurram frases entre si ou fazem sinais incompreensíveis, e tudo isto parece uma grande confusão. A obra do historiador é normalmente vista da plateia pelo público e este é convidado a inserir-se nos temas históricos narrados, sem a preocupação de saber o que se passa nos bastidores, isto é, o que está por detrás da narração histórica: os materiais que o historiador recolheu e como os recolheu e os tratou com o objetivo de interpretar este grande *puzzle* (que Paul Veyne chama *une intrigue*) que é a história[1].

Por conta dessa metodologia de narrativa, a contextualização tomou partes consideráveis do livro. Alguns assuntos, para quem é leitor de História Colonial, principalmente acadêmico, já são habituais. Para outros, certamente será interessante, pois tento trazer interpretações e assuntos que não são (ou que não eram) debatidos nas escolas e até mesmo nas Universidades. Ou seja, se para uns, o exercício de explicar pode se tornar "perda de tempo", para outros (e esse é meu objetivo), tem o caráter didático.

Sobre o vocabulário, algumas palavras devem ser tecidas. Como estamos estudando a época colonial, vários termos já podem ser considerados inadmissíveis para os dias atuais. Na maioria das vezes, foi salientada a utilização de determinadas expressões. Contudo boa parte das palavras não ficará entre aspas. Por exemplo: nos séculos XVI-XVIII, ser "puro de sangue" era ser branco, cristão e que não tivesse vestígio de "raça de infecta nação" correndo em sua árvore genealógica (judeu, africano, armênio, indígena, cigano). No decorrer do livro, não usei em vários momentos as aspas. Essa escolha foi feita porque a utilização das aspas, apesar de importante, tornaria o texto poluído de caracteres que poderiam atrapalhar a leitura. Decidi usá-las em casos de citações diretas e quando queria chamar atenção de forma sarcástica.

Creio que esses são os principais avisos a se dar antes de o leitor começar a folhear as primeiras páginas deste livro. No mais, tenham uma boa e atenta leitura.

---

[1] CIPPOLA, 1993, p. 7. Vale a pena a leitura que o filósofo psicanalista Slavoj Zizek traça sobre a relação "palco" e "detrás das cortinas": ZIZEK, 2013, pp. 223-224 (itálicos do autor).

LISTA DE QUADROS

LISTA DE ABREVIATURAS E SIGLAS

ANTT	–	Arquivo Nacional Torre do Tombo
AHU	–	Arquivo Histórico Ultramarino
APA	–	Arquivo Público do Estado de Alagoas
Apeb	–	Arquivo Público do Estado da Bahia
TSO	–	Tribunal do Santo Ofício
TRB	–	Tribunal da Relação da Bahia
CGSO	–	Conselho Geral do Santo Ofício
IHGAL	–	Instituto Histórico Geográfico de Alagoas
IHGB	–	Instituto Histórico Geográfico Brasileiro
IL	–	Inquisição de Lisboa
CP	–	Cadernos do Promotor
GC	–	Gabinete Civil
SC	–	Seção Colonial
Al. Av.	–	Alagoas Avulsos
Pe. Av.	–	Pernambuco Avulsos
Ch. Re.	–	Chancelaria Régia
Hab.	–	Habilitações
Hab. Inc.	–	Habilitações Incompletas
Cx.	–	Caixa
Cód.	–	Códice
Mç.	–	Maço.
Man.	–	Manuscritos
Doc.	–	Documento
Mf.	–	Microfilme
Proc.	–	Processo
liv.	–	Livro
Lt.	–	Lata.
Pst.	–	Pasta
fl.	–	Fólio

SUMÁRIO

INTRODUÇÃO

"Uni-vos!", que poeticamente poderia ter sido dito pela negra escrava Tecla a um mulato chamado Ludovico, insatisfeita com as ações de seu senhor. Ambos fizeram uma denúncia ao Santo Ofício, pretendendo desmanchar, na medida do possível, os poderes sólidos da sua condição de escravizada, em pleno 1708.

A reclamação resultava dos maus tratos que o Senhor de Engenho, Capitão Manoel de Mello Falcão e sua esposa, Anna Maneli, "terceira neta de Branca Dias", aplicavam aos escravos. De acordo com a denúncia, o Capitão Falcão fez questão de comprar um negro escravo — por quem nutria uma raiva — pertencente a Antônio Fariaz[?]. O motivo da compra era ter a oportunidade de, em uma Sexta-Feira da Paixão, açoitá-lo de uma maneira "que só os judeus os fariam em tal dia", tendo depois cortado suas orelhas, dando-as a um cão. Anna Maneli não ficava para trás, e, de "tão mal cristã", prendeu um outro escravo em uma corrente e o mandou ingerir "um caldo quente fervendo", enquanto uma mulata açoitava-o até fazê-lo "expirar", sem confissão e sem sacramento. O casal era tido como reconhecido nas redondezas por enterrar seus escravos em buracos nos campos, sem mortalha, encomendas ou qualquer ritual cristão[2].

Pode-se perceber à primeira vista que a denúncia de Tecla e Ludovico mescla elementos. Havia a necessidade de trabalhar com os indícios conhecidos pela Inquisição de Portugal. Ambos os denunciadores tentaram ao máximo ligar as atividades dos senhores com ações judaicas, somando à narrativa que o Capitão Falcão, em seus dias de fúria, jogara fora de sua casa as imagens de Cristo e da "mãe santíssima" e ainda tocara fogo em outra imagem de Jesus. Anna Maneli, por sua vez, possuía uma imagem de Cristo em marfim, que deixava guardada em uma câmara, sem oratório, e um dia por semana se trancava naquele espaço, não permitindo que alguém lá entrasse.

O Familiar do Santo Ofício encarregado da inquirição, Antônio de Araújo Barbosa, derramou seu racismo em suas tintas, escrevendo que "deste mal tronco [de Branca Dias] é produzida a árvore, não pode deixar de reinar o mal sangue". Branca Dias foi uma famosa Cristã-nova, residente na sesmaria de Camaragibe, Olinda, no século XVI. Casou-se com outro

---

2 ANTT. TSO. IL, CP, liv. 324, fls. 115-115v. Retirados de http://digitarq.dgarq.gov.pt/.

Cristão-novo, Diogo Fernandes. Enviuvou e morreu entre 1579 e 1581. Durante a visitação de Pernambuco, em 1593, o visitador recebeu denúncias sobre os filhos da Cristã-nova, por conta de seus trabalhos "judaizantes" que fazia e ensinava em sua sesmaria, inclusive mantido ali "uma espécie de Sinagoga bastante ativa durante toda a década de 1560"[3]. Com esse forte imaginário em mente, alegou Barbosa que o casal de supostos "judeus" eram "primos de segundo grau", visando, assim, reforçar seu antijudaísmo no que concerniam indicações de endogamia, e as "predisposições" heréticas contra Cristo, as torturas e a falta de consideração católica com os seus escravos.

Mas o racismo de Antônio de Araújo Barbosa não era direcionado apenas ao Capitão Falcão e a sua esposa, Manelli. Da mesma feita, a escrava Tecla e o mulato Ludovico igualmente não eram passíveis de confiabilidade nos ambientes escravistas de Alagoas. O Agente do Santo Ofício tentou confirmar a veracidade da denúncia a partir do Alferes João Pires de Carvalho, de sua mulher, Aurea de Coutto, do Reverendo Padre Joseph de Faria Franco, de Domingos Pereira Barbosa, do Capitão Balthazar[?] Coelho[?] Falcão[?], do Capitão Antônio do Coutto, de Christovão Moreira e sua mulher, enfim: "todos os moradores da freguesia de Santa Luzia da Lagoa do Norte". Salvo engano, brancos e cristãos-velhos[4].

Atentando ao final da denúncia, tem-se que o Familiar se importava com apenas um tipo de crime: violências contra a cristandade e à imagem de Jesus Cristo. É cedo para arriscar a insensibilidade em relação às sevícias sofridas pelos escravos e escravas, cuja responsabilidade deveria pertencer à justiça secular e eclesiástica. Castigar, matar e enterrar sem sacramentos os escravos não era crime de alçada da Inquisição. Não é de se estranhar, portanto, que o mulato Ludovico e a negra Tecla tentaram aglutinar as violências físicas e espirituais contra os escravos às blasfémias típicas dos judeus e outros heréticos.

Apesar da denúncia não ter tido respaldo suficiente para prosseguir (não se tornou um processo completo), sua existência serve como indicativo de problematização da ação da Inquisição e seu relacionamento com a sociedade presente na Comarca das Alagoas naquele início de século XVIII.

---

[3] HERMANN, 2001, pp. 79-80. WIZNITZER, 1966, pp. 20-22.

[4] Essas pessoas "fidedignas" poderiam ser enquadradas no que Maria Tucci Carneiro chamou de "grupo discriminador", reforçado a partir das qualificações do Santo Ofício. Seriam eles "caracterizados ou se fazem caracterizar por qualidades positivas, representadas por adjetivos qualificativos, como por exemplo: dignos de confiança, fidedignas, desinteressadas, bons cristãos, honrados, hábeis etc. Essas qualidades são justificadas por expressões cujo sentido está assentado geralmente no conceito de pureza de sangue. O indivíduo é digno de confiança por 'ser inteiro e limpo de sangue'; ou é de bons costumes por 'não possuir raça alguma de judeu, mouro ou mulato'". CARNEIRO, 2005, p. 270.

Afinal, quase todos os elementos da estrutura da Inquisição encontrava-se nessa ocorrência, a saber: o "crime" de judaísmo, o mais perseguido pelos agentes; a ausência de "pureza de sangue" salientada em relação à descendência de Branca Dias, que foi levada em consideração no momento de tomar nota das acusações geradas a partir de pessoas socialmente desqualificadas devido à condição escrava e mestiça; a procura e encontro de testemunhas consideradas "fidedignas" para dar veracidade e qualificação ao depoimento; a perseguição não apenas ao judaísmo (heresia), mas igualmente aos desrespeitos aos sacramentos (blasfêmias); e o surgimento preciso da queixa como complemento e consequência da presença de um agente do Santo Ofício residente na Vila das Alagoas, completamente inserido na vida local.

A partir do último ponto anteriormente elencado, damos início à introdução da discussão do tema proposto neste livro. O que se pretende observar é: a participação do Familiar do Santo Ofício nessa denúncia e seu comportamento no ocorrido. Quem era Antônio de Araújo Barbosa? O que ele fazia além de ser agente da Inquisição de Portugal? Como ele se tornou esse policial da Inquisição? Quais suas motivações? Que tipo de mentalidade ele (assim como outros) apresentava para se comportar de maneira indutiva a partir dos indícios que entregaram a partir dos depoimentos? Qual a relação que os agentes tinham com os "judeus" (cristãos-novos), os africanos, os indígenas e seus descendentes, miscigenados ou não? O cargo de Familiar do Santo Ofício de Antônio de Araújo Barbosa continha uso e ação limitada apenas a essa denúncia ou se fazia presente nas diversas dinâmicas dentro de um espaço colonial? O poder da inquisição reforçava a estrutura colonial presente no Brasil? Da mesma feita, onde esse poder era produzido e reproduzido?

Responder a essas perguntas não necessariamente significa que tenhamos que seguir tais objetos de pesquisa apenas nos quadros da instituição da Inquisição[5]. Pode-se fazer outras avaliações sobre o poder daqueles agentes, notas para a pesquisa da família, atuações sociais fora do âmbito do Santo Ofício e as próprias atividades de seu ofício de controle social e costume. Como mote investigativo e problematizador, segue-se a definição de "Familiar" da Inquisição proposta por Sônia Siqueira, que soube aliar as características da estrutura barroca com as vivências nos Trópicos:

---

[5] Francisco Bethencourt já alertava, em 1994, que a atividade de repressão era a principal, mas não o único indicativo da atividade dos inquisidores no cotidiano. BETHENCOURT, 1994, p. 268.

> Ser Familiar era exibir orgulhosamente aos olhos dos demais o atestado da posse de um certo status social, cultural, religioso e econômico não comum. Era ser mais zeloso que os zelosos na defesa da Fé comum. Era também ter o direito de usar hábito, medalha e capa, e exibi-los nas procissões solenes do Tribunal. Era servir ao ideal religioso e cultuar a glória e vaidade: dois fortes valores do tempo. Era uma forma cômoda e agradável de ser barroco[6].

Assim como outras partes da América portuguesa, "Alagoas Colonial" não ficou isenta de Familiares ou de processos inquisitoriais denunciados, examinados e encaminhados para Lisboa[7]. Encontrar os Familiares e Comissários do Santo Ofício se movimentando em vilas e lugarejos ao sul da Capitania de Pernambuco, além de possibilitar o desenho de um esboço dos primeiros quadros dos agentes do Santo Ofício, proporciona a oportunidade de decifrar alguns mecanismos de "promoção social", do "fazer-se" e do "mostrar-se" dos moradores em Porto Calvo, Alagoas e Penedo: "tudo era de se saber, mas o que importava mais que tudo era a fama – essa fama que, para a mentalidade barroca, compondo a aparência compunha a realidade – fama pública e notória – a opinião coletiva"[8].

Dito tudo isso, não se considera neste livro que o estudo de "Alagoas Colonial" tenha como proposta a pintura de um quadro estático, enquanto peça de museu para ser observada enquanto retrato de uma época já superada e longínqua. Por ser um estado fortemente latifundiário, com índices de desigualdades sociais alarmantes e com uma classe dominante que sabe se perpetuar no poder político e econômico, é-se necessário estudar aspectos do passado e compreender essa trajetória que culminou em uma sociedade caracterizada pelos seus altos números de violência. Para isso, valho-me das problematizações acerca das existências de heranças de um passado que é julgado superado, a partir das observações de hoje na sociedade de suas persistências em perspectiva de longa duração[9].

---

[6] SIQUEIRA, 1978, p. 177.

[7] MOTT, 1992. MOTT, 2012, pp. 8-42. MACHADO, 2014. MACHADO, 2015.

[8] SIQUEIRA, 1978, p. 175. "Fazer-se, porque é um estudo sobre um processo ativo, que se deve tanto à ação humana como aos condicionamentos". THOMPSON, 1987, p. 9, 11-12. Sobre "promoção social", v. TORRES, 1994. Sobre a questão da "fama" e de suas implicações nas movimentações sociais culturais e econômicas, v. ELIAS, 2001, p. 119. THOMPSON, 1981, pp. 189-195. MONTEIRO, 2009, pp. 537-538.

[9] "Quem percorre o Brasil de hoje fica muitas vezes surpreendido com aspectos que se imagina existirem nos nossos dias unicamente em livros de história; e se atentar um pouco para eles, verá que traduzem fatos profundos e não são apenas reminiscências anacrônicas". PRADO JR., 2008, pp. 11-12. Carlo Ginzburg trata a Itália da mesma maneira, quando demonstrava que "(...) não só aos documentos conservados em arquivos e nas bibliotecas, mas à paisagem, à forma das cidades, à expressão gestual das pessoas: a Itália inteira pode ser considerada – e tem-no sido – um imenso arquivo". GINZBURG, 1991, p. 170.

O estudo da Inquisição e de seus agentes em solo "alagoano" serve como ponto de partida para entender as reminiscências do *modus operandi* do Santo Ofício e do modo de viver da sociedade luso-brasileira nos dias atuais. Apesar de termos citado em parágrafo anterior acerca da classe dominante e de sua dominação pelas vias do estado, não ignoramos as outras instituições que fazem parte da sociedade brasileira: a família, o cotidiano local, as dinâmicas nas escolas, os espaços de trabalho, as relações raciais etc.[10]

Nos dias atuais, a incessante busca de privilégios e tentativas de se diferenciar socialmente existe como mecanismo de exclusão e reafirmação de segregação e opressão social, e tais comportamentos demandam estudos críticos. Há as diferenciações, é verdade, entre a composição das classes sociais no Antigo Regime e na sociedade Liberal-Capitalista. Todavia, o fio condutor que historicamente costura essas "rupturas" da sociedade alagoana (principalmente nos estratos dominantes) continua sendo baseada na procura e reafirmações de privilégios e condições de diferenciação para manter ativas as exclusões, opressões e até mesmo eliminações físicas na sociedade capitalista atual[11].

---

[10] FOUCAULT, 2010. Em termos do "direito" e da "procura da verdade", LIMA, 2006. ROMANELLI, 2011, pp. 17-19. Carneiro será mais enfática: "Nossos jovens continuam desconhecendo as raízes de nosso pensamento intolerante e raros são aqueles que aprenderam que os cristãos-novos foram perseguidos pelo Tribunal do Santo Ofício. São ainda raras as escolas que incluíram o tema 'racismo' em seus programas de ensino", CARNEIRO, 2005, p. XIV.

[11] Mais ou menos o que quis dizer Norbert Elias sobre a passagem da sociedade de corte para a sociedade profissional burguesa, pois essa segunda preservou "em parte como herança, em parte como antítese" alguns relacionamentos "civilizatórios" e "culturais" da sociedade que a mesma derrubou na Revolução, ELIAS, 2001, p. 65. Ou, se recuarmos mais no tempo, parece que vivemos na Alemanha retratada por Marx na década de 40 do século XIX, que aglutina "(...) as *lacunas civilizadas* do *mundo político moderno* (de cujas vantagens não usufruímos) com as *lacunas atrozes do ancien régime* (de que desfrutamos na quantidade adequada)", MARX, 2004, p. 55. Itálicos do autor.

CAPÍTULO 1

INQUISIÇÃO, MONARQUIA E MENTALIDADES

Caso fosse permitido cometer plágio neste trabalho, seria o de denominar o primeiro capítulo com o título de "A orla ocidental da cristandade", título do prólogo da *Magnum opus* de Charles Boxer. A intenção do historiador britânico pode ser resumida na posição de que, por se considerarem "conquistadores", os lusos carregavam no interior de sua sociedade tradições e heranças advindas de épocas anteriores, levadas a cabo no processo de expansão e invasão de outras terras e continentes.

Dito isso, a proposta para abertura deste capítulo sobre mentalidades envolverá quatro condições: **1)** a mentalidade lusa e luso-brasileira não será posta de maneira linear, perseguindo um "ídolo das origens" para explicar os primórdios do nascimento de Portugal, seu desenvolvimento, até a chegada em terras de Pindorama para imposição de seus valores aos povos originários que cá habitavam[12]; **2)** Não se espera contemplar tudo que pode ser considerado como valores de uma sociedade, com todas as concepções de vida em seus mais variados ambientes e temporalidades[13]; **3)** Para sintetizar o imenso recorte temporal de 1674 até 1821, utilizarei em demasia o termo "Antigo Regime", mesmo sabendo que, como toda definição, é uma terminologia criada socialmente e fadada à crítica, sendo impossível aceita-lo enquanto monolítico. Seu emprego será feito para resumir e abarcar — para facilitar a vida do leitor — períodos do que seria a Época Moderna de Portugal, perpassando pelos momentos do Renascimento, Barroco e Iluminismo, englobados, magistralmente, por José Antônio Maravall na denominação de Estado Absolutista[14].

Ou seja, os tópicos a seguir trabalhados foram deliberadamente escolhidos enquanto proposta de explicação e caracterização daquela sociedade luso

---

12 Acerca dos perigos do "ídolo das origens", ver BLOCH, 2001, pp. 56-60.

13 "Mas as definições excessivamente breves, ainda que convenientes, pois contém o principal, são de qualquer maneira insuficientes, já que se devem extrair delas especialmente traços muito importantes daquilo que se deve definir". Afinal, "(...) o caráter condicional e relativo de todas as definições em geral, [é] que nunca podem abranger, em todos os seus aspectos, as múltiplas relações de um fenômeno no seu completo desenvolvimento (...)", v. LÊNIN, 2021, p. 114.

14 MARAVALL, 1986. MARAVALL, 2v., 1986. MARAVALL, 2009.

e luso-brasileira. A missão aqui é entregar um quadro mental que influenciava os homens e mulheres daquela época a pleitear um cargo de oficial do Santo Ofício, inclusive guiando suas ações na vida pós-habilitação a agente da Inquisição. Ao trabalharmos com a esfera de ação da Inquisição — ou Campo da Inquisição, em uma terminologia mais cara a Bourdieu —, encontraremos as influências externas e a reciprocidade dialética das instituições na formulação daquela estrutura "cristã ocidental".

1.1 A Inquisição precisava de agentes no Ultramar

A estrutura da Inquisição em Portugal era de caráter organizativo hierárquico. Ter essa informação em mente é imprescindível para compreender as correspondências e as trocas de ações e informações entre o Tribunal central de uma jurisdição, com seus espaços periféricos, principalmente o Brasil, que não teve Tribunal local. A Inquisição contava com diversos regimentos internos, sobre o que poderíamos chamar hoje de "distribuição de cargos e funções". Os regimentos abordavam soluções tanto no sentido de ação, como na composição da aura de poder — consequentemente, simbólica — e da importância burocrática que ela tinha e emanava.

O que interessa, aqui, é informar as práticas de enraizamento, que envolvia estratégias aplicadas pelo Tribunal para alcançar as mais longínquas vilas e aldeias dentro do Império português.

Após fundar seis tribunais em seu território continental (Évora, Lisboa, Porto, Lamego, Coimbra e Tomar), Portugal restringiu a três tribunais, em decorrência de problemas administrativos e financeiros[15]. Para contornar os problemas dos gastos, mas sem perder a extensão de atuação, a Inquisição utilizou-se "[...] de uma rede de oficiais e de auxiliares civis mas não remunerados [...]"[16], agentes leigos e Eclesiásticos: os Familiares e os Comissários do Santo Ofício. Ofertava-se, para esses agentes, privilégios jurídicos, oportunidades para se comportarem como nobres, e poderes para exercerem "justiça"[17].

---

[15] BETHENCOURT, 1994, pp. 35-37, 39-42, 44-45.

[16] BETHENCOURT, 1994, pp. 46.

[17] Nesse caso, sigo a ideia de Joaquim Carvalho. Após o estabelecimento do Concílio de Trento em Portugal, "os conceitos de pecado e salvação se transformam em procedimentos judiciais e pecuniários". CARVALHO, 2011, p. 47, 49-51. Ou seja, os agentes do Santo Ofício acreditariam, em vários momentos, serem agentes da justiça, aplicando penas materiais e "reais", não mais apenas "espirituais", próprias do corpo Eclesiástico. Atuariam no sentido da manutenção da "ordem" em obediência à fé, ao Rei e à lei portuguesa. Mas os mesmos não podem ser considerados "juristas", pois esses últimos necessitavam do estudo, HESPANHA, 2011b, p. 62-63.

Por esse meio, aumentava-se a vigilância e a repressão a baixo custo, salvaguardava os cofres do Tribunal e visava garantir a "ordem" da sociedade[18]. No caso do Brasil, Ilhas Atlânticas e da costa Atlântica da África, esse cargo ficou para o Tribunal de Lisboa[19]. Propagar e reforçar a cristandade católica ortodoxa romana se constituía como uma atividade tão imbuída na mentalidade portuguesa que não é de se espantar que, na época das conquistas e invasões a outros continentes, a figura de Preste João e a guerra contra os infiéis apareciam juntas às motivações econômicas e às atividades de prol político de um Estado monárquico que queria se firmar frente aos outros[20]. Tal mentalidade se consolidará nos séculos seguintes. Encontrava-se, por exemplo, no Padre Antônio Vieira, a ideia de Portugal como um Império Cristão que deveria evangelizar os povos e propagar a fé de Cristo em todos os rincões do mundo conhecido[21].

Na América, houve o impacto das atividades de missionação, catequização e castigo das práticas sociais e religiosas das diversas nações dos povos originários e, posteriormente, dos africanos escravizados[22]. Porém a responsabilidade da religião não cabe apenas ao seu corpo particular. Como uma sociedade que prezava pela ordem e harmonia (chegar-se-á a esse tópico mais adiante), "cada um se julgava encarregado de zelar, com sua vigilância, pela ordem do mundo; o que transformava toda a sociedade em vigia e guarda de si mesma, sem que isso aparecesse, como hoje, carregado de sentidos negativos". Na matéria da religião, a preocupação fazia-se mais presente e profunda, uma vez que "se era matéria de cada um, não deixava também de ser coisa de todos"[23].

Na América portuguesa, a Inquisição decidiu por promover as chamadas "visitações", após concluir que não seria viável a instalação de um Tribunal[24]. Na União Ibérica, o projeto foi aventado por Felipe II, mas não logrou resultados[25]. Nesse século XVII, e em anos vindouros, houve as

---

18 E, aqui, impossível não lembrar de Foucault e sua colocação de que não havia apenas um custo político, mas, inclusive, um custo econômico da repressão. FOUCAULT., 2010, pp. 217-218.

19 BETHENCOURT, 1994, p. 46.

20 GODINHO, 1968, pp. 73-75. BOXER, 2002, pp. 33-36, 48-49, 51. Apesar de ter seu peso nas justificativas da expansão portuguesa, Francisco Bethencourt critica as visões que retomam essa perspectiva nacionalista inaugurada na época de Salazar, em que foi realçada "a importância da obra missionária como justificação para a expansão portuguesa", BETHENCOURT, 2010, pp. 208-209. Um dos autores criticados por Bethencourt foi Antonio Manuel Hespanha, que respondeu em HESPANHA, 2010, p. 48.

21 MELLO E SOUZA; BICALHO, 2000, pp. 7-19.

22 FURTADO; RESENDE, 2013, p. 8.

23 HESPANHA, 2011a, p. 18, para ambas as citações.

24 CARNEIRO, 2005, pp. 218-219.

25 FEITLER, 2007, pp. 71-78.

visitações diocesanas pelos Bispos, além da posição dos jesuítas enquanto representantes inquisitoriais[26]. Na passagem dos seiscentos para os setecentos, legitimou-se o aparecimento exorbitante de agentes da Inquisição para policiamento e controle de denúncias para envio ao Tribunal da Inquisição em Lisboa[27]. E, agora, já podemos iniciar um primeiro aprofundamento: quem eram e o que faziam os Familiares e Comissários da Inquisição?

Inicialmente, o leitor deve ter em mente um ponto fulcral sobre os Familiares do Santo Ofício. Tal caracterização ajudará a compreender com maior afinco alguns comportamentos em seu fazer-se na sociedade em que estavam inseridos: eram agentes leigos. Não tinham nenhum treinamento ou formação para se formarem um agente da Inquisição. Todavia, precisavam se enquadrar em vários pré-requisitos admissionais, impostos pelo Tribunal da Inquisição. A saber: não ter nenhuma parcela de sangue judeu, cigano, armênio, mouro, africano ou indígena em suas veias. Que não fossem criminosos condenados pela Inquisição, e que não tivesse parentes relacionados aos mesmos. Ou seja, nos dizeres da época, deveriam ser católicos de geração "cristã-velha", de "boa vida e costumes"[28].

Da sua atuação, vê-se o exercício de atividades em conjunto com os Comissários do Santo Ofício, ou nas circunstâncias variadas em que eram requeridos, fazendo executar "[...] confisco de bens, notificações, prisões e conduções dos réus"[29]. A falta de um Tribunal no Brasil e de autos-de-fé, fez com que os Familiares perdessem oportunidades de autopromoção e exibição de seu poder simbólico perante a sociedade, desfilando com seus Hábitos e Medalhas, como acontecia recorrentemente em Portugal continental[30]. Diante desse empecilho local original — o caso do Brasil —, os Familiares teriam que reinventar atividades, ou pelo menos valorizar algumas mais frequentes, para garantir sua importância e reconhecimento na sociedade. Veremos, no decorrer deste livro, em demasia como essas estratégias se deram.

Os Familiares participavam das denúncias, e suas atividades ganhavam força por meio de duas vias: a primeira quando eles tomavam a iniciativa de delatar ao Tribunal os crimes que investigavam; e a segunda quando recebiam denúncias de terceiros para encaminhar ao Comissário mais perto e responsável pela jurisdição[31]. No geral, as prerrogativas dos Familiares perpassavam

---

[26] SÁ, 2010, pp. 276-277.

[27] VEIGA TORRES, 1994. CALAINHO, 2006.

[28] Regimento de 1640. Livro I, Título I, §2º. *Apud*: RODRIGUES, 2007, pp. 92-93. CARNEIRO-, 2005, pp. 96-97.

[29] RODRIGUES, 2007, pp. 63-65.

[30] RODRIGUES, 2007, p. 64.

[31] RODRIGUES, 2007, p. 66.

apenas o exercício de vigilância e execuções de ordens mediante missão dada por um Comissário do Santo Ofício (a prisão, confisco e escolta). Na América, a estrutura da colonização criava particularidades que colocavam os Familiares em situações delicadas, pois eles deveriam estar sempre perto dos acusados, impedindo que esses últimos estivessem em contato com a sociedade. Visto a intermitência das saídas e entradas das frotas entre Portugal e Brasil, além da distância entre o local da captura do acusado e o porto de embarque para a metrópole, por vezes, os Familiares chegaram a utilizar as próprias casas como prisão para os acusados presos por eles[32].

Mesmo não tendo encontrado para "Alagoas Colonial" um fato empírico, convém escrever que os Familiares também gozavam do privilégio de isenção de impostos. Em Portugal, por conta das inúmeras conjunturas de complicações financeiras, o Conselho Geral do Santo Ofício retirou o privilégio de isenção que os Familiares detinham. Além desse privilégio, outros podem ser apontados: a regalia de foro em causas cíveis caso fossem réus, porém não podendo ser alcançada pelos filhos dos agentes desde 1654[33].

Os Familiares eram livres de pagar fintas, talhas e empréstimos; somava-se estarem isentos da tomada, como aposentadoria, de suas moradas, adegas e cavalariças. Seu "pão, vinho, roupa, palha, cevada, lenha, galinhas, ovos, bestas de sela, nem albarda" não poderiam ser confiscados contra sua vontade. Não estavam obrigados e nem suscetíveis ao constrangimento de servir militarmente no mar ou na terra. Poderiam portar armas ofensivas no dia a dia e, também, em atuação pelo Santo Ofício[34]. Em suma, o cargo de Oficial do Santo Ofício detinha atrativos interessantes, e, por isso, foi perseguido pelos habitantes de "Alagoas Colonial". Pois com ele, e a partir dele, estariam habilitados a usufruir de vantagens consideráveis, em várias necessidades que pudessem sentir ao longo de suas vidas.

---

32 FEITLER, 2007, pp. 97-98.

33 FEITLER, 2007, p. 86. VEIGA TORRES, 1994, p. 122. Pensa-se que por conta da conjuntura do século XVII e início do XVIII, GODINHO, 1990. "Assentos da Casa. II. Os Familiares do Santo Ofício, nas causas cíveis, sendo Réus, gozam de privilégio de foro". In: Collecção Chronologica dos Assentos das Casas da Suplicação e do Cível. Livro II. – Coimbra: Real Imprensa da Universidade, 1791, pp. 1647-1649. Disponível em: http://www.iuslusitaniae.fcsh.unl.pt/verlivro.php?id_parte=118&id_obra=75&pagina=165. Acessado em 15/02/2016. "Decreto de 17 de Março de 1654. Foro do Santo Ofício não se estende aos filhos dos Familiares". In: SILVA, José Justino de Andrade e. **Collecção Chronologica da Legislação Portugueza – 1648-1656.** – Lisboa: Imprensa de J. J. A. Silva, 1854, p. 297. Disponível em: http://www.iuslusitaniae.fcsh.unl.pt/verlivro.php?id_parte=100&id_obra=63&pagina=604. Acessado em 15/02/2016. Essas vantagens foram advindas de D. Sebastião, monarca lusitano que as estabeleceu em 14 de dezembro de 1562.

34 "Privilégios Concedidos aos Oficiais, e Familiares do Santo Ofício da Inquisição destes Reinos, e Senhorios de Portugal". In: SOUZA, José Roberto Monteiro de Campos Coelho e. **Systema, ou Collecção dos Regimentos Reaes, 1785.** – Lisboa: Oficina de Francisco Borges de Sousa, 1783, pp. 220-225. Disponível em: http://www.iuslusitaniae.fcsh.unl.pt/verlivro.php?id_parte=113&id_obra=74&pagina=261. Acessado em 15/02/2016.

Junto aos Familiares, a Inquisição portuguesa igualmente investiu na criação de outros agentes de campo, hierarquicamente superiores aos Familiares. Os Comissários do Santo Ofício eram Eclesiásticos letrados, sendo um dos principais meios de comunicação entre os denunciantes, os Bispados e o Tribunal em Portugal[35]. Atuavam também em todas as áreas da América, e, assim como os Familiares, deveriam ter bons costumes, virtude e todo o tipo de requerimento do Santo Ofício, como "pureza de sangue", ausência de crimes e ser cristão-velho[36].

Suas funções diziam respeito às ações mais próximas à sociedade. Os Comissários tinham um trabalho com maior contato: ouviam as testemunhas em processos de réus, organizavam os relatos e escreviam os fatos que lhes eram contados. Além dos dossiês, os Comissários deveriam cuidar das diligências de novos processos para habilitações daqueles que queriam se tornar agentes do Santo Ofício. Os Comissários recebiam pagamentos para viajar às freguesias e registravam depoimentos das pessoas que participavam do processo — também escolhidas pelos Comissários — de averiguação das origens, dos costumes e das virtudes dos que pleiteavam a uma vaga de agente da Inquisição[37].

No âmbito do contato com quem era denunciado, os Comissários iam junto aos Familiares cuidar dos mandados enviados e trabalhavam com o deslocamento do preso. Também tinham que zelar pela vigilância do detido, principalmente se ele fosse para o degredo. Caso a pessoa já fosse degredada, o Comissário recebia-a para cumprir a pena na localidade onde o agente atuava[38]. Uma leitura desatenta das funções dos Familiares e dos Comissários talvez dê a entender que apenas os Familiares vigiavam e que os Comissários faziam o trabalho mais "complexo" da Inquisição, no que concernem suas atribuições burocráticas ou de registro. No entanto, o Comissário era o encarregado da vigiar presos e das pessoas já condenadas, podendo utilizar, para isso, de meios intimidadores para evitar a fuga[39].

Os Eclesiásticos estavam aptos a se habilitar para outros títulos que não o de Comissário. Estes seriam os de Qualificadores e Visitadores das Naus. Os primeiros, de acordo com os regimentos de 1613 e 1640, deveriam, a partir de ordens prévias do Conselho Geral do Santo Ofício, ou dos inquisidores, inspecionar bibliotecas, avaliar os livros proibidos e as

[35] OLIVAL, 2013, pp. 97-103.

[36] RODRIGUES, 2012, p. 120-121. FEITLER, 2007, p. 90.

[37] RODRIGUES, 2012, p. 121.

[38] RODRIGUES, 2012, p. 121.

[39] FEITLER, 2007, p. 91.

publicações do período; soma-se a isso a inspeção de quadros e pinturas de Jesus, da Virgem Maria e dos santos, a procura de irregularidades, para aprovar a decência das imagens[40]. Apesar da imprensa só ser instalada no Brasil no século XIX, tal atividade não era tão paradoxal visto a existência de bibliotecas particulares, além de produções artísticas[41] que existiam em casas mais abastadas, bem como em Igrejas, capelas e oratórios particulares.

Os Visitadores das Naus tinham alguma prerrogativa parecida com os Qualificadores, devendo ter residência fixa nos portos litorâneos nas conquistas e cuidar na inspeção das pessoas e dos livros que chegavam à América Portuguesa. Não é necessário esmiuçar o que cada um fazia em suas atribuições, muito menos dar exemplos do que aconteceu no Brasil no século XVII e XVIII[42], até mesmo porque houve pouquíssimos qualificadores em Pernambuco, enquanto nenhum em "Alagoas". É interessante informar que houve Comissários que atuaram em jurisdições e atividades que eram de cunho dos Qualificadores e Visitadores das Naus. Esses tipos de acontecimentos é que podem ser úteis na hora do estudo sobre os Comissários "alagoanos"[43].

E as motivações para se tornarem agentes da Inquisição? Como já salientado, nem tudo pode ser encarado unicamente pelo "fervor católico" da conquista e da propagação da fé cristã. Neste caso, a Inquisição influenciou e foi influenciada pelas concepções de "ordenamento da sociedade" que existiram no Antigo Regime. Ser agente do Santo Ofício significava demonstrar "honra", ter uma "utilidade" dentro do cosmo social cristão, reforçar sua condição social dentro da "ordem social" e "se mostrar" publicamente, visando auferir prestígio e privilégios na sociedade.

1.2 Ordenação da sociedade e a Inquisição no fazer-se das classes sociais

O aparelho da Inquisição não pode ser visto apenas no âmbito da repressão material. A estrutura inquisitorial, principalmente quando falamos de burocracia, deve ser revista e analisada dentro de uma relação dialética com a sociedade, principalmente no que concerne à formulação de mentalidades e símbolos[44].

[40] FEITLER, 2007, p. 100.

[41] FEITLER, 2007, p. 100.

[42] Exemplos esses que podem ser encontrados em FEITLER, 2007, pp. 98-103.

[43] FEITLER, 2007, p. 104.

[44] Crítica parecida já partia de António Manuel Hespanha, uma década antes, quando criticava os estudos que se aprofundavam mais nos fatos pitorescos da Inquisição do que no estudo institucional, HESPANHA, 1984,

Primeiramente, adentremos na explicitação do que seria a honra. Pensada pela e para a estratificação social, era formalizada em seu processo a partir de três dimensões: a riqueza, o prestígio e o poder[45]. Consideremos, também, a concepção hoje bastante utilizada de mobilidade social, de acordo com a ideia de sociedade ordenada e regulada de Antigo Regime[46].

A honra, dentro do universo da mobilidade social, tinha como objetivo a distinção e a vontade de exprimir pelas ações simbólicas "sempre a posição social segundo uma lógica que é a mesma da estrutura social"[47]. Dentro do modo de produção escravista colonial, e da divisão da sociedade em classes, a noção de honra terá papel fulcral nas reformulações constantes dos grupos sociais que disputavam territórios de poder entre si. Assim, teria havido, na América portuguesa, "reafirmações de grupo sobre todo o campo social, comprovando pela ostentação de virtudes e merecimentos a legitimidade da sua posição de mando". Apesar do tom de exagero que beira um antimaterialismo, a frase de Sônia Siquera vem bem a calhar quando posta dentro dos quadros dos oficiais da Inquisição: "Era preciso cultivar a fama, já que na vida tudo era aparência"[48].

Destrinchemos mais. A honra era um "[...] ponto central da sociedade aristocrática, consist[indo] << na virtude, valor, magnanimidade e esforço próprio>>"[49]. Ações almejadas/implementadas pelos súditos lusos que vinham para América, bem como por seus descendentes, criados no ambiente de seguirem tais ensinamentos e perpetuá-los. No campo da Inquisição, a honra do habilitando era constantemente investigada no rol de perguntas em seu processo para fazer parte da malha de agentes do Tribunal.

Não se nascia com honra, antes, deveria praticar e cultivar. O homem/mulher honrado(a) deveria demonstrar uma relação de fazer atos honrosos para merecer um reconhecimento de "pessoa honrada"[50]. A "honra" identificava-se "[...]com a reputação, com a voz pública; [...] isto é, que depende não de quem a detém mas da opinião alheia"[51]. Em suma, honra é uma concepção menos rígida do que pode parecer, assumindo vários caracteres, que foram

---

p. 11. Tal linha de raciocínio, apesar de ser válida, deve ser igualmente reconsiderada, visto que os estudos das pessoas perseguidas também expõem diversas problemáticas de estudo, v. LIPNER, 1999, p. 26.

45 CAVALLI, 2000a, pp. 443-445, em especial 444.

46 HESPANHA, 2006.

47 BOURDIEU, 2013, p. 17.

48 SIQUEIRA, 1978, p. 157 (para ambas as citações).

49 MAGALHÃES, 1993, p. 489.

50 MAGALHÃES, 1993, p. 489.

51 MELLO, 2000, p. 27.

conservados (pelo menos nos dicionários) desde 1728 (D. Bluteau), passando por 1789 (Antonio de Moraes Silva)[52], até 1832 (Luiz Maria da Silva Pinto)[53]:

> Muitos significados tem esta palavra. Umas vezes é o respeito, e reverência com que tratamos as pessoas em razão da sua nobreza, dignidade, virtude, ou outra excelência. Outras vezes é o crédito, e boa fama, adquirida com boas ações. Outras vezes é a dignidade, e preeminência de algum cargo na Republica[54].

Em ambientes pernambucanos, a honra era obcessivamente perseguida. Na época da escrita da **Genealogia Pernambucana**, seu autor, Antônio Borges da Fonseca, tinha toda uma acuidade ao formar sua obra. Houve em suas pesquisas e escrita alguns problemas para serem contornados de "[...] bastardias, filhos de Padre, mulatice, sangue de gentio da terra e, o que era infinitamente mais grave e melindroso para o genealogista e para mentalidade de seu tempo, um avô ou uma bisavó cristã-nova". Isso poderia ser "[...] capaz de comprometer a honra de um dos graúdos de Pernambuco"[55]. Pois perturbava a "Nobreza", mas, também, gente inserida nas camadas intermediárias que tentava se aproximar o máximo delas, já que "o que era <<público e notório>> tinha muito peso na sociedade do Antigo Regime. (...) A honra ferida neste âmbito era mais ultrajada. A vigilância desta esfera era por isso grande, bem como os esforços de aparato e representação em torno dela"[56].

Ter honra, por isso, era se movimentar de forma harmoniosa e conflituosa entre as classes, fosse nos âmbitos das alianças sociais ou nos conflitos abertos na imposição de poderes e repressões. Essa movimentação é comumente chamada de "mobilidade social". Entretanto a mobilidade social não estava à disposição de toda a sociedade. Uma vez disposta, não era sempre possível e nem de fácil concretização[57]. Afasta-se da "mobilidade

---

52 SILVA, Antonio Moraes. **Diccionario da língua portuguesa** – recompilado dos vocabulários impressos até agora, e nesta segunda edição novamente emendado e muito acrescentado. Lisboa: Typhografia Lacerdina, 1813, vol. 2, p. 119. Disponível em https://www.bbm.usp.br/pt-br/dicionarios/diccionario-da-lingua-portugueza-recompilado-dos-vocabularios-impressos-ate-agora-e-nesta-segunda-edi%C3%A7%C3%A3o-novamente-emendado-e-muito-acrescentado-por-antonio-de-moraes-silva/, acessado em 18/11/2023

53 PINTO, Luiz Maria da Silva. **Diccionario da Lingua Brasileira** por Luiz Maria da Silva Pinto, natural da Provincia de Goyaz. Na Typographia de Silva, 1832, p. 72. Disponível em https://www.bbm.usp.br/pt-br/dicionarios/diccionario-da-lingua-brasileira/ , acessado em 18/11/2023

54 BLUTEAU, Raphael. **Vocabulario portuguez & latino**: aulico, anatomico, architectonico... Coimbra: Collegio das Artes da Companhia de Jesus, 1712 – 1728, vol. 4, p. 51. Disponível em https://www.bbm.usp.br/pt-br/dicionarios/vocabulario-portuguez-latino-aulico-anatomico-architectonico/, acessado em 18/11/2023

55 MELLO, 2000, pp. 87-88.

56 OLIVAL, 2011, p. 244.

57 Essa advertência é para refletir que "ser elite", ou "ser nobreza da terra", mesmo para quem era "branco", "cristão-velho", "rico" e de família "honrada", não era tão fácil assim.

social" a ideia de mudança de condição social baseada na carreira profissional, mais cara ao sistema Capitalista, dito "democrático"[58]. E, da mesma maneira, é necessário demonstrar que a "mobilidade", como "palavra", no Antigo Regime, perdurando até 1832, caracterizava-se pelo simples ato do "impulso do que se move, ou a facilidade de se mover"[59]. Ou seja, encara-se o termo "mobilidade social" como uma construção sociológica-histórica, provavelmente mais aprofundada no século XIX-XX. Tentar-se-á verificar sua aplicação no período de Antigo Regime[60].

De primeira, é interessante constatar como a mobilidade social, observada no ponto de vista "profissional", cria um impasse de avaliação. Se uma das condições para ser agente da Inquisição dizia respeito a agir em segredo e com discrição, como utilizar um cargo para se promover socialmente se este não admitia o mostrar-se em demasia? A resposta pode parecer paradoxal, porém expunha em boa medida a dinâmica da sociedade de Antigo Regime: a busca pela mobilidade social considerava o peso do pertencimento à Instituição da Inquisição (carreira profissional), ao mesmo tempo que a desobediência e abusos de poderes, apesar de condenáveis pelos regimentos e letras da lei, eram fatores comuns no cotidiano. Para contornar essas travas (ou seja, dar um sentido para se evitar o paradoxo), os agentes da Inquisição elegiam-se por outras maneiras de promoção individual, perpassando diferentes estratégias cruciais para manutenção de poder, mas sem abdicar do uso do distintivo do Santo Ofício. Nesse ponto, nos aproximamos mais de um dos objetivos do presente estudo: observar a movimentação dos agentes da Inquisição na sociedade, saciando, de diversas maneiras, seus mais variados interesses pessoais.

No âmbito da mentalidade de época, pertencente à população de Portugal continental, a mobilidade social obedecia a alguns parâmetros teológicos e do Direito na sociedade de Antigo Regime: **1)** o sentimento de honestidade em ações para obtenção de reconhecimento social e manutenção da "ordem" das coisas (casamento honesto, enriquecimento honesto,

[58] CAVALLI, 2000b, pp. 762-765.

[59] BLUTEAU. -, 1728, vol. 5, pp. 521-522. A mesma concepção está em SILVA. -, 1789, vol. 2, p. 307 e PINTO. -, 1832, p. 93.

[60] António Manuel Hespanha também é enfático sobre a construção ideológica do termo "mobilidade social" ser posterior à época de Antigo Regime: "O tema da mobilidade social é, do ponto de vista histórico, um desses temas equívocos que, por parecer que são de sempre, ocultam facilmente o facto de ser, sobretudo de hoje. Não creio ter encontrado nunca, numa fonte histórica da Época Moderna, uma referência a 'mobilidade social'. Pelo menos, nunca a encontrei com este sentido actual de algo de natural ou, menos ainda, de benéfico. Alguma mobilidade, começava, desde logo, por ser impossível". HESPANHA, 2010, p. 252.

ofício honesto)[61]; **2)** a prática jurídica na ordenação da sociedade derivada da experiência vivida e em desenvolvimento e compreendida como base para formulação de seus conceitos e teorias de hierarquização — principalmente pelos "(...) critérios doutrinais, logo fluidos e mutantes, e não em critérios estritamente legais (logo fixos e estáticos)"[62]; **3)** a "ordem" que, podendo ser relativa tanto à capacidade de "disposição, assento, ou colocação das coisas no lugar, que lhe convém", quanto "ordens de mandado".

Impor uma mobilidade social dentro da Ordem era possível. Poderia ser desenvolvida tanto pelo "tempo" como pelas "obras dos agentes". Em relação ao "tempo", estaria inserida nele os "hábitos", que de tão trabalhados e banalizados, tornar-se-iam imemoriais e, em alguns casos, sem desestabilizar a "ordem das coisas", o homem poderia desenvolvê-la. A partir disso, "[...]para fazer a prova de estado, não há que certificar um estado original ou essencial, bastando comprovar esta natureza 'exterior' e 'superveniente' construída pela reputação diuturna e durável". Em relação às obras, far-se-á uma explanação melhorada nos capítulos seguintes, mas já se deixa sintetizado que uma pessoa tornar-se-ia nobre a partir de ações diretamente contribuintes para o "bem comum" social (o reino português), fosse no sentido político, judicial e religioso[63].

Consequentemente, o único modo de alcançar uma "mobilidade social dramática", instantânea, quase como um milagre, só podia advir por meio da graça, sendo: "[...]o domínio de afirmação da vontade, pela qual se criam, espontânea e arbitrariamente, situações novas, a saber, se transmitem bens ou se outorgam estados"[64]. Essa graça dada pelo Rei, no caso dos Familiares e Comissários, concedia à Inquisição poderes para agraciar com privilégios e honrarias os seus agentes[65]. Assim, a mobilidade social não seria uma quebra dos valores ou das ordens, mas, por conta da Graça, uma maneira de aperfeiçoar a "[...]antiga ordem por uma outra de nível superior. A mudança convertia-se, assim, numa retificação ou numa reconstituição. A graça não representava, então, uma irrupção absolutamente arbitrária da vontade no

---

[61] HESPANHA, 2006, pp. 125-130.

[62] HESPANHA, 2006, p. 132.

[63] HESPANHA, 2006, pp. 134-138.

[64] HESPANHA, 2006, pp. 138- 139. "Estes milagres de engenharia social e política, quando não cabem a Deus, cabem aos seus vigários no mundo – os reis, cuja graça é um aspecto menos recordado das suas capacidades taumatúrgicas. Por meio da Graça, eles operam autênticos milagres sociais e políticos: legitimam filhos bastardos, enobrecem peões, emancipam filhos, perdoam criminosos, atribuem bens e recursos".

[65] A "pureza de sangue", oportunidade de portar arma, privilégios jurídicos, isenções de impostos, etc.

domínio e equilíbrios sociais"[66]. A mobilidade social permitia a diferenciação para que a pessoa a usufruísse na sociedade, dentro dos quadros hierárquicos que ela detinha, a partir de seus conceitos sobre o natural por meio da teologia e da jurisprudência. Ou seja, para aqueles que detinham mecanismos de diferenciação social (inclui-se neles o porte de riqueza), o importante era que as chances de se comportarem por um ideal de nobreza existisse, e que criasse, ao mesmo tempo, barreiras para que os menos favorecidos não viessem a se servir das mesmas práticas com facilidade[67].

Que "ordenamento social" era esse que garantia tanto a rigidez da "divisão" da sociedade quanto a possível "mobilidade" dentro dela a partir de alguns mecanismos?

Em Portugal, a "Ordem" era concebida como "a coisa mais bela em todo o gênero de vida, que nele se guarda"[68]. A hierarquização da sociedade dizia respeito a uma "ordem da Natureza, da Graça, da Providência", sinônimo de "Classe dos Cidadãos", que delimitava a "Classe" e a dispunha na "colocação das coisas em seu lugar"[69], onde a ideia de classificação dizia sobre a "ordem de distribuição sistemática: v.g. as classes das plantas, dos animais, etc."[70].

A partir daqui, estamos a perceber que a Ordem trata mais de enrijecimento do que de movimentação. Observa-se que a vida social na América tinha em sua base essas concepções de dominação das classes dominantes sobre as subalternizadas. Essa estratégia de poder forjada na raiz da compreensão da Ordem não exclui os sopros de autonomia e rebeldia dessas últimas, mas nos leva a considerar o funcionamento de tais mecanismos eficientes para conter revoltas sociais.

E, agora, cabe salientar que as concepções anteriormente trabalhadas por António Manuel Hespanha são bem fechadas e cabe algumas avaliações. Elas pertencem à sociedade lusitana pré-colonização ou continental[71]. Isto é, as conceitualizações do jurista-historiador português em relação à sociedade

---

[66] HESPANHA, 2006, p. 141.

[67] Para essa sociedade de Antigo Regime nas regiões que hoje corresponde à atual Alemanha, ELIAS, 2011, p. 36, 106.

[68] BLUTEAU. -., 1728, vol. 6, pp. 102-103.

[69] SILVA. -, 1789, vol. 2, p. 369.

[70] SILVA. -, 1789, vol. 1, p. 403.

[71] Em seu mais famoso livro, Hespanha alega a falta de inserção da sociedade portuguesa dentro do esquema maior do império ultramarino, (HESPANHA, 1994.). Em outra importante obra coletiva, o capítulo sobre o mundo colonial é muito pouco trabalhado e explorado, tornando-se, até o fim da vida de Hespanha, seu calcanhar de Aquiles (HESPANHA; XAVIER, 1992).

corporativa, estado corporativo, mobilidade social e Ordem social devem ser bem lidas antes de sua aplicação na América portuguesa. Todavia, podemos trabalhar com o ponto elencado por Hespanha, qual seja: a fluidez e mutabilidade do Direito costumeiro e letrado, a partir das experiências vividas, nos fazem repensar a questão da mobilidade social dentro da sociedade colonial americana. Porém isso não significa que o ambiente colonial irá subverter o que era ditado na sociedade portuguesa continental, e, nessa linha de raciocínio, mentalidade é também ideologia[72]. Assim, a mobilidade social de características lusitanas reinóis, e a concepção de Ordem social proveniente dela, irão ditar, com poucas reavaliações, a dinâmica dentro do ambiente brasileiro, estruturado sob a égide do sentido da colonização, do modo de produção escravista colonial e na existência de duas classes antagônicas (Senhores e Escravos) e suas diversas matizes e gradações[73].

Desta feita, como esta obra está estudando os agentes do Santo Ofício (isto é, pessoas que estavam inseridas na categoria de Senhores enquanto Classe), utilizarei em vários momentos o termo "promoção social" ao invés de "mobilidade social". Em suma, o ato de promoção enquanto ato de se promover, interpretando, assim, os atos daqueles homens e mulheres ao se mostrar e ao se fazer socialmente.

No Antigo Regime, "promoção" é um termo difícil de apanhar. Normalmente é utilizado no sentido como se conhece hoje: de mudança de categoria profissional, sendo "a ação de promover, ou levantar alguém a huma dignidade"[74]; "o ato de promover, ou elevar a posto, dignidade, ofício, graduação superior á em que estava a pessoa, que foi promovida"[75]; "elevar a cargo, posto"[76]. Se antes era utilizada mais no sentido Eclesiástico (D. Bluteau utiliza como exemplo o Papa que promove Cardeais), com o tempo foi se metamorfoseando para designar um ato de mudança de posto-ofício, mas sem o peso da importância da "graça", sendo um ato mais burocrático do que "milagroso". Logo, observa-se "promoção social" aliada às colocações de reafirmação de sua colocação social dentro da Ordem e da diferenciação, mas sem perder sua posição dentro do "cosmos" que era imputado a si dentro da concepção corporativa de sociedade.

---

72 "As idéias da classe dominante são, em cada época, as idéias dominantes, isto é, a classe que é a força material dominante da sociedade é, ao mesmo tempo, sua força espiritual dominante", MARX; ENGELS, 2007.

73 Sobre essa estruturação, retomarei uma defesa em futuro livro, em vias de publicação, de imediato, deixo aqui as principais referências de trabalho: PRADO JR., 2008. GORENDER, 2016. LUKÁCS, 2018.

74 BLUTEAU. -, 1728, vol. 6, p. 774.

75 SILVA. -, 1789, vol. 2, p. 513.

76 PINTO. -, 1832, p. 111.

Portanto, quando o termo "mobilidade social" for empregado neste texto, estar-se-á referenciando diretamente à conceitualização teórica feita por Hespanha. Enquanto isso, nas avaliações empíricas, trabalharei com a expressão de "promover-se social", a partir de uma junção e adaptação (um pouco rocambolesca, é verdade) da concepção de "fazer-se" de Edward Thompson e de "mostrar-se" de Sônia Siqueira. Acredita-se que o promover-se social significará tanto um acontecimento material quanto mental e contribui para entendermos com mais afinco as movimentações das Classes sociais em seu fazer-se.

Pode-se colocar que a Ordem, a mobilidade social, e o promover-se social, procurados e reafirmados por aqueles que pretendiam ser agentes da Inquisição, tinham que obedecer a mais algumas normas de suma importância: a "pureza de sangue", o "poder de mando" e a "lei da nobreza".

1.3 Pureza de Sangue

O tópico mais comum, no que condiz ao tripé promoção social ↔ repressão ↔ Ordem social, foi a capacidade de extrema vigilância da Inquisição em relação à Pureza de Sangue. A descendência judaica, moura, armênia, cigana, em Portugal, era um impasse comum que fazia com que os súditos portugueses fossem afastados de quase todos os cargos burocráticos das principais estruturas de poder do Reino[77]. Muitos conseguiram adentrar nas instituições de poder por meio do Clero[78] por terem participado de grandes empreendimentos para Coroa portuguesa, financiando conquistas e desenvolvendo atividades ligadas aos Engenhos de Açúcar no Brasil[79]. Com o processo de conquista e colonização da América, a Pureza de Sangue foi alargada, abrangendo africanos e indígenas, igualmente considerados "raça de infecta nação".

Durante o século XVII, considerava-se "[...]praticamente impossível passar com 'sangue impuro' pelas malhas da Inquisição"[80]. Essa condição persecutória acabava se tornando um grande atrativo para aqueles que desejavam se habilitar a algum cargo de agente. O promover-se social dos habilitandos igualmente recaía sobre seus cônjuges, "limpando", assim, toda

---

77 CARNEIRO, 2005, p. 68, 89-100. BOXER, 2002, p. 281-282, 294-295.

78 Fosse em *pro forma* ou abraçando a fé católica e até mesmo atuando na conversão dos seus "irmãos" judeus, SALVADOR, 1969, p. XXIII.

79 Como a do Rei Dom Sebastião no Marrocos, BOXER, 2002, p. 282. Francisco Bethencourt dirá que os cristãos-novos organizados souberam jogar com as crises financeiras da coroa no século XVI quando conseguiam negociar seus interesses em relação aos confiscos de bens da Inquisição e anulação da limpeza de sangue e oportunidades de ocuparem cargos honrosos caso fossem casados com cristãs-velhas, BETHENCOURT, 1994, pp. 265-266. SCHWARTZ, 1988, p. 225.

80 VEIGA TORRES, 1994, p. 114.

a sua linhagem pregressa e em progresso. Caso o homem se habilitasse solteiro, e viesse a casar após receber a carta de confirmação, a Inquisição instaurava novos processos de inquirições a fim de conhecer melhor sobre a descendência da pretendente a esposa. A efetivação do casamento estava diretamente ligada à autorização da Inquisição[81]. E, reforçando uma vez mais, se isso pode ser visto anacronicamente enquanto um ato repressivo da instituição, vale lembrar que, enquanto espaço de enobrecimento e de promoção, os agentes do Santo Ofício e a população lusitana concordava e contribuía na perpetuação de tais mecanismos de exclusão e reafirmação do racismo luso. A questão do "sangue impuro" e a necessidade da prova de não o portar, tornaram-se algumas das principais motivações para um súdito se tornar Familiar ou Comissário, uma vez que por meio dela acabava provando para a sociedade sua distinção social[82], abençoados por uma "[...] verdadeira fé católica, [...] próximos da perfeição"[83].

Durante o reinado de D. José (1750-1777), o seu Secretário de Estado, Marquês de Pombal, movimentou a política a ponto de extinguir a diferenciação entre cristãos-novos e cristãos-velhos. Contudo, no Brasil, a Pureza de Sangue ainda recaía sobre os indígenas, africanos e miscigenados[84]. Assim, a abolição da palavra "cristão-novo" não anulou a existência de vestígios, nos processos *de Genere*, sobre as "manchas" nas palavras "herege, infamado e infiel [...]. Não se fala mais em cristão-novo, mas sim em herege: um era símbolo do outro"[85].

Prontamente, no Brasil, os habitantes brancos e cristãos-velhos "[...] acabavam por manifestar a insensibilidade e a atitude de superioridade racial que os ajudavam nas suas empresas"[86]. Muito se falta para entender esse impacto nos espaços de "Alagoas Colonial". A princípio, pode-se já pensar em duas avaliações: **1)** que a extinção da discriminação tenha funcionado de maneira mais efetiva no mundo administrativo (o sangue), enquanto o religioso teria ainda estratégias de perseguição, pois estava fundamentado mais nas diferenciações de dogmas (religião e práticas). **2)** Diferentemente da nobreza reinol "imemorial" (os grandes), a autointitulada "nobreza da terra" de Porto Calvo, Alagoas,

---

[81] VEIGA TORRES, 1994, p. 127. CARNEIRO, 2005, p. 139.

[82] Não apenas para o cargo da Inquisição, mas para diversas atitudes sociais. Evaldo Cabral de Mello, em seu célebre livro, observou de maneira cuidadosa que se o estudo genealógico pode ser um passatempo para nós, atualmente, na época colonial era assunto mais delicado e político, MELLO, 2000, p. 13, 133.

[83] CARNEIRO, 2005, p. 4.

[84] VEIGA TORRES, 1994, p. 128-129. CARNEIRO, 2005, p. 50-52, 180-206.

[85] CARNEIRO, 2005, p. 263.

[86] CARNEIRO, 2005, p. 12.

Penedo, não tinha em sua existência uma nobreza "sanguínea", fazendo com que as estratégias de se promover social fossem feitas por outros elementos. Por isso, no que tange à questão da Pureza de Sangue e a sua relativa abolição, está ainda em aberto discussões sobre seu o impacto em "Alagoas Colonial"[87].

Dito isso, enfatiza-se que "Sobretudo a partir do limiar do século XVII, os estatutos de limpeza de sangue tenderam a alastrar na sociedade portuguesa. Não constituíram nenhuma lei mais ou menos geral, mas contaminaram cada vez mais instituições [...]"[88]. Essa prerrogativa, no intuito de reforçar as diferenças sociais tomou mais força com a ascensão de D. Pedro II ao trono e a convocatória das Cortes em 1668, onde o tema dos cristãos-novos e dos favorecimentos de "[...] pessoas sem qualidades"[89] foi duramente questionado.

A situação retrata bem os problemas da utilização da categoria sociológica de "mobilidade social", diluindo-a em uma sociedade corporativa onde todos teriam uma chance de alcançá-la. O problema de sua aplicabilidade não seria apenas no sutil "esquecimento" da divisão da sociedade em classes sociais, mas, inclusive, na própria dinâmica empírica e social que se desenrolava tanto em Portugal quanto em seus domínios, como o Brasil. Isto é, uma vez a mobilidade social tendo sido alcançada, é um erro não nos atentarmos nos conflitos inerentes daquela contradição social e na movimentação daqueles que se promoveram socialmente.

Ou seja, tem-se aqui a identificação de que o ato de dar a Graça e conceder mercês a alguns súditos pertencentes a determinados grupos sociais podiam ser interpretados como algo "antinatural", porque incomodavam, em alguns momentos, os representantes dos principais Estados do Reino, causando distúrbios na conservação da "ordem natural" da hierarquia portuguesa[90].

---

[87] Agradeço a Antonio Caetano, pelo pontapé inicial dessas duas ideias. Essas hipóteses, é claro, só poderão ser avaliadas depois de estudos empíricos. De início, compro as hipóteses, principalmente quando se vê — e será demonstrado mais adiante — um aumento significativo de Agentes da Inquisição em "Alagoas Colonial" pós-Pombal. Aldair Carlos Rodrigues, arguidor da versão final da dissertação, colocou uma crítica construtiva de que o presente trabalho pouco explorou o impacto da abolição entre cristão-velho e cristão-novo nos quadros das habilitações do Santo Ofício, como se eu estivesse estabelecido um *continuum* do período pré-Pombal com o pós-Pombal. Nesse caso, para evitar explicações durante o livro inteiro, encara-se neste livro a pureza de sangue em um âmbito mais alargado que não pode ser dimensionado apenas à questão de cristão-novo e cristão-velho. Todavia, a crítica do Prof. Dr. Rodrigues é válida, mas que não posso estabelecer como ponto central que deva nortear as problematizações em torno da "pureza de sangue" ou das motivações para se tornar agente do Santo Ofício. Portanto, exige-se uma paciência aos leitores e aos críticos desta obra de que, quando lerem ações dos agentes do Santo Ofício pós 1774 (habilitações, por exemplo), essas pessoas já detinham conhecimento da abolição de distinção, podendo não ser um assunto comum na hora de "computar" as vantagens para se habilitar Familiar.

[88] OLIVAL, 2001, p. 284.

[89] OLIVAL, 2001, p. 305. CARNEIRO, 2005, pp. 100-110.

[90] CARNEIRO, 2005, p. 28, 46-47.

1.4 Poder de mando e violento

Em Portugal, as primeiras visitações da Inquisição serviram para inaugurar e enraizar na população o poder repressivo e opressor dos agentes do Santo Ofício[91]. No Brasil, houve a mesma pedagogia, quando os oficiais, para reforçar suas autoridades, "invocavam muitos a dignidade inquisitorial [...]", principalmente com a chegada das notícias dos Auto-de-Fé[92]. Esse reforço de ações e notícias, em um processo de longa duração, acabou por construir a aura de poder que os Familiares e Comissários usaram e abusaram.

Quando se fala em poder simbólico, refere-se, aqui, àquele que não necessita mais de força arbitrária para ser reconhecido (não mais), visto que sua autoridade se baseia numa violência mascarada em seu símbolo. É silencioso, mas bem conhecido pela sociedade em que foi criado, podendo ser utilizado sempre que possível. Sua percepção e existência são identificáveis nos símbolos tradutores concretos da Inquisição, sendo reativados sempre que possível[93]. Em termo materiais, os símbolos mais comuns eram a Carta de Familiar, com selo do Inquisidor Geral e a Medalha de Familiar do Santo Ofício, que o agente recebia no final de seu processo[94].

Porém, quando se fala em violência inquisitorial, não estamos falando de algo novo, e sim de um reforço de violências de classe já existente. Violência conhecida e reafirmada em Pernambuco e "Alagoas", como formadora de uma vivência cotidiana local, estando intrínseca à criação de espaços conquistados e às mentalidades dos que ali aportavam ou nasciam[95]. Essa relação era resultado direto do modo de produção escravista colonial e dos conflitos de classe que imperavam no Brasil, que estruturavam as posições de honra local, mandonismo social e riqueza material, causando atritos entre famílias e membros da classe dirigente entre si e contra suas contrapartes antagônicas e subalternizadas.

Não raro, "toda família de prol dispunha do parente truculento que se encarregava de resolver pela ameaça, pelo espancamento ou pela eliminação física certas questões delicadas de honra e de patrimônio"[96]. A ideia

---

[91] BETHENCOURT, 1994, pp. 190, 227-230; 237.

[92] SIQUEIRA, 1978, pp. 142, 183-189, citação p. 188.

[93] BOURDIEU, 2012a, pp. 1-2, 14-15.

[94] VEIGA TORRES, 1994, p. 122.

[95] MELLO, 2012, p. 93-102. ROLIM; CURVELO; MARQUES; PEDROSA, 2011. Disponível em http://www.revista.ufal.br/criticahistorica/. Acessado em 16/05/2012.

[96] MELLO, 2012, p. 217.

de violência, por conseguinte, segue a definição de ser uma ação de "[...] intervenção física de um indivíduo ou grupo contra outro indivíduo ou grupo (ou também contra si mesmo)"[97]. Estando ela inerente (mas não se confundindo) à noção de "poder" e "autoridade" nas relações sociais. Uma ação de "força, de ímpeto extraordinário"[98], que se diferencia do "mando" pelo fato de ser "feita a alguém contra direito"[99].

Historicamente, o mando advinha desde o período tardo-medieval de Portugal, onde os senhores e fidalgos mais importantes do Reino exerciam poderes arbitrários, causando repulsa das camadas mais desprivilegiadas de direitos de defesa, fossem jurídicos ou físicos[100]. A violência pernambucana-alagoana, por sua vez, não deve ser vista na unicidade da colonização. Dialeticamente falando, esse mando brasileiro era uma *suprassunção*. Isto é, uma prática nova, mas que conservava elementos anteriores ao mesmo tempo que suprimia o que se tornava indesejado.

Isto é, as práticas tardo-medievais de Portugal encontraram ecos no Brasil, e se reformularam nas conjunturas históricas próprias da Capitania de Pernambuco com a inserção da escravização dos indígenas e dos africanos: as infinitas lutas contra os indígenas; o período da guerra holandesa; o aumento de mocambos de Palmares e suas constantes batalhas no século XVII e XVIII; chegando até as ações em relação aos Cabanos[101]. E, mesmo com a extinção da Inquisição e com o fim da Monarquia no Brasil, não seria exagero enxergar na Quebra do Xangô de 1912 os traços e continuidades do racismo, da sociedade de classes, do mandonismo e do autoritarismo do estado liberal-escravista[102].

No que concerne ao mando e ao poder violento dos agentes da Inquisição, foram comuns denúncias feitas aos superiores do Tribunal em relação aos oficiais que utilizavam de seus títulos para provocar arbitrariedades[103]. Não faltaram em Portugal e no Brasil humilhações públicas, torturas físicas e roubo de pertences dos presos[104]. Agindo em benefício próprio, Familiares e Comissários protegiam seus amigos com a mesma convicção com a

---

97 STOPPINO, 2000b, pp. 1291-1298. Citação p. 1291.

98 BLUTEAU. -, 1728, vol. 8, p. 509.

99 SILVA. -, 1789, vol. 2, p. 856.

100 CUNHA. MONTEIRO, 2011, pp. 401, 412-421.

101 PUNTONI, 2002. MELLO, 2007. FREITAS, 1978. LINDOSO, 2011. LINDOSO, 2005. ALMEIDA, 2008.

102 RAFAEL, 2004. Sobre a denominação "Liberal-escravista", v. LOSURDO, 2006.

103 RODRIGUES, pp. 73-74. OLIVAL, 2013.

104 RODRIGUES, 2007, pp. 79-81.

qual maltratavam as inimizades[105]. Pode-se pensar que ir a diligências para prender e confiscar os bens tornou-se uma das atividades mais importantes para esses Familiares. Apesar do dispêndio de fazenda dos agentes para os custos das ações, era nesses momentos em campo, em que a população tomava conhecimento de um trabalho da Inquisição, e daqueles que estavam conduzindo-o, impondo uma aura de respeito (e medo) àqueles que presenciavam tais acontecimentos.

Tais linhas podem causar algum grau de espanto. É senso comum que a Inquisição, por ser uma instituição persecutória estruturada em práticas abjetas e vis (tortura, roubo de bens, racismo, assassinato, humilhações públicas, entre tantas outras), é vista enquanto espaço de abuso exacerbado de poder e violência. Tal concepção, se é crítica de um lado, é enganosa em termos historicistas, e nos faz nublar aspectos importantes para a compreensão do funcionamento da sociedade de Antigo Regime nas maneiras de como ela se enxergava e se geria, gostemos ou não.

De acordo com António Manuel Hespanha, "não existe nenhum poder, por muito elevado que seja, que não tenha embutido uma deontologia própria, uma tabela de deveres conexa ao exercício das suas prerrogativas"[106]. Em outras palavras, havia códigos de ética e moral para regular os poderes e o mando, o que não fora levado sempre em consideração por conta das arbitrariedades dos oficiais nos casos concretos da vida, diferentes dos relatados nos livros e na teoria. Tornou-se comum agentes de poder serem acusados de erros de ofício devido à incerteza das acusações e da pouca confiança da população contra suas medidas de controle, bem como a constante reclamação contra os oficiais e suas más condutas morais[107]. Era, nesses momentos, que haveria as intromissões das ações privadas nas esferas públicas e vice-versa.

Em termos teológicos e jurídicos, nas visitas pastorais, existia uma clara divisão entre o público e o privado, e a constante inserção de um no outro se dava pela motivação de que os atos privados faziam parte de interesse da esfera pública. Principalmente quando o assunto concernia à normatização dos comportamentos em consonância com a fé católica[108]. A sociedade deveria estar sempre reestabelecendo a "ordem natural das

---

105 RODRIGUES, 2007, pp. 81-82, 84. RODRIGUES, 2012, pp. 126-127, 134-138.

106 HESPANHA, 2011a, p. 14.

107 HESPANHA, 2011a, p. 14.

108 CARVALHO, 2011, pp. 41-42.

coisas", pois os desvios eram constantemente tratados como as motivações das catástrofes (de ordem da natureza, política ou econômica)[109].

Para os agentes do Santo Ofício, pode-se pensar este duplo percurso: a inserção do privado no público funcionava, ali, no sentido de normatizar e perseguir os desvios da fé católica e, ao mesmo tempo, servia como mecanismo de manutenção do reconhecimento social, já que permitia a exibição de tais indivíduos como pessoas poderosas e honradas, com atribuições e privilégios e habilitadas a exercer a coerção e intimidação que, em muitos momentos, poderiam ser concebidas como respeito ou autoridade. Pois o pecado público era de interesse não apenas privado, mas envolvia a salvação dos outros na localidade.

Nesse caso, alargando para o Império inteiro, "o pecador público deve ser punido publicamente, para que o espectáculo do castigo anule o efeito nocivo do espectáculo do pecado"[110]. Tal prática era de interesse da comunidade luso-brasileira, principalmente se a inserirmos no modo de produção escravista colonial. Isto é, o espetáculo público (de natureza privada) do castigo, tortura e assassinato de escravos e indígenas, reforçava a presença e atuação dos oficiais do Santo Ofício, que igualmente se embasavam na concepção teológica de Ordem e jurídico de mando, que era "Direito, e poder de mandar"[111].

1.5 A vontade de viver na Lei da Nobreza

A "Lei da Nobreza" é um assunto difícil de analisar. Visto que, muitas vezes, as "regras" apareciam nos discursos das pessoas em relação a si mesmas ou a outras (o que vimos, anteriormente, aplicado à noção de honra). Pois "em fins do século XV, a expressão <<nobreza>> ainda pouco aparece como designando o todo do grupo aristocrático, sendo muito corrente como adjectivo"[112]. Nesse caso, "viver à lei da nobreza" constituía-se em portar-se, em termos "culturais" e "materiais" o mais perto possível dos nobres das grandes casas de Portugal (a Nobreza "dos Grandes", imemorial, de uma linhagem que viria desde a expulsão dos mouros e construção da "nação

[109] HESPANHA, 2011a, p. 18.

[110] CARVALHO, 2011, p. 43.

[111] BLUTEAU. -, 1728, vol. 5, p. 286. SILVA. Op. Cit., 1789, vol. 2, p. 257. PINTO-, 1832, p. 88.

[112] MAGALHÃES, 1993, p. 490.

portuguesa")[113]. Afinal, "as aparências eram fundamentais. Eram, também, mais fáceis de conseguir. Daí o forte empenho no estilo de vida, por parte de quem tinha preocupações nobilitantes"[114].

Andar a cavalo e ter criados inseria o indivíduo no universo de se comportar como os nobres, pois "veinculavam riqueza e autoridade; seriam essenciais para defender a superioridade do senhor na rua e na comunidade envolvente"[115]. Tal estilo de vida foi "imitado em diversos patamares sociais mais baixos"[116], principalmente entre os ricos, pois no Antigo Regime, a riqueza — guardada as devidas relações teóricas sobre a época, isto é, diferenciando da riqueza do sistema Capitalista — poderia ser um indicativo de nobreza[117].

No Brasil, recriar e reproduzir os valores da nobreza foi comum: a conquista da terra das mãos dos indígenas, sua catequização e escravização; a colonização de vastas extensões de terra; o trato com o comércio de especiarias e madeiras nobres; a posse de escravos indígenas e africanos. Da relação com indígenas e africanos, salienta-se a mestiçagem cultural e étnico-racial, reforçadas pelos ideais de Pureza de Sangue e do redimensionamento da divisão social em classes sociais em seu triplo condicionamento jurídico, teológico e econômico.

Essa "nobreza principal da terra" ou "nobreza da terra", seria uma "uma nobreza sem estatuto aristocrático dado pela monarquia"[118]. Não obstante, a Monarquia Absolutista tinha consciência que, para manter a governança e domínio de suas conquistas e colônias, o Rei teria que legitimar "as pretensões de ascensão hierárquica dessas elites locais, [todavia,] tal reconhecimento nunca ultrapassou os patamares das prerrogativas disponíveis ao chamado *estado do meio*"[119]. Era, portanto, "[...] Uma nobreza, nascida antes da riqueza, poder e autoridade, do que de uma linhagem de famílias ilustres"[120].

---

113 Em Portugal continental, aqueles que não faziam parte da nobreza e da fidalguia, "nem por isso deixava de trabalhar para manter o seu estatuto social (nem que fosse de forma indirecta, através de outrem) e não frequentava os mesmos círculos sociais da aristocracia, embora alguns negociassem e contactassem com ela", OLIVAL, 2011, p. 244.

114 OLIVAL, 2001, p. 371.

115 OLIVAL, 2001, p. 370.

116 OLIVAL, 2001, p. 371.

117 CARVALHO. 1634, n. 458 e segs. *Apud* HESPANHA; XAVIER, 1992, p. 152, nota de rodapé 22.

118 FRAGOSO, 2014a, pp. 159-170, em especial, para Pernambuco, pp. 169-170.

119 FRAGOSO; ALMEIDA; SAMPAIO, 2007, p. 22.

120 ACIOLI, 1997, p. 17.

*

O objetivo deste capítulo foi trazer a lume, de maneira estrutural, as "mentalidades excludentes Tropicais" mais latentes, que foram condicionantes, reafirmadas e mudadas pelos lusos e luso-brasileiros em sua procura pelo cargo da Inquisição e na utilização do mesmo de variadas formas. Esse cenário se assemelha a um jogo de xadrez. Parte-se da "descrição de um tabuleiro [...] e de suas peças. Quase nada fica dito sobre o modo como, num jogo concreto, as peças se animam e com elas se constroem estratégias. No entanto, tampouco um jogo real se pode entender sem essa descrição puramente formal"[121].

Ao decorrer das pesquisas, nos atos de inventariar o rol de dados e de estabelecer as séries e verificar as persistências e rupturas dos Familiares e Comissários em "Alagoas Colonial", começou-se a procurar mais no "universo mental" aquela "base" que condicionaria as ações de uma sociedade durante tanto tempo[122]. No que concerne à "Inquisição" em "Alagoas Colonial", esse método pode se tornar bem profícuo, uma vez que a Instituição e seus agentes atuaram desde o XVII até o XIX, seguindo o fluxo da sociedade em suas rupturas e continuações de modos de viver e de se organizar socialmente.

Nesse caso, no limite, verificou-se que os tópicos discorridos nesse capítulo são aspectos intrínsecos e comuns a todas (variando em "graus") as atividades dos oficiais da Inquisição em "Alagoas Colonial". Da mesma feita, o raciocínio inverso pode ser desenhado, onde as atividades particulares, repetidas e modificadas no decorrer de séculos nos espaços das vilas de "Alagoas Colonial", contribuíram na existência, permanência e força os tópicos trabalhados neste capítulo, ajudando a compor o que seria uma "mentalidade" de "Antigo Regime nos Trópicos", com atuação forte em "Alagoas Colonial", principalmente entre as categorias de mando e as dominantes.

---

121 HESPANHA, 2010, p. 187.

122 ARIÈS, 1990, p. 463.

CAPÍTULO 2

OS FAMILIARES E OS COMISSÁRIOS DA INQUISIÇÃO

Por ser um cargo aberto a todas as camadas brancas, cristãs-velhas e ricas da sociedade lusitana, tem-se um perfil variado de agentes do Santo Ofício na história moderna de Portugal. Em "Alagoas Colonial", temos preliminarmente 18 agentes. Os Familiares podem ser divididos nas seguintes categorias: Mercador, Senhor de Engenho, Militar e Sem Ofício. Os Comissários, por sua vez, eram apenas os Eclesiásticos do Clero Secular.

Comecemos pelos Comissários, que representavam quatro agentes do total de 18. Dois deles eram naturais de Alagoas, um de Portugal e outro da Bahia. Sobre a área de exercício mais específica, três foram Comissários na Vila das Alagoas (1694, 1709 e 1766), enquanto um foi na Vila de Penedo (1808). A preferência da Inquisição em ordenar o Clero Secular para cargos da Inquisição se dava por motivos de fixação e hierarquia ao Bispado de Olinda, pois os inquisidores "[...] preferi[am] saber que tal ou tal comissário estaria na localidade para a qual foi nomeado a fim de realizar os negócios do Santo Ofício", enquanto os regulares dificilmente se controlaria, visto "[...] que poderiam ser deslocados por seus superiores sem aviso prévio [...]"[123]. Como Instituição que prezava pela objetividade e relativa rapidez no controle das ações que desejavam punir, compreende-se essa opção pelo Clero Secular, mais enraizado nos espaços e de terem em alguns a família por perto e morando nos espaços.

Em maior número, têm-se os Familiares, com 14 pessoas. Daí, dois eram naturais da Vila das Alagoas, cinco da Vila de Porto Calvo e oito eram advindos de Portugal (seis do Arcebispado de Braga e dois do Arcebispado de Aveiro). Em termos espaço-temporais, 12 deles estavam inseridos na Vila das Alagoas, nos períodos de 1678-1720, 1811-1820, enquanto Porto Calvo só terá sua malha de agentes em 1765 e 1790. Penedo só contou com a atividade do primeiro oficial local em 1773.

---

[123] FEITLER, 2007, pp. 92-93, para ambas as citações.

Quadro 1 – Distribuição geográfica dos Familiares e Comissários da Inquisição em Alagoas Colonial (1674-1820)

Vilas	Oficiais			
	Mercadores	**Senhores de Engenho**	**Militar**	**Eclesiástico**
Vila das Alagoas	7[1]	1	1	3[1]
Vila de Porto Calvo	4	1	-	-
Vila de Penedo	1	-	-	1

1 – Conta Antonio Correa da Paz como "Mercador" e como "Eclesiástico".

Fonte: ANTT. TSO. CGSO. Habilitações[124]

Para compreender as peculiaridades de cada agente em separado, observaremos, também, os padrões que influíam sobre suas classes de ocupação. Nesse sentido, foram-se necessárias pesquisas bibliográficas de variada natureza. Recortando para o tema da Inquisição, os estudos feitos sobre os agentes em Pernambuco, Minas Gerais, Colônia do Sacramento, Maranhão e Grão-Pará, entre outros, serão úteis em demasia para se observar tendências estruturais na América, bem como suas diferenciações conjunturais, servindo, portanto, nessa história comparada[125].

2.1 Mercadores

Os mercadores acabaram por se tornar a classe de ocupação mais visada pela historiografia quando se pesquisa as habilitações do Santo Ofício. Pode-se dizer que a motivação de estudo seria a desconstrução de uma história centralizada sobre a figura do proprietário de terra, uma vez que os homens de negócio igualmente tinham estratégias de promover-se social de diversas naturezas[126].

[124] Indicadas em separado nas referências documentais.

[125] Sem me estender em excesso, diria que os principais alicerces de estudo foram a microstoria italiana, nas penas de GINZBURG, 1989. GINZBURG, 2007, conjugada com as avaliações STONE, 2011, devidamente lapidadas pelas noções de classe marxista de THOMPSON, 1987, p. 10. Por último, a comparação e conexão obedecerá a fatores mais consolidados, como as posições de BLOCH, 1998, pp. 111-161; resgatado por CARDOSO; BRIGNOLI, 2002, pp. 409-418; e lidas, em tempos recentes, por DETIENNE, 2004.

[126] VEIGA TORRES, 1994. SOUZA, 2012, pp. 237-242. A figura do mercador, comerciante, ou, genericamente, burguesia, deve ser constantemente problematizada nessa época moderna (isto é, humanista, renascentista, barroca, iluminista), visto ter sido tal classe essencial nas disputas de poder dentro desses períodos históricos, principalmente na Espanha e Portugal, v. MARAVALL, 1986, vol. II; ver também ANDERSON, 2004.

"Alagoas Colonial" não foge à regra, mas é peculiar — e deveras instigante — observar a participação dos mercadores em um espaço que não tinha Alfândega próxima e nem Praça de Comércio de grosso trato, localizadas em Recife, Salvador e Rio de Janeiro. Dos 18 agentes do Santo Ofício para o espaço sul de Pernambuco, oito faziam parte desse grupo. Ou seja, quase 50% do total que aqui será analisado.

Utilizar-se-á, nesse tópico, a denominação geral "Mercadores" seguindo as seguintes posições: **1)** Atualmente, na historiografia alagoana, por falta de pesquisas, é impossível mensurar e classificar os diferentes "estágios" de uma hierarquia mercantil; **2)** Os termos dados nas entrevistas são vagos, ora como "homens de negócio", "negociantes", "homem que vive de seu negócio" e até mesmo "homem de mercancia"; **3)** As relações comerciais, pelo que se pode acompanhar na documentação, envolvia o comércio local (a vila de moradia), viagens para Pernambuco (Recife e Olinda) e Bahia (Salvador), inserindo os "homens de negócio" dentro de um espaço geográfico alargado; **4)** Utiliza-se a denominação de D. Raphael Bluteau para "Mercador": "Aquele que mercandeja comprando, e vendendo". Puxando o gancho do item 3, os "Mercadores" trabalhados transitavam entre "Mercado" e "Feiras". Para Bluteau, o primeiro era local em que se comercializavam produtos da terra, enquanto o segundo era espaço para "Mercadores de fora". Para evitar classificações frágeis que podem (e serão) desmontadas com estudos futuros, utiliza-se o termo "Mercador"[127].

Em solos americanos, muito se tem contribuído para o entendimento sobre os homens de negócio da América portuguesa. Os mercadores não eram apenas pessoas que estavam inseridas no mercado atlântico, mas eram possuidores de diversos investimentos em suas agendas, relacionadas com outros espaços do Brasil. Esses negociantes se diferenciavam em relação à sociedade, ao mesmo tempo que tentavam adentrá-la em seus maiores estratos, sobretudo pelo prisma de crédito dos homens de negócio com o setor agrário mais poderoso da sociedade colonial[128].

Usando como exemplo o Rio de Janeiro setecentista, o título de homem de negócio se consolidou como "essencialmente informal"[129], situação que irá mudar no decorrer do século XVIII, mas que ajuda a compreender as vontades dos Mercadores em conseguirem títulos chancelados. Sobre a ideia

---

127 MELLO, 2012, pp. 187-188. SOUZA, 2012, pp. 68-77. BLUTEAU-, 1712-1728, vol. 5, p. 429. VENÂNCIO; FURTADO, 2000, p. 95.

128 SOUZA, 2012, pp. 63-67. SAMPAIO, 2007, pp. 254-255. FRAGOSO, 2001.

129 SAMPAIO, 2007, p. 227.

de titulação e autorrepresentação, era comum os Mercadores se identificarem com suas outras titulações, "como moedeiros, cavaleiros da Ordem de Cristo, *Familiares do Santo Ofício*, ou mesmo sem titulação nenhuma"[130].

Dessa maneira, é interessante ressaltar as relações dos Mercadores com os poderes institucionais régios, procurando para si mesmos distintivos nobiliárquicos e estratégias de ascensão que não passassem apenas por atividades socioculturais (casamentos e alianças com os senhores de terra), mas sim institucionalizadas (Câmara Municipal, Alfândega, Casa da Moeda)[131]. Relações essas que demonstram o promover-se social dos mercadores na organização de Antigo Regime, reforçando o que acontecia na Península Ibérica nos tempos do Renascimento e se dinamizava no período do barroco e iluminismo[132].

*

Os primeiros mercadores a se habilitar em "Alagoas Colonial" foram, ao mesmo tempo, uma única família que gradativamente galgou as benesses do Santo Ofício. O primeiro, que poderíamos chamar de "patriarca", foi Severino Correa da Paz, luso reinol da Comarca de Guimarães[133]. Chegou em Pernambuco jovem e solteiro. Casou-se com Catarina de Araújo, "sergipana", e depois se estabeleceu na Vila das Alagoas, tendo falecido durante as inquirições em uma viagem para o Reino. Seu filho, Antônio Correa da Paz, levou a cabo a empreitada e se habilitou Familiar do Santo Ofício em 1678, valendo-se do processo aberto pelo pai em 1674[134]. Era considerado um estudante nessa época e qualificado como um homem que cuidava de seus "negócios".

Cinco anos depois, em 18 de dezembro de 1683, foi a vez de Constantino Correa da Paz receber a carta de Familiar do Santo Ofício. Era homem de negócios, morador da freguesia de Nossa Senhora do Ó, termo da Vila das Alagoas, desde, aproximadamente, 1669. Seu grau de parentesco com Severino Correa da Paz era de irmão de sangue, logo, tio legítimo de

[130] SOUZA, 2012, pp. 69-77. SAMPAIO, 2007, p. 232. (itálico meu). No século XVIII é que os Mercadores irão reforçar suas representações e começar a se autodenominar "homens de negócio", *idem*, p. 241.

[131] SOUZA, 2012, pp. 211-237. SAMPAIO, 2010, pp. 463-466.

[132] MARAVALL, 1986, pp. 23 e seguintes, pp. 116-122, 131-163; GODINHO, 1980, pp. 101-103. BRAUDEL, 1984, p. 88, 91.

[133] Natural do Conselho de Ermello, freguesia de S. Vicente.

[134] ANTT. TSO. CGSO. Hab. Antonio, mço 20 – doc 613, mf. 2932. ANTT. TSO. IL. Ministros e Oficiais. Provisões de nomeação e termos de juramento. Liv. 5, fl. 399v.

Antônio Correa da Paz. Constantino estava casado com Anna de Araújo, irmã de Catarina de Araújo[135]. Esse casamento, ao contrário do de Severino, aconteceu na Vila das Alagoas, onde ambos se conheceram. De acordo com os depoimentos, Constantino chegou em Pernambuco na companhia de seu irmão ("ambos muitos jovens") e depois acabou indo para Vila das Alagoas, anos depois de seu irmão Severino, possivelmente influenciado por ele nessa ação tripla: **a)** mudança para "Alagoas", **b)** habilitação ao Santo Ofício e **c)** casamento com Anna de Araújo.

Voltemos para Severino, e vamos elucidar um pouco a dinâmica dos irmãos, a partir, agora, da vida de suas esposas. De acordo com as inquirições do Santo Ofício, a família de Catarina teria desembarcado na América entre 40-50 anos daquela data da inquirição, ou seja, teriam vindo em torno de 1624-1634 para Sergipe e teriam começado a tratar com a criação de gado. Outras testemunhas locais alegaram que a família Araújo teria chegado na Vila das Alagoas fazia 20-35 anos (as datas variam), em aproximadamente 1633-1648.

Ou seja, a família Araújo era dona de terras e de uma renda relativamente fixa[136]. Alguns entrevistados pelo Santo Ofício diziam que a família tinha negócios com plantações de tabaco[137]. Apesar de não ter o mesmo peso financeiro do açúcar, salienta-se sua importância, afinal, "ao contrário do açúcar, cujo elevado nível de investimento só o tornava acessível à elite mercantil, no caso do tabaco o investimento era possível para Comerciantes dos mais diversos portes". Bem como o gado, que da metade do século XVII em diante, tornou-se um bom atrativo para acúmulo de cabedal, fazendo, em uma conjuntura maior, "[...] a América portuguesa transformar-se de importadora de animais para exportadora"[138].

Com os casamentos, a família Araújo conseguiu bons mercadores para administrarem suas posses e casarem suas filhas, ao mesmo tempo que os Correa da Paz se enraizavam na terra, recebendo terras e valendo-se da mercancia para investir suas economias. Nessa ocasião, toma-se como foco importante o uso da riqueza para pagar (não comprar) as inquirições ao Santo Ofício.

---

135 ANTT, TSO, CGSO, Hab. Constatino, mç. 1 – doc. 6, mf. 2931.

136 Sem se aprofundar no assunto, citam-se os estudos em SZMRECSÁNYI, 1996. PRADO JR., 2008, pp. 184-208.

137 O Tabaco no século XVII teve sua importância gradual aumentada por conta de inúmeros fatores no mercado mundial e no mundo atlântico, com a consolidação do tráfico negreiro a partir das conquistas portuguesas na África e as relações entre os luso-brasileiros e os Comerciantes reinóis ou mesmo locais. SCHWARTZ, 1998, p. 218. SERRÃO, 1992, pp. 98-99.

138 SAMPAIO, 2014, pp. 395-399, para ambas as citações (398, 399).

O caso dos Correa da Paz demonstra uma situação comum aos mercadores "pernambucanos" estudados por George Cabral de Souza, onde "a maior parte dos adventícios costumavam chegar a Pernambuco muito jovem, como de fato ocorria em outras partes da colônia"[139]. Mesmo sendo moços, não estavam necessariamente sozinhos, pois os laços familiares eram bastante fortalecidos desde a saída do Reino e compreendidos como fundamentais para a vida na América. Assim, pode-se ver uma ação conjunta dos dois irmãos indo para Pernambuco e que a ida de Constantino para Vila das Alagoas derivava já da experiência do irmão mais velho, Severino[140]. Acontecendo ali um tipo de casamento entre homens de negócios e donas de terra para estabelecer-se na sociedade[141].

A família Correa da Paz-Araújo aumentou com a entrada de outro mercador reinol, que desposou Mariana de Araújo, uma das filhas de Severino e Catarina, nascida entre 1668-1671. O mais novo membro habilitado para o cargo de Familiar do Santo Ofício foi o já conhecido nessas linhas, Antônio de Araújo Barbosa, responsável anos depois por trabalhar a denúncia da negra escrava Tecla e do mulato Ludovico. Morador da Vila das Alagoas desde 1676-1678, natural de Santo Estevão da Facha[?], Arcebispado de Braga, recebeu sua carta de Familiar em 22 de novembro de 1696, aos 35-40 anos de idade[142]. Sua inserção na família reforçava a estratégia tomada pelos dois irmãos e irmãs, isto é: seu dote de casamento foram terras dadas no lugar de Santo Amaro, na Freguesia de Santa Luzia da Alagoa do Norte, pela matriarca, Catarina de Araújo, para que Antônio de Araújo Barbosa erigisse um Engenho de Açúcar[143].

Na América portuguesa, "muitos dos grandes Comerciantes impunham contratos pré-nupciais a suas futuras esposas ou ofereciam no lugar o dote das filhas e genros"[144], o que era comum. Em relação aos homens de terra (imagina-se que relativamente ricos), dotar a filha era uma maneira de conseguir um bom casamento, já que entre os bens podia se achar "[...] ouro, bens imóveis, móveis e escravos [...]", atrativo relevante para "[...] os homens que estariam inserindo alguma fortuna aos bens que possuíam ou em outras

---

139 SOUZA, 2012, p. 101.

140 Situação comum em Pernambuco. SOUZA, 2012, p. 88-90.

141 FARIA, 1998, pp. 195-205.

142 ANTT, TSO, CGSO, Hab., Antonio, mç. 27 – doc 744.

143 AHU. Al. Av. Doc. 33, fls. 3-4v.

144 SOUZA, 2012, p. 114. O que se pode perceber é que o dote foi dado pela matriarca, Catarina de Araújo. Tal dote e terras gerarão conflitos, trabalhados no Capítulo 5 da presente obra.

situações, passando a ter bens que sem o consórcio nunca iriam alcançar"[145]. Para o caso específico da união entre Antônio de Araújo Barbosa e Mariana de Araújo, ambos os lados respondiam a estratégias de união de bens.

Na mesma esteira de homens comerciantes que arranjavam casamentos visando um bom dote em terras, tem-se Manuel Carvalho Monteiro, que, em 9 de agosto de 1720, recebeu sua carta de Familiar. Natural da Cidade de Braga, Freguesia de São Victor, mudou-se para a Bahia, casou-se com Catarina de Cerqueira e fixou residência na Vila das Alagoas. Seu cabedal era contabilizado nos 10 mil cruzados, podendo chegar aos 20 mil, de acordo com algumas testemunhas. Gozava Monteiro de segurança em seus negócios, principalmente porque tinha um bom partido de cana-de-açúcar que cultivava com muitos escravos[146].

O sogro de Manuel Carvalho foi igualmente um homem rico e senhor de terras. Um morador da Vila das Alagoas não duvidava que o patriarca dotara a sua filha objetivando a vantagem de um marido que proporcionaria à família a vivência na Lei da Nobreza. Acredita-se que o partido de cana de açúcar e os escravos em posse de Manuel Carvalho teria sido exatamente o dote de Catarina de Cerqueira, pois seu pai e seus irmãos tinham lutado nas batalhas contra Palmares, cujos espólios de guerra eram exatamente terras e escravos para reescravização. Por sua vez, uma prévia riqueza e qualidades de mercancia devem ter agradado o pai e os irmãos de Catarina de Cerqueira, uma vez que o matrimônio antecedeu a habilitação ao Santo Ofício.

Quando se tratava de indivíduos pertencentes a grupos sociais distintos (mercadores e filhas de senhores de terra), pode-se pensar na característica do "princípio da igualdade", pois fazia parte da norma haver entre os cônjuges "[...] uma igualdade etária, social, física e moral"[147]. O caso de Manuel Carvalho e Catarina Cerqueira demonstra que a estima pessoal do homem deveria ser aprovada pela família da pretendida/pretendente que, provavelmente, viam no mercador uma pessoa não necessariamente igual, porém de reputação social elevada ou considerável. Como Manuel Carvalho Monteiro e seu sogro tratavam de comércio, e que a honraria da terra vinha das esposas, ambos, como homens da casa, necessitavam ter seus próprios status que lhe garantissem prestígio a partir de atividades próprias. Tal status de Manuel Carvalho foi "melhorado" com o Hábito, aprovado em 9 de agosto e 1720.

---

[145] SILVA, 2012, p. 340. Para ambas as citações.

[146] ANTT. TSO. CGSO. Hab. Manuel. Mç. 86 – doc. 1623.

[147] SILVA, 1984, p. 66.

Esse tipo de dinâmica pode ser encontrado no começo do século XIX, contudo, com algumas ressalvas.

Na Vila das Alagoas, dois irmãos, oriundos de Portugal, mercadores, casaram-se e conseguiram se habilitar ao cargo de Familiar do Santo Ofício. Joaquim Tavares de Bastos e João de Bastos eram naturais da Freguesia de S. Pedro de Cambra[?], Bispado de Aveiro. Ambos foram para o Brasil muito jovens, e não lembravam das ocupações dos pais[148].

João de Bastos já era casado com Anna Sofia/Amálio do Rosário Acioli, filha do Tenente José de Barros Pimentel e neta do Capitão Inácio de Acioli Vasconcelos, ambos naturais da Vila das Alagoas[149]. Infelizmente, por não termos tido contato com a documentação da inquirição de João de Bastos, pouco se saberá, por enquanto, sobre a vida de sua esposa e de sua genealogia, que os sobrenomes não negam e põe-nos a pensar: poderiam ser de famílias tradicionais da Vila das Alagoas e, se possível, do norte da Comarca, Porto Calvo[150].

Joaquim Tavares de Basto iniciou os processos para habilitação solteiro, e casou-se durante o pleito com Ana Felícia de Jesus, em 1801. Ambos conceberam Maria Sebastiana em 1803. Ana Felícia de Jesus era filha legítima do Capitão Manoel Caetano de Morais, natural da Cidade e

[148] Mesmo tendo pedido inquirições antes de 1801 (solteiro), sendo as primeiras entrevistas em 1803 (casado), alargadas até 1807 (esposa), Joaquim T. de Bastos só recebeu sua carta em 1818. ANTT, TSO, CGSO, Hab. Joaquim. Mç. 21 – doc 262. Diferentemente de seu irmão, João de Bastos recebeu sua carta em 1810, provavelmente por conta de nenhum empecilho nas inquirições que atrasassem as atividades do Comissário do Santo Ofício encarregado. O documento de João Bastos encontrava-se retirado da leitura, não tido sido possível fazer sua avaliação. Utilizou-se a informação dada pelos livros de índices da Torre do Tombo. Sendo o códice ANTT, TSO, CGSO, Hab. João. Mç. 129 – doc 2006; além das informações retiradas em ANTT, TSO, IL, Ministros e oficiais. Provisões de nomeação e termos de juramento, livro 22, fl. 317.

[149] Dentro do "id" da Torre do Tombo, foi informado que o nome da esposa era Amália do Rosário Acioli. No livro de Provisão e termos de juramentos, a esposa chamava-se Anna Sofia do Rosário Acioli. Como não se teve contato com a habilitação em mãos, opta-se por deixar os dois nomes no texto, para evitar equívocos, sendo mais seguro deixar uma dúvida do que um erro. Em uma pesquisa posterior, tentou-se encontrar a ligação de Anna Sofia/Amália com seu pai e avô a partir da leitura de MELÓ, 1984. O problema reside na obra ter sido constituída por nomes (como se fossem capítulos), sem indicações de datas e da carência de muitas fontes, algumas informadas pela autora e outras não. Por conta de vários "José de Barros Pimentel" que viveram no século XVIII, fica difícil traçar quem é o pai de Anna Sofia/Amália, que não foi citada por Venúzia Mélo em nenhum momento. Outra problemática foi com Inácio Acioly, que teve um filho chamado José de Barros Acioly Pimentel, mas que nasceu em 1820 e morreu em 1879, sendo impossível ser o pai de Anna, esposa de João de Bastos. Entretanto não se põe em causa a pesquisa de Venúzia (até porque as fontes possivelmente utilizadas pela autora não podem informar tudo que queremos), apenas o alerta de que a junção das Famílias Vasconcelos, Lins e Barros Pimentel fazem a árvore genealógica se tornar uma floresta, sendo muito difícil recompô-la em sua totalidade. A única crítica que deixo foi a ausência de datas em muitos casos, dificultando em muito a análise.

[150] DORIA, Francisco Antonio. "Sangue Converso no Brasil Colônia, I". Disponível em http://www.arquivo-judaicope.org.br/arquivos/bancodearquivos.

Bispado de Miranda, já falecido quando das averiguações das inquirições, e de sua mulher, Ana Joaquina de S. José, natural da Vila das Alagoas, filha de pais incógnitos. Os pais de Ana Felícia de Jesus eram pessoas distintas em Alagoas, pois o Capitão viveu "à lei da nobreza". Serviu nos cargos da milícia e da *res pública* como vereador, almotacé e juiz ordinário. No âmbito religioso, fez parte no culto divino na Irmandade do Santíssimo Sacramento, àquela época sendo síndico dos Religiosos Franciscanos do Convento da Vila das Alagoas, tesoureiro venerável da Ordem dos Franciscanos e nas mais Irmandades "como foi patente". Somando-se a tudo anteriormente descrito, foi tesoureiro-geral do Senhor do Bonfim. Viveu e se estabilizou na Vila das Alagoas com negócios de fazenda e como Capitão da Cavalaria, sendo tratado por todos os entrevistados pelo Santo Ofício como "pessoa honrada e de bom procedimento".

Em suma, pode-se ver que, nos finais do século XVII e início do XVIII, o prestígio e honra das mulheres dos habilitados advinham da posse de terra, escravos e gado, sem títulos "honoríficos". Nos inícios do século XIX, as mulheres casadas com Familiares estavam mais bem estabilizadas, e carregavam consigo um nome construído e consolidado nas vilas, sendo um atrativo para maridos em potencial.

Assim como os irmãos Correa da Paz e dos Bastos, houve outro grupo de irmãos mercadores que decidiram se habilitar em 1790. Contrariando o que até agora se leu, a família Vabo era natural da terra da Vila de Porto Calvo e todos decidiram se candidatar ao cargo do Santo Ofício ao mesmo tempo. O ato dos Vabo pode ter sido meticulosamente pensado, pois assim todos se valeriam de uma única inquirição para comprovar suas qualidades como um todo e economizar custos do processo[151].

O primeiro membro da família Vabo era o negociante João Francisco Lins, solteiro, de 30 anos, que morava na Freguesia de Nossa Senhora da Apresentação, termo da Vila de Porto Calvo[152]. Junto a ele, teve-se Inácio José do Vabo, solteiro, de 22 anos, sem um ofício qualquer. Vivia Inácio na companhia dos pais, e era visto como uma pessoa já abastada por conta da herança que iria receber[153].

[151] Aldair Rodrigues explicará que "quando se tratava de filhos de Familiares do Santo Ofício ou de algum candidato que já tivesse um irmão habilitado, as questões sobre os avós eram excluídas, o que encurtava o processo em número de fólios e custo". RODRIGUES-, 2011, p. 109.

[152] ANTT, TSO, CGSO, Hab. João. Mç. 166 – doc 1421.

[153] ANTT, TSO, CGSO, Hab. Inácio. Mç. 10 – doc 161.

O outro irmão era José Lins do Vabo, nascido em 1764[154]. Diferentemente dos irmãos, estava casado com D. Maria Moura Nigramontes[?][155], mulher de sua mesma idade. O casamento deu-se em 26 julho de 1786, na Igreja Matriz de Camaragibe, tendo João Lins como testemunha. O último dos Vabo era Pedro Antônio Vabo, natural e morador na Freguesia de Nossa Senhora da Apresentação, termo da Vila de Porto Calvo. Mantinha-se solteiro, de honra, limpeza e bons costumes a partir de sua geração familiar[156]. Infelizmente, nada foi dito sobre sua idade, ocupação, ofício e, o mais importante, sobre o grau de parentesco com João Francisco Lins, Inácio José do Vabo e José Lins do Vabo. Assim, presume-se que fossem irmãos[157].

Observe-se que com o caso dessa família tem-se naturais da terra de primeira e segunda geração. Seus pais e seus avós maternos e paternos são todos naturais da freguesia de São Bento de Porto Calvo, Bispado de Pernambuco, menos o avô materno, Capitão Apolinário de Carvalho, que era natural do Bispado de Porto. Os habilitandos vinham de uma família já enraizada, provavelmente conhecedora e reconhecida no meio. Os pais, Senhores de Engenho (chamado Purnicoza[?]/Pornues[?])[158], enquanto os avós paternos e maternos[159] tinham sido Lavradores de Cana[160]. Nos depoimentos, todos os irmãos descreviam-se como pessoas abastadas, que viviam de negócios e prestes a receber uma boa herança. Vê-se que a base de sustentação dos irmãos Vabo fundava-se nos bens do tronco materno e paterno, tanto em termos de prestígio como de riqueza e qualidade, sendo o açúcar o principal produto da agricultura "porto-calvense"[161].

Segue-se a leitura aberta pelos Vabo e inicia-se agora uma análise de um natural alagoano habilitado ao Santo Ofício.

---

154 ANTT, TSO, CGSO, Hab. José. Mç. 158 – doc 3062. Tal documento foi pesquisado pela doutora Márcia Mello (conferir referência a André de Lemos Ribeiro).

155 D. Maria era filha de Francisco de Barros Pimentel e de D. Brazida Lins, ambos naturais da freguesia de Camaragibe e moradores em Porto Calvo. Seus avós paternos foram Manoel da Vera Cruz e D. Elena de Barros, naturais e moradores da freguesia de Camaragibe, mas já falecidos em 1790. Os avós maternos eram Sibaldo Lins e Micaela de Barros Nigramontes[?], natural ele de Camaragibe e ela de Ipojuca, mas moravam em Camaragibe, falecendo antes de 1790.

156 ANTT, TSO, IL. Ministros e Oficiais. Provisões de nomeação e termos de juramento, liv, 22, fl. 156.

157 ANTT. TSO, CGSO, Hab. Pedro, mç. 38, doc. 645 (pedido negado por mau estado). Informação dada por doutora Márcia Eliane de Souza e Mello.

158 São dadas nas entrevistas essas duas denominações.

159 O avô materno, Apolinário de Carvalho, era Capitão da Cavalaria, e também tinha ocupado cargos na Câmara, como Senador.

160 Seus avós paternos eram João do Vabo Coelho e Dona Luiza Lins dos Santos.

161 DIÉGUES JR., 2006.

Gonçalo de Lemos Barbosa autodenominava-se "homem dos principais daquela vila" e não deixou de se amparar em sua genealogia[162]. A despeito de sua linhagem, Gonçalo promovia-se de maneira contundente: sustentava-se, financeiramente, de suas fazendas, por ser homem de negócios e era honrado, de bom procedimento; vivia abastadamente e tinha cuidado com assuntos de segredo. Alegou que não havia nenhum Familiar do Santo Ofício naquela vila, considerando os agentes da Inquisição como pessoas distantes daquela localidade, consequentemente "desprotegida". Chamava para si a responsabilidade de ocupar o dito cargo, por entender que lhe imputavam os principais requisitos necessários[163].

A título de ilustração, o Comissário encarregado de fazer as diligências foi o primeiro agente do Santo Ofício "alagoano": Antônio Correa da Paz. Isso demonstra empiricamente uma consolidação das ações da Inquisição em território da Comarca das Alagoas (sem esquecer-nos da ação de Antônio de Araújo Barbosa na denúncia de Tecla e Ludovico, em 1708).

Morador na Vila das Alagoas há mais de 30 anos, Antônio Correa da Paz não se sentiu constrangido em dar opiniões pessoais sobre Gonçalo de Lemos Barbosa. Provavelmente deve ter acompanhado de longe a criação do habilitando, visto que Gonçalo era filho de Manoel Barbosa Rego, natural da Vila de Viana do Minho, freguesia de Colegiada, e de Joana de Lemos do Vale, natural da Vila das Alagoas. Ambos eram moradores na dita vila, na Freguesia de Nossa Senhora da Conceição. O casamento deu-se na Igreja da freguesia já citada, em 4 de outubro de 1660. O nascimento de Gonçalves de Lemos Barbosa aconteceu anos mais tarde, tendo seu batizado sido feito em 7 de junho de 1667.

Quando Antônio Correa da Paz se tornou agente da Inquisição, Gonçalo já tinha mais de 10 anos. Isso deve ter contribuído na segurança de Antônio Correa da Paz em ter escrito que sempre ouvira dizer que Gonçalo detinha as três legitimidades para receber o Hábito do Santo Ofício: filho branco, cristão-velho e livre de toda "raça de infecta nação". Somava ao seu depoimento os contatos com o irmão de Gonçalo, um sacerdote do Hábito de São Pedro ordenado pelo Bispado de Pernambuco, igualmente visto como um prelado de boa opinião na virtude e "escrupulosíssimo" em suas atividades religiosas.

---

162 Seus avós eram reinóis, de via paterna, tem-se Pedro Gonçalves Barbosa, natural do Outeiro, freguesia de Refoios, do Convento de Frades Cruzios[?], termo de Ponte de Lima, Arcebispado de Braga, casado com Anna do Rego Maia, natural e moradora na Vila de Viana, a porta da ribeira, freguesia da Colegiada. Por via materna, Gonçalo de Lemos Barbosa era neto de Manoel de Lemos do Vale e Joana Gonçalves, ambos naturais e moradores da Vila das Alagoas, na freguesia de Nossa Senhora da Conceição. Eram narrados como pessoas cristãs-velhas, de valor, e que viviam de suas lavouras.

163 ANTT, TSO, CGSO, Hab. Gonçalo. Mç. 6 Doc. 112.

Gonçalo vinha de uma família de religiosos, pois outro irmão seu era um Comissário dos Terceiros de Santo Antônio, fazendo-o "guardião [de] tudo no Convento da Cidade de Olinda[,] Cabeça deste Bispado de Pernambuco, sendo bom moço dito religioso". Diante de tal histórico, Antonio Correa da Paz não mediu elogios, tratando a solicitação como a de uma pessoa honrada, de homem com muita capacidade, sempre recolhido em casa, retirado de todos os vícios, jogos, passeios, e ainda pediu desculpas pela comparação feita: "que sem encarecimento[,] ma[i]s parece religioso, [do] que secular".

Gonçalo de Lemos Barbosa vinha de uma família que cultivava a terra, já que seus pais eram donos de lavouras (provavelmente de cana)[164]. Podia muito bem o habilitando ter se destacado como um senhor de lavouras, senhor de terras ou, especificamente, de lavouras de canas. No entanto, identificou-se como homem afazendado, dos principais da vila, a partir de seus negócios. Se as lavouras alagoanas vinham de seus pais ou da esposa, nem por isso utilizou como discurso (dote, herança etc.), fixando-se na sua ocupação de negociante. Quem sabe um negociante dos produtos de suas lavouras, porém um negociante. Como há uma distinção significativa entre "viver de suas fazendas" e "viver de suas lavouras", presume-se mais outros tratos na vida de Gonçalo de Lemos Barbosa.

Por último, para o perfil dos Mercadores, tem-se o caso de André de Lemos Ribeiro. Era natural de Portugal, do lugar de Guilhafonte[?], freguesia de S. Cipriano de Defontoura[?], Conselho de Figueiras, Arcebispado de Braga. Dizia-se assistente na Vila de Penedo, e que morava lá desde, aproximadamente, 1757-1758. Na época da chegada, aparentava ter 16 para 17 anos de idade. Assentou-se na vila e dela não mais saiu, permaneceu solteiro e trabalhou em "seus contratos e negócios de mercancia"[165].

Por conta de seu ofício e ocupação, declarou-se como um homem abastado de bens, possuindo em torno de 15-17 mil cruzados. Utilizou de sua riqueza para viver na lei da nobreza, pois dizia se tratar "com muita limpeza", uma vez

[164] Como hipótese arriscada, pode-se tentar decifrar que pelo menos parte dessas lavouras seria de cana. Seguindo a ótica de que os entrevistados deveriam conhecer, ou pelo menos no limite, serem próximos do habilitando e de sua família, tem-se o depoimento do Alferes Simão Teixeira Ferrão, homem casado e considerado dos principais daquela vila, morador no termo da Vila das Alagoas, era homem que "vivia de sua agência e dos lucros de um seu engenho que tem de fazer açúcar", com idade de 62 anos. O Alferes dizia que conhecia os pais de Gonçalo de Lemos, e que ambos viviam de suas fazendas e de suas lavouras, que "sempre teria sido dessa maneira", porque ele (Simão Teixeira) morava naquela vila desde sempre "com eles por ali há mais de 50 anos". Aventura-se, por isso, a encarar Simão Teixeira e Manoel Barbosa como pessoas próximas, onde um seria um Lavrador afazendado que, possivelmente, garantiria cana (e quem sabe outros gêneros) ao Alferes, que vivia de um Engenho de Açúcar e necessitava daquela matéria-prima e de outros produtos.

[165] ANTT. TSO. CGSO. Hab. André. Mç. 13, doc. 199.

que era Irmão da Ordem Terceira da Penitência do Seráfico Patriarca, além de ter servido como Almotacé e Vereador do Senado da Câmara de Penedo.

Enquanto André de Lemos recebia elogios em terras americanas, sua família[166] passava por algumas pendengas em Portugal. Não se tem os depoimentos sobre o caso, apenas o parecer de um Eclesiástico. Tratava--se de uma denúncia sobre sua avó materna ser uma judaizante[167]. Por um momento, minaram a entrada de André de Lemos Ribeiro nos quadros do Santo Ofício. Mesmo que a acusação não fosse contra ele em particular, afetava-o diretamente. Contudo a acusação se mostrou falsa e, com seus 32 anos, o Mercador luso detinha prestígio e contatos suficientes para ser admitido na Inquisição, tendo recebido provisão de Familiar em 23 de julho de 1773[168] e carta passada em 23 de setembro do mesmo ano.

*

Os casos aqui narrados dos Mercadores nos mostram alguns dados: uma visão que tinham deles mesmos enquanto pessoas ricas, que tratavam com mercancia e agências, abastados de fazendas, vivendo à lei da nobreza, e, para o assunto da religião e do Santo Ofício, merecedores de crédito da Igreja por serem católicos e cristãos-velhos. Tal situação não nos pode fazer cair no engano de encontrar, nesse momento histórico, uma mentalidade burguesa que aflorará somente no século XVIII, com o advento do Iluminismo, e que tomará força com as primeiras revoluções liberais. Aqui, ainda estamos lidando com vários Mercadores inseridos na mentalidade social do Estado Absolutista, já distanciado no feudalismo, mas ainda bem agarrado a algumas estruturas persistentes de séculos passados.

Se no Rio de Janeiro houve Familiar do Santo Ofício Comerciante se tratando apenas como agente do Santo Ofício, aqui se põe a mostra que, para conseguir o hábito do Santo Ofício, o Comerciante fazia questão de

[166] Seus pais eram Francisco Lemos, natural de Guilhafonte, freguesia de S. Cipriano de Defontoura, e Maria Francisca, natural do lugar do Asento[?], freguesia de S. Tomé da Trindade, conselheiro de Figueiras, Arcebispado de Braga. Seus avós maternos eram Francisco Ribeiro, natural do lugar de Tarrio[?] da freguesia de S. Martinho de Caramos, e de Maria Francisca, natural do lugar de Asento[?] freguesia de S. Tomé da Trindade, Conselho de Figueira, Arcebispado de Braga. Todos eles eram tratados como Lavradores.

[167] Ser tratada como "judaizante" era uma acusação grave. A gravidade da situação se dá pelo fato de que ser "cristão-novo" (descendente de judeus) não era crime, e sim um estigma social, não sendo passível de condenação e morte (na lei). Todavia, ser "judaizante" era praticamente uma acusação de que a pessoa praticava a lei de Moisés, representando um perigo à ordem católica do Reino, devendo ser entregue à Inquisição para julgamento e condenação, v. HERMANN, 2001.

[168] ANTT, TSO, IL. Ministros e oficiais. Provisões de nomeação e termos de juramento, livro 20, fl. 175.

expor todo seu prestígio e poder social por ser um homem de negócios[169]. Não creio, por enquanto, que o Hábito do Santo Ofício se sobreponha ao título de Homem de Negócio, mas sim que o Hábito fosse um novo título hierárquico, não apenas novo, e sim *diferente*, pois era o que mais importava.

Essa avaliação ganha importância quando se vê a quantidade de Mercadores que pedem para ser Familiar do Santo Ofício; a maioria vinda do Reino. Além do mais, o Comerciante não era bem-visto pelos outros grupos sociais, tanto em Portugal, quanto nas conquistas, sendo retratado como cristão-novo em alguns documentos oficiais. Soma-se a hipótese da eterna desconfiança de que Mercador rico poderia ser sinônimo de cristão-novo, maior perseguido pela Inquisição portuguesa[170]. Comprovavam sua "limpeza de sangue" ao mesmo tempo que pretendiam a distinção social com títulos honoríficos e trato com a terra, tornando-se membros de Ordens Laicas e Familiares do Santo Ofício. Portanto, nem sempre se deve pensar em um Comerciante rico como alguém de origem judaica, "(...) pois se tratava de um tipo de difamação que rivais ou concorrentes invejosos podiam facilmente imputar a qualquer indivíduo com quem antipatizassem"[171]. Curiosamente, teriam sido esses Comerciantes os mais aptos a denunciar os cristãos-novos, visto que "(...) não tiveram maiores dificuldades na identificação e na denúncia de cristãos-novos, grande parte dos quais eram também homens de negócio e Comerciantes"[172]. Essa posição maquiavélica de perseguição contra os cristãos-novos (a fabricação de Judeus[173]) deve ser revista e posta em estudos empíricos mais aprofundados:

> Não partilho de todo a ideia do Santo Ofício ao serviço dos interesses da nobreza contra a burguesia, que justificaria a "fabricação" de judeus, ou seja, a transformação de burgueses em judeus sujeitos à repressão. Os cristãos novos não eram, na grande maioria, Mercadores ou financeiros. Em todo o caso, os interesses da nobreza e da burguesia financeira do Antigo Regime não eram antagónicos, pelo contrário, eram convergentes[174].

---

[169] "Não seria exagero afirmar que a identidade de homem de negócio, embora já utilizada, não se impõe a outras identidades sociais, mas, ao contrário, ainda se subordina fortemente a elas", v. SAMPAIO, 2007, p. 232.

[170] BOXER, 2002, pp. 331-332, 346. GIZBERT-STUDNICKI, 2009, pp. 129-131. As acusações obedeciam a seus momentos e locais históricos. Apenas pesquisas locais podem averiguar as "tendências" sociais onde Mercador era tratado como "judeu".

[171] BOXER, 2002, p. 347.

[172] BOSCHI, 1998b, p. 384.

[173] BETHENCOURT, 1994, pp. 267-268.

[174] BETHENCOURT, 2012, p. 153. Essa ideia da Inquisição portuguesa como um "freio anti-capitalista" pode ser vista em GODINHO, 1980, p. 81, 252-253, se bem que no ponto de vista mais profundo (social e político) da Restauração, GODINHO, 1968, pp. 279-281. Luiz Mott, para a Inquisição em Alagoas, encontrou o caso de um Judeu "tratante", ou seja, Comerciante, que foi indiciado, julgado e morto na fogueira em um auto-de-fé, MOTT, 1992, pp. 22-24. Logo, seguindo o estímulo de Luiz Mott e Francisco Bethencourt, não se deve generalizar a

Portanto, não querendo "produzir judeus" em "Alagoas Colonial", é possível sim a hipótese de que a busca do título de Familiar do Santo Ofício estivesse aliada à pretensão de selar de vez as suspeitas que poderiam recair sobre o Mercador. Porém convém salientar que o "sangue" não deve, para "Alagoas Colonial", ser tratado como a principal justificativa dos Mercadores em se tornarem Familiares do Santo Ofício, pois, além do Santo Ofício, diversos outros espaços garantiam essa "benesse" (a "limpeza de sangue"). Além do mais, se a distinção entre cristão-velho e cristão-novo era um objetivo comum a muitos habilitandos, pode-se encontrar para os casos "alagoanos" a procura da distinção social pelo hábito de Familiar mesmo após a abolição em 1774, quando Pombal vai extinguir a diferenciação entre cristão-velho e cristão-novo.

Nos finais do século XVII, em Pernambuco, observa-se uma procura maior pelos Mercadores "[...] às posições de poder, de modo a ter voz no capítulo – a Câmara de Olinda, os postos da administração local e de comando das Milícias, os cargos da burocracia régia –, como também às posições de prestígio, não menos cobiçadas"[175].

Uma dessas posições de prestígio era a de Senhor de terras, como Lavrador de Cana ou Senhor de Engenho. Ou as famílias das suas respectivas esposas tinham esse trato, ou eles mesmos e seus parentes utilizavam dessa base econômica para construírem suas vidas. Difícil entender de modo certeiro o que seria o "Lavrador" nesses depoimentos. Sabe-se que "Lavrador" pertencia à categoria de "agricultores (trabalhando quer a terra própria quer a que têm de mão alheia)", pertencente ao Terceiro Estado, dentro do conjunto hierárquico de Ordens do Antigo Regime[176].

Por fim, por mais difícil que fosse passar pelas "malhas da Inquisição", salienta-se que habilitar-se Familiar do Santo Ofício poderia ser um dos caminhos mais fáceis para os Mercadores nesse afã de enobrecimento e de conquista de status e mecanismos próprios de poder. A historiografia já mapeou as dificuldades da habilitação em outras ordens sociais de alto prestígio, como os foros de fidalgo e as Ordens Militares. Nelas, os impedimentos não estavam apenas na Pureza de Sangue, mas insidiam, inclusive, na "Limpeza de Mãos" e nos feitos heroicos próprios e de familiares em guerras e batalhas em prol do

---

perseguição inquisitorial apenas aos cristãos-novos, como também não se deve dizer que não houve perseguição dentro do território "alagoano". Em relação a esse assunto, tracei algumas notas de pesquisa, MACHADO, 2015.

175 MELLO, 2000, p. 41.

176 Nesse caso, poderia viver de três modos: "viver com senhor ou com amo, é um deles, ter ofício ou mester em que trabalhe e ganhe sua vida, é o outro, e andar negociando negócio seu ou alheio é o terceiro; claro que daí deduzimos um quarto modo de vida lícito a quem não pertence aos dois primeiros braços (os privilegiados): é o ser amo, isto é, proprietário ou arrendatário ou enfatiota de uma exploração, e trabalhá-la com os seus criados e familiares (...)", v. GODINHO, 1980, p. 101.

Reino de Portugal[177]. No contexto pernambucano de finais do século XVII, a situação poderia até ser mais difícil, haja vista que a "açucarocracia" defendia com unhas e dentes as suas posições na alta camada da Classe Senhorial[178].

Por falar em açucarocracia, é mister agora darmos alguma atenção a ela.

2.2 Senhores de Engenho

Entre os Senhores de Engenho, apenas dois se habilitaram a Familiar no período de mais de um século: João de Araújo Lima, da Vila das Alagoas; e José Inácio de Lima, da Vila de Porto Calvo. E, é-se necessária a indagação: se os Senhores de Engenho eram tidos como o topo da classe dominante no Brasil colonial, como explicar a existência de apenas dois "naturais" de "Alagoas Colonial" dentro dos quadros do Santo Ofício?

Inicialmente, devemos atentar que lavrador ou agricultor em Portugal fazia parte dos estratos do Terceiro Estado, dentro da concepção medieval das Três Ordens do Feudalismo[179]. Em Pernambuco do início da colonização, Evaldo Cabral de Mello propõe "rever a noção de que inexistiria diferença de *status* entre Senhores de Engenho e Lavradores de cana, pois não é crível que, mesmo no caso em que tivesse havido originalmente tal homogeneidade, ela pudesse haver resistido por muito tempo a disparidades tão acentuadas de posição econômica"[180]. Para o autor, se houvesse alguma aproximação, seria pelos Lavradores mais abastados, ou pelo menos parentes ou relacionados com os Senhores de Engenho. Esses últimos tinham a vantagem de terem adaptado o modelo de vida reinol na América, vivendo uma vida de fidalgo, como um senhor de terras, administrador de seus agregados e dono de seres humanos — os escravos[181].

Já dissertamos que o ideal de nobreza foi pensado de várias maneiras para Portugal e transposto para os Trópicos. No Brasil, os Senhores de Engenho tornaram-se "mais que simples categoria de empresários coloniais, cristalizando-se como potentados rurais, cujo domínio ultrapassou, e muito, a esfera econômica"[182]. Porém, para se tornarem nobres e serem reconhecidos

---

177 MAGALHÃES, 1993; OLIVAL, 2001.

178 MELLO, 2000, p. 127.

179 DUBY, 1982.

180 MELLO, 2008, pp. 144-146.

181 "A posse de vastas extensões de terra, apoiada no controle de numerosos dependentes, caracterizara a nobreza em Portugal, e os colonizadores do Brasil que estabeleciam propriedades açucareiras consideravam-se a nobreza da colônia", v. SCHWARTZ, 1988, pp. 224-246. FERLINI, 2003, pp. 287-293.

182 FERLINI, 2003, p. 288.

como tal, os Senhores de Engenho não podiam se garantir apenas em seus comportamentos, apesar de eles serem válidos, como a ausência de avareza, de desperdício e pobreza[183]. Havia outras barreiras: a descendência de família cristã-nova; o passado como oficial mecânico; a miscigenação com "raças de infecta nação", como os africanos e indígenas[184]. Esses, por sinal, eram os pontos mais comuns nas trocas de acusações entre os habitantes brasileiros quando o intuito era diminuir o prestígio de uma linhagem familiar[185].

A estratégia mais comum para se livrarem de qualquer boato difamatório baseava-se em exercer seu poder de mando e de senhor. Resumidamente falando, os Senhores de Engenho tinham um raio de influência e autoridade nos campos da economia, da sociedade, da administração e até mesmo da religião. Por partes: a unidade econômica era no âmbito da exploração das riquezas e da opulência do Senhor de Engenho; a importância social era investida de poder sobre praticamente todos os corpos da sociedade, como os religiosos, os escravos, os desclassificados (que se tornavam agregados), os Militares e os Comerciantes; as atividades administrativas originavam-se pelo seu poder costumeiro na sociedade, traduzidas no mando, tanto pela sua influência nas instituições políticas legitimadoras (como a Câmara Municipal), ou pela violência que era empregada pelo próprio senhor. E a religião, nesse caso, era pelo poder de ter, em suas propriedades, até mesmo capelas particulares (para não ir à Igreja Matriz) que, em algumas partes, transformavam-se quase na Igreja principal do espaço onde se encontrava[186].

Ser o Senhor de Engenho o topo dominante da classe senhorial era resultado de sua posição enquanto formadora e legitimadora de alianças e imposições aos outros corpos sociais supracitados — também da classe senhorial, diga-se de passagem[187]. Por mais que ter alianças fosse a melhor estratégia para se movimentar no ambiente dos Trópicos, ter uma parcela de controle, ou pelo menos articulações familiares dentro de cada campo, era o mais importante e mais visado plano político da casa a se pôr em prática, não sendo raro os Senhores de Engenho terem filhos, agregados, irmãos, pais e genros agentes da Inquisição, Padres, Militares, senadores,

---

183 FERLINI, 2003, pp. 288-290, citação p. 288.

184 SCHWARTZ, 1988, pp. 225-231. SCHWARTZ, 2009, pp. 288-292.

185 SCHWARTZ, 1988, pp. 228-229.

186 PRADO JR-, 2008. FREYRE, 2006. HOLANDA, 2006. Soma-se os estudos posteriores de SCHWARTZ, 1988; FERLINI, 2003, já citados e acrescento vários artigos de João Fragoso para o caso do Rio de Janeiro, apesar de não estar em concordância com várias de suas conclusões.

187 FERLINI, 2003, p. 288.

além de outros ofícios[188]. Ou seja, os Senhores de Engenho preocupavam-se em transpor seus "poderes" para as instituições, a fim de tentar deixá-las o mais próximo possível da "administração" de sua família, que as utilizava como uma base de "[...] forneci[mento] [d]a idéia mais normal do poder, da respeitabilidade, da obediência e da coesão entre os homens"[189]. Pretendiam aumentar sua capacidade de mando minando diversos inconvenientes em potencial, sobretudo, no âmbito das disputas de grupos.

Porém, não só de mando e violência se vivia um Senhor. Para o período absolutista (renascentista, barroco e, com seus resquícios, iluminista), a capacidade de exercer poder também era a capacidade de convencimento[190]. Ou seja, pode-se melhorar a concepção da ação do Senhor de Engenho a partir da "economia das mercês". Isto é, seu poder também se transmitia e retornava de caráter reforçado a partir de simples atos cotidianos de dar algo, conceder favores e ações de apoio. As consequências de tais ações eram traduzidas muitas vezes em favores políticos ou formações de amizades na construção de sociabilidades das mais diversas, mas que mantivessem em primeiro plano o interesse do Senhor de Engenho. Trocando em miúdos, a dissipação de poderes não representava algum tipo de enfraquecimento da posição dominante dentro da classe senhorial: os Senhores de Engenho deveriam ser afáveis com os Lavradores e Mercadores, mas não em demasiado com seus escravos[191].

Dentro desse âmbito da "concentração" e "partilha" de poder, o Hábito do Santo Ofício servia para justificar o Senhor de Engenho como indivíduo capaz para o trabalho sempre a favor da ordem social local, agindo com "justiça" (nesse caso, a eclesiástica) e pela defesa da fé católica, ao mesmo tempo que reafirmava sua "soberania" aos outros corpos sociais.

*

O primeiro Senhor de Engenho que se habilitou em "Alagoas Colonial" foi João de Araújo Lima, do Arcebispado de Braga, Natural de São Julião de Nogueira, Freguesia de Santa Maria de Refoios de Lima e que tinha chegado no Brasil em 1679-1682, fincando residência na Vila das Alagoas, onde casou-se com Maria de Amorim Cerqueira e tratou de viver de suas fazendas. Sua ida para Alagoas não o apartou do Reino, haja vista

---

188 FRAGOSO, 2003, pp. 11-35.

189 HOLANDA-, 1995, p. 82.

190 MARAVALL-, 2009. Em termos sociológicos, imprescindível a leitura de BOURDIEU, BOURDIEU, 2012a.

191 FERLINI, 2003, pp. 289-290.

que constantemente mantinha contato com os de lá, mandando "dinheiro e alguns presentes". Recebeu sua carta de Familiar do Santo Ofício em 1703, após um longo processo de investigação que abarcou territórios do Brasil, Ilhas Atlânticas e Portugal, haja vista que Maria de Amorim Cerqueira era filha de Matheus de Cerqueira, um marinheiro já falecido, que era natural da Vila de Viana do Foz do Lima, casado com Ana de Amorim, natural ela do termo da Vila das Alagoas do Sul, Freguesia de Nossa Senhora da Conceição. Maria de Amorim era neta por via paterna de Francisco de Cerqueira e de sua mulher, Catarina Casada[?], ambos naturais e moradores na Vila de Viana. Neta por via materna de Antonio de Fortes[?], Oficial de Oleiro e, provavelmente, natural da Ilha de São Miguel e de sua mulher, Isabel de Amorim, natural e ambos moradores no termo da Vila das Alagoas[192].

Antes de se tornar Senhor de Engenho, João de Araújo Lima já havia constituído experiências na carreira militar. Em 1697, tinha se tornado Capitão de Infantaria da Ordenança da Vila das Alagoas[193]. Na carta patente, descobre-se que era um dos homens que serviu de Alferes de Infantaria da Ordenança na Cidade da Bahia. Logo após sua estadia e vida baiana, foi para Pernambuco-Alagoas, assistir nas lutas contra os negros de Palmares, colaborando com munições e mantimentos várias vezes ao Mestre de Campo Domingos Jorge Velho, que sofria de suas carências. O paulista demonstrava apreço por João de Araújo Lima e recomendava que a Coroa portuguesa desse um Hábito da Ordem de Cristo para o miliciano-Alferes, o que acabou não se concretizando. Naquela época, João já se apresentava como "senhorio do engenho da invocação de Nossa Senhora do Pilar na Alagoa do Sul"[194].

O outro Senhor de Engenho habilitado ao cargo de Familiar do Santo Ofício em "Alagoas Colonial" apareceu décadas depois, na Vila de Porto Calvo, na data de 5 de julho de 1765.

José Inácio de Lima tinha 28 anos de idade, era Senhor do Engenho dos Prazeres, natural e morador de Porto Calvo, casado com Dona Luiza Francisca de Gusmão, que, por sua vez, era natural da freguesia de São Pedro Gonsalves do Recife. Ambos se casaram em 1755, quando Luiza tinha, então, 19 anos de idade e José Inácio, 18. De acordo com o processo de habilitação, José Inácio em 1765 não tinha "dívida com ninguém" e vivia abastadamente com escravos e 20 mil cruzados[195].

---

[192] ANTT, TSO, CGSO, Hab. João, Mç. 35, doc. 772. Não se sabe até que ponto "enviar dinheiro" era uma prática comum a esses homens ou se as testemunhas diziam isso para comprovar que o habilitando era rico.

[193] ANTT. Ch. Re. Dom Pedro II. Ofícios e Mercês. Liv. 41, fls. 290v-291.

[194] "Requerimento (...)". In: GOMES, 2010, p. 421.

[195] ANTT, TSO, CGSO, Hab. José. Mç. 103 – doc. 1465.

José Inácio teve avós paternos conhecidos por Lavradores de Cana-de-Açúcar. Em Ipojuca, um dos entrevistados pelo Santo Ofício ouvira falar que "Fulano da Costa Freitas", pois não sabia se era Antônio ou João, era branco, mas que circulava um rumor sobre ser ou não cristão-velho. Segundo o mesmo relato, José Inácio também tinha morado em Utinga, freguesia do Cabo, distante umas léguas do Engenho de Tabatinga de Ipojuca. Dizia-se, ainda em Ipojuca, que o avô paterno de José não teve ocupação nenhuma em sua vida, pois vivia de mandar serrar madeira a partir do trabalho de seus escravos.

Sobre os avós maternos de José Inácio de Lima, escassas informações; poucas pessoas os conheciam. Alguns alegavam que o avô, Matheus Gomes, era escultor de imagens religiosas. Um dos entrevistados disse que não conhecia os avós maternos, mas sabia por ter escutado que o Engenho no qual o José Inácio morava tinha sido uma graça recebida por aqueles parentes (os avós maternos). Em Camaragibe, um dos entrevistados dizia que Matheus Gomes tinha mais dois filhos sacerdotes, Álvaro Martins e Clemente "de tal"; outro entrevistado alegava que Matheus Gomes tinha parentescos com uns prados[?][196].

O caminho da pesquisa empírica e aprofundada no estudo de caso pode levar a situações imprevistas, onde há a necessidade de decifrar e ordenar as informações contidas em documentação segregada e que nem sempre se cruzam entre si. Esse processo é, também, fundamental para a delimitação de hipóteses coerentes e em nome de delimitações possíveis de problemas substanciais e conclusões a eles inerentes. Quando se observa a diligência de José Inácio de Lima, em busca do cargo do Santo Ofício, a questão inseparável de sua circunstância diz respeito à existência da suspeição sobre sua estirpe familiar. Em outras palavras, o acesso às entrevistas das testemunhas enumeradas nos levam à interrogação: como o hábito do Santo Ofício pôde ser conferido a alguém que sofria de boatos sobre a possibilidade de ser descendente de cristão-novo e/ou ter "parentesco com pardo"?

A resposta a essa pergunta se baseia no fator *prova concreta*. Rumores podem ter sido documentados, mas não levados a sério pelo Comissário, vista a falta de compatibilidade com os princípios de averiguar o que era "público e notório" percebe-se que havia apenas uma pessoa para cada rumor: "duas denúncias bastavam para que se iniciasse o processo, desde que estas fossem

[196] Esse é um dos maiores problemas da documentação do Santo Ofício. A fala do entrevistado e a transcrição do Comissário. Nesse caso, "prados" seria um sobrenome ou uma grafia para "pardos"? Leva-se a crer que o entrevistado quis dizer "pardo", por conta da importância que o mesmo quis dar dessa observação, e que o Comissário pode ter grafado erroneamente como "prado".

fidedignas, e os fatos delatados de gravidade"[197]. Logo, não havia indícios fatais ou verdadeiramente preocupantes. Pelo contrário, para cada relato extraordinário instituído, surgia um ou mais indivíduos que faziam questão de expor a inexistência de rumores difamatórios sobre José Inácio de Lima e sua família. Em meio a essas evidências de estilo — relativo à natureza da inquirição para habilitação de Familiar do Santo Ofício —, é relevante observar que a consideração dos depoimentos prestados anulava por ela mesma algumas necessidades de profunda e/ou nova averiguação. Em outras palavras, identifica-se que as testemunhas que falavam bem de José Inácio de Lima eram as mesmas que, inconsciente e consequentemente, livravam seus avós de qualquer crime difamatório e do cancelamento do hábito de Familiar para o indivíduo determinado.

Por conseguinte, *fofocas difamatórias* existiram e não houve um completo erro na produção/avaliação de genealogia ou um desleixo do Santo Ofício em relação a essas possíveis acusações. Deve-se olhar com cautela a proposta de Veiga Torres de que teria havido uma diminuição da rigidez das habilitações por conta das demandas internas do Tribunal da Inquisição[198]. A cautela reside no fato de que a extinção entre Cristãos-novos e Cristãos-velhos, levada a cabo pelo Marquês de Pombal, só foi efetivada em 1773, enquanto José Inácio recebeu sua carta de Familiar em 1765.

Nessa linha de raciocínio, as acusações apenas foram derrubadas mediante o fluxo que as entrevistas tomaram. Afinal, a prova era a oralidade e, pode-se dizer que o processo de habilitação para Familiar do Santo Ofício de José Inácio de Lima acabou sendo um processo de averiguação de criptojudaísmo de seu avô paterno e de parentesco com pessoas de "raça impura" de seu avô materno.

Outra *fofoca/acusação* partiu em direção ao habilitando. Depois de feitas as inquirições, uma suspeita foi levantada de que José Inácio de Lima tinha um filho fora do casamento, chamado Joaquim, com "uma sua parenta" chamada Francisca. Ora, se o Santo Ofício pouca atenção deu sobre a possibilidade de uma linhagem de cristão-novo em sua família — além de não se importar com as confusões na genealogia dos avós e bisavós do habilitando —, deu-se muita atenção à denúncia de amancebamento do habilitando. Ao final, descobriram que Joaquim não era filho de José Inácio, e sim de um Francisco Dias da Cunha, que morou com Francisca de Jesus.

---

197 SIQUEIRA, 1978, pp. 244, 260 e 279-280.

198 Outra hipótese é de Veiga Torres, acerca da diminuição da rigidez das habilitações por conta das demandas imensas no decorrer da metade do século XVIII. VEIGA TORRES, 1994, p. 114.

Antes de chegar ao habilitando, algumas informações podem ser dadas sobre a linhagem de sua esposa, Dona Luzia Francisca de Gusmão. O que se pode informar é que foram feitas inquirições em Pernambuco, indo os Comissários da Inquisição responsáveis igualmente para a freguesia de Nossa Senhora da Conceição da cidade de Távira, no Reino do Algarve e na freguesia de Nossa Senhora Eulália da Fé[?], Concelho de Monte Longo, Comarca de Guimarães, Arcebispado de Braga. O motivo para tantas viagens é que, ao contrário de José Inácio de Lima, a sua esposa possuía família dispersa, diferentemente também da maioria dos Familiares estudados até agora.

O matrimônio, nesse caso, pode derivar da procura pela associação com gente de "sangue branco europeu", já que esse tipo de ligação estava inerente ao desenvolvimento de personagens como os Senhores de Engenho que buscavam afirmação e manutenção contínua de sua condição "fidalga". E esta viria, justamente, com o estabelecimento de uma família. Ao contrário dos Mercadores, que se casaram com "naturais da terra", tem-se agora um natural de "Alagoas" que voltou de Recife com uma descendente de primeira geração de um português. Inclusive, os sogros de José Inácio de Lima[199] eram tratados como "Doutor" e "Dona"[200]. E, entre seus cunhados, irmãos de sua esposa, havia duas mulheres que foram casadas com Familiares do Santo Ofício[201] e dois homens ordenados Clérigos[202]. Tratava-se, portanto, de uma família de origem prestigiada, perfeita para José Inácio de Lima se mostrar honrado e prestigiado na Vila das Alagoas e ter um canal de comunicação e amizade em Recife, local em que os parentes mais próximos da esposa moravam.

*

Sobre os Senhores de Engenho, é certo que, desde Antonil, perpassando por outros cronistas e viajantes, sempre foi bem avaliado como uma pessoa que vivia à "lei da nobreza" e com grande força política dentro da sociedade[203]. Não é de se surpreender que ambos os Senhores de Engenho

---

[199] Dona Luzia Francisca de Gusmão dizia-se filha legítima do Doutor Domingos Felipe de Gusmão, natural da freguesia de Nossa Senhora da Conceição de Távira, e de sua mulher, D. Maria Tavares de Lira, natural da freguesia de São Pedro Gonçalves da Vila do Recife, e que moravam ambos na Vila do Recife.

[200] Observa-se muito o uso do "Dona" e "Doutor" na prática "genealógica" da família da esposa de José Inácio de Lima. Sobre o uso do termo "Dom", SILVA, 2005, p. 26.

[201] Dona Luzia Francisca de Gusmão informava ter duas irmãs, casadas, por sua vez, com Familiares do Santo Ofício, sendo uma com o Familiar Pedro Jorge Monteiro e a outra com João Friz[?] Vrª[Vieira][?].

[202] Acrescentava mais dois irmãos, habilitados pelo ordenário[?] na mesma cidade de Pernambuco, chamados o Padre Francisco Davi de Gusmão e Padre José Felipe de Gusmão.

[203] RUSSELL-WOOD, 1998, p. 194-195.

habilitados em "Alagoas Colonial" mostravam que tinham muitas rendas ("fazendas" e "cruzados"), além de exporem que viviam com escravaria. Soma-se a isso que esses indivíduos se articulavam para receber outros distintivos que pudessem utilizar a seu favor e de sua família. Não é raro encontrar, no ambiente colonial, Senhores de Engenho ocupando também o lugar de Militares, Oficiais de Câmara, Comerciantes, Cavaleiros Professos de alguma Ordem Militar e Familiares do Santo Ofício. Logo, a nobilitação e promoção social podiam percorrer por outros caminhos.

Em outras palavras, as hipóteses prévias levantadas para o entendimento da necessidade de se tornar Familiar do Santo Ofício, sentida por esse grupo, estão baseadas nas ideias de poder social, limpeza de sangue e exposição pública da sua honra pessoal e de sua família e casa. Os boatos e desconfianças em relação aos dois Senhores de Engenho são uma prova cabal de que, apesar de se considerarem e serem aceitos enquanto o topo da classe senhorial, os Senhores de Engenho estavam a todo o momento tendo sua limpeza posta à prova e perseguindo maneiras de impor suas condições e qualidades aos outros corpos sociais.

Ser considerado nobre nos Trópicos deveria ter sido tarefa fácil para os Senhores de Engenho, mas até que ponto eles conseguiriam comprovar sua nobreza peninsular sem serem relacionados com características típicas da sociedade escravista nas Américas? Essa eterna procura de reafirmações hierárquicas e de distintivos sociais ajudam a complexificar essa categoria que, no limite, desesperava-se para nunca perder seu poder. Desespero esse que passava por dois pontos: o primeiro era a certeza de se afirmar "nobre" e "limpo de sangue", não arriscando a honra da estirpe ao se habilitar ao Santo Ofício; o segundo ponto era o medo de, durante as inquirições, ter uma "mancha de sangue" exposta para a sociedade e família, maculando-o durante gerações. Quem sabe esses dois motivos, por enquanto, sejam as hipóteses mais cabíveis para se pensar o diminuído número de Senhores de Engenho habilitando para o Santo Ofício em "Alagoas Colonial".

2.3 Militares

Para Portugal do Antigo Regime, a guerra era a prática básica e mais importante para se entender as mudanças estruturais ocasionadas dentro dos regimentos militares, da organização e em suas atividades. A principal característica social dos quadros milicianos transportados para a América foi o estatuto nobilitador. Apesar de que em finais de Antigo Regime existissem discursos que tentavam desvincular "a assimilação imemorial nobreza-guerra"[204], essa mentalidade-chave foi bem assimilada na conquista americana durante a época de colônia, utilizando-se as guerras locais como mecanismos de aumento e reformas de discursos de nobreza local[205].

Ser Militar[206], em espaços da América portuguesa, era uma posição que podia mudar radicalmente de status dependendo da circunstância vivida. Vários Senhores de Engenho e outros poderosos nos sertões, como as elites mineiras da época do ouro, requeriam altos títulos Militares para reforçar sua honra, prestígio e mando social perante a sociedade, fazendo-se uma pessoa de qualidade e força teoricamente inquestionável[207]. Os cargos milicianos mais baixos foram vistos com desdém nos ambientes da América, não sendo raros os casos de pessoas se negarem ao serviço Militar e de pais poderosos armarem todo tipo de estratagema para proteger o filho de um ofício que não poderia levá-lo a lugar algum[208].

*

Sobre os Militares "alagoanos", há o já observado Capitão de Infantaria e Senhor de Engenho João de Araújo Lima, senhor rico, natural de Portugal, morador na Vila das Alagoas. Serviu como Militar na Bahia e na Guerra contra Palmares. Um Senhor de Engenho, como Charles Boxer bem retratou: sempre à procura de títulos e atuando pelo que considerava o bem-comum daquela sociedade.

Completamente diferente dele, soma-se mais outro Militar. O Capitão de Ordenanças da Vila de São João d' Anadia, Francisco José Alves de Barros, solteiro, filho de João Alves de Barros, natural da Vila de Viana, Arcebispado de Braga.

A inquirição de Francisco de Barros foi feita em Portugal, sob a alegação da *patria commua*, uma "[...] noção herdada do direito romano para quem todos os súditos possuíam duas pátrias: a *patria sua* ou *própria*, ou seja, a cidade que habitava, e a *communis patria*, vale dizer, Roma [...][209].

---

204 GOUVEIA; MONTEIRO, 1992, pp. 197-199, 202-203. SILVA, 2001, pp. 46-70.

205 MELLO, 2008.

206 Utiliza-se a definição "Militar" de Kalina Vanderlei, que seria a nova definição de "gente de guerra" do "Estado Moderno". SILVA, 2001, pp. 26-27.

207 SILVA, 2001, pp. 132-133.

208 BOXER, 2002, pp. 323-324. SILVA, 2001, pp. 108-109.

209 MELLO, 2000, p. 63.

Nenhuma informação particular foi exposta, apenas atestados de pureza de sangue e legitimidade de nascimento e filiação[210]. Recebeu carta em 20 de novembro de 1820. De acordo com Daniela Buono Calainho, foi o último Familiar "brasileiro" registrado nos livros[211].

A falta de informações deixa uma lacuna perceptível e a opção de não arriscar hipóteses acerca dos anseios que guiavam os militares a se habilitarem para o cargo de Familiar do Santo Ofício.

O que pode ser exposto é o fato de que Francisco José Alves de Barros era solteiro e natural de Portugal, tendo, possivelmente, poucos contatos em sua atual morada. Isso poderia o ter levado à procura de mais distintivos para o seu promover-se social na vida pública ou pela via matrimonial. É também possível supor que Francisco tenha chegado à recém-criada Província das Alagoas, após as revoltas pernambucanas de 1817. Ou seja, há a possibilidade de não ter participado dos conflitos e de seu conjunto de amizades ser precário no ambiente da Vila de São João d'Anadia, que em determinado momento passou a fazer frente às novas ocorrências administrativas.

Afinal, a sede da Província agora era a Vila das Alagoas, e não mais Recife, em Pernambuco. Pode-se imaginar o fervor social que atingia a vila naquele momento, principalmente no que concerne às movimentações políticas e econômicas entre os estratos da classe social senhorial de diferentes vilas da antiga Comarca pernambucana. Em "Alagoas" do século XVIII é de praxe encontrar nas atividades das Câmaras Municipais das vilas os Militares como vereadores, sobretudo aqueles que lutaram contra Palmares e contra os povos originários dos sertões, tendo até descendentes que nunca participaram de uma batalha, mas usufruíam do prestígio e das amizades do pai (e família) para adentrarem nas principais instituições das conquistas[212].

Fechando o raciocínio imaginativo, finquemos nossa análise em torno da pista da *patria commua*. Isto é, ter pedido para a Inquisição fazer as entrevistas em Portugal era uma manobra de Francisco para conseguir mais rápido a Carta de Familiar, mas, também, pode invocar para nós, leitores, que pouca gente poderia fazer parte de seu círculo de amizade. Uma vez não tendo a noção

---

[210] Sua documentação é a menor até agora vista, de apenas cinco fólios, o que demonstrou o completo descaso do Santo Ofício com tal inquirição. ANTT, TSO, CGSO, Hab. Francisco. Mç. 95 – Doc. 1572. Levando em consideração a data de 1820, não é de surpreender com a falta de fôlego do Tribunal, já em vias de extinção.

[211] CALAINHO, 2006.

[212] CURVELO, 2010.

histórica que a Inquisição iria acabar[213], acredita-se que Francisco de Barros percorreu o caminho mais fácil para angariar um distintivo simbólico a mais, para se promover além dos seus subordinados na Ordenança que comandava.

*

Usufruir uma vida fixada e tranquila, mas sempre em ações constantes atrás de uma mercê pode ser considerada a razão de viver para um Militar da alta patente[214]. Com a inserção do Militar na Inquisição portuguesa, as ações ganharam novos ares. Afinal, as lutas passaram ao âmbito da fé católica, na perseguição e punição das atitudes consideradas crime pela Inquisição, mas atrelada à integridade do poder do Rei, a partir da proteção do reino português. "A estabilidade política se baseava na unidade religiosa entre governantes e súditos, e se considerava que a tolerância das heresias e dos erros doutrinários era prejudicial ao bem comum e às almas em erro"[215]. Resguardar o cristianismo católico romano em Portugal significava manter os súditos ou o Estado em união, logo, o bem-comum ao alcance de todos e as possibilidades de ruína afastadas. Ser um reino estritamente católico, por sua vez, era ser unido e melhor protegido contra o que poderia desestabilizá-lo[216]. A união da cruz e da espada, mesmo no século XIX, poderia mostrar-se ainda firme.

2.4 Sem ofício

Sem indicação de ofício, observa-se apenas Inácio José do Vabo, morador da Vila de Porto Calvo, que com 22 anos morava com os pais e com renda baseada em herança futura. Logo, na ausência de um ofício, foi apresentado a partir de uma mescla entre sua capacidade de cabedal com a da família, tratada como rica e abastada de bens[217]. Na sua provisão, nos livros da Inquisição de Lisboa, Inácio José do Vabo registra-o como homem de negócios. Contudo, optou-se, aqui, por trabalhá-lo sob a perspectiva de pessoa "sem ofício",

---

[213] Como também não poderia fazer ideia de que o Estado do Brasil seria independente em dois anos. Logo, mesmo se o Tribunal não fosse extinto, o Militar não poderia exercer seu cargo de Oficial do Santo Ofício, visto não ter havido Tribunal do Santo Ofício no Brasil. A extinção do Tribunal se deu no período pós-revolução liberal. Ou seja, entre 1820 e 1821, mais propriamente no início de 1821. Foi decretado seu fim em uma reunião sem conflitos. Portanto, o Militar "alagoano" pretendia auferir o poder simbólico que — para ele — existia e era emanado pelo Tribunal. Sobre a abolição, BETHENCOURT, 1994, pp. 349, 355-359.

[214] SILVA, 2001, p. 99.

[215] SCHWARTZ, 2009, p. 25.

[216] RAMINELLI, 2010, pp. 228, 246-247.

[217] ANTT, TSO, CGSO, Hab. Inácio. Mç. 10 Doc. 161. Conferir o tópico sobre a família Vabo.

baseando essa linha interpretativa no conteúdo dos discursos dos depoimentos prestados pelas testemunhas dentro de seu processo de habilitação.

Categorizá-lo como uma pessoa *sem ofício* resulta de uma escolha relativa ao não conhecimento do que tal indivíduo fez após a morte de seus pais e recebimento de sua herança — ou seja, qual caminho "profissional" viria a seguir (Mercador, um Senhor de Engenho e/ou lavouras, Militar, Eclesiástico). O que se deve alertar para tal peculiaridade é que Inácio José do Vabo teve como *primeiro ofício* o de Familiar, com apenas 22 anos.

2.5 Eclesiásticos

Era muito comum, na América, os Eclesiásticos do Clero Secular se tornarem Comissários do Santo Ofício[218]. Responsáveis pelos sacramentos da Igreja na hora de administrar a religião católica para a população assentada, mas não apenas isso, estavam presentes nos batismos das crianças, na constituição das famílias (casamentos), na "formalização" do fim da vida do súdito português (a passagem da vida terrena para o paraíso) e nas confissões dos fregueses, tomando nota de seus pecados e sendo um dos principais articuladores "da esfera privada com a esfera pública e do que mais pessoal existia nos indivíduos"[219]. Enquanto o Clero Regular, por sua vez, era composto, majoritariamente, pelos missionários, o secular cuidava da religião em um espaço já fixado[220].

A caracterização do Clero na historiografia portuguesa e brasileira ainda é objeto de debate. Vários estudos empíricos encontram relatos e traçam hipóteses sobre os religiosos enquanto pessoas de má formação e atitudes, ou, como seres mais bem intelectualizados e íntegros. Haja vista o tempo de colonização da América (1500-1822), é mais do que óbvio que é impossível cristalizar o Clero português em apenas uma caracterização[221].

No âmbito da constituição da família, era orgulho ter um Padre em casa. Sua presença variava da autenticidade de prestígio da família pela limpeza de sangue, perpassando pela honra de ter um eclesiástico portas adentro, bem como a possibilidade de expandir o exercício do sacerdócio para

---

218 RODRIGUES, 2011, pp. 40-41.

219 Para citação, CARVALHO, 2011, p. 33. RENOU, 1991, pp. 376-377.

220 BOXER, 2007, p. 92.

221 PRADO JÚNIOR, 2008, p. 335. BOSCHI, 1998c, p. 312. ALDEN, 2009, p. 383. RENOU, 1991, p. 376. GOUVEIA, 1992, pp. 292-293. HESPANHA, 1992, pp. 287-288. MARTINIÈRE, 1991, p. 180. CARVALHO, 2011, p. 34. HOLANDA, 1995, p. 118. RENOU, 1991, p. 372.

outros membros da estirpe[222]. Esse tipo de ocorrência pode ser vista para o Pernambuco Colonial, quando os genealogistas "[...] mencionam apenas o parentesco com clérigo, fazem-no, via de regra, porque não contando o indivíduo com familiares de origem ou posição brilhante, semelhante referência serve ao menos para denotar gente de sangue oficialmente limpo"[223].

Em "Alagoas Colonial", os Eclesiásticos visavam trazer para eles a necessidade de poder e de ordenação na sua localidade, tendo como fins a administração, manutenção do seu pasto espiritual e fiscalização da fé e da moral cristã. Tornaram-se agentes ativos na defesa de seus interesses ao escreverem cartas às Instituições portuguesas sobre atuações pessoais apostólicas do Clero, conflitos de poder entre o Clero (ou clérigo individual) e outras categorias da sociedade. Ao almejarem ganhos para a Igreja, consequentemente visavam frutos pessoais, não apenas nos sentidos materiais, mas também honoríficos, como promoções e, nesse caso em particular, o Hábito de Comissário do Santo Ofício[224].

*

É desnecessário se alongar sobre o Antônio Correa da Paz. Já se sabe que era filho de um Mercador, que pediu para ser Familiar do Santo Ofício no lugar do pai, que acabou falecendo no processo. Antônio Correa segue adiante com a empreitada e sua habilitação foi "cadastrada" como "Mercador", mesmo que na época ele fosse estudante em Recife. Em 1692, levando adiante a vontade de se tornar Comissário (e ampliar seus poderes), fez nova habilitação, onde pouco foi acrescentado, por conta da anterior que já tinha sido passada. Entretanto, do pouco há o importante. Em 1693 foi feita a Comissão em Pernambuco para aprovar a diligência, ocorrida na Vila das Alagoas[225].

O depoimento mais importante foi o do Vigário da vila natal e morada de Antônio Correa da Paz, José Nunes de Souza. Por ser conhecedor das dinâmicas locais, Souza alegou que Antônio era de fato seu paroquiano, conhecido como um sacerdote igualmente limpo e honesto, mas que, para ser Comissário da Inquisição, não tinha "maturidade" para ofício de tamanha importância, uma vez que Antônio Correa da Paz era tido ainda como uma pessoa de pouca idade

[222] BOSCHIc, 1998, p. 315. CARNEIRO, 2005, p. 240.

[223] MELLO, 2000, p. 250.

[224] ROLIM, 2010. ROLIM, 2012.

[225] ANTT. TSO. CGSO. Hab. Antonio. Mç. 20, doc. 613. Mf. 2926. (Informações dadas pela doutora Márcia Mello. Vide "André de Lemos Ribeiro").

e que não abandonara seu antigo exercício e continuava a tratar de "venduras". Entretanto a falta de um Comissário para os espaços "Alagoanos" deve ter pesado para a escolha de Antônio Correa da Paz, principalmente por ele já ter sido habilitado Familiar anos antes. A Inquisição precisava de agentes.

Outro Comissário da Inquisição foi o Padre Domingos de Araújo Lima, sacerdote do Hábito de São Pedro, de idade de 54 anos, natural do Arcebispado de Braga, Freguesia de Santa Maria de Refoios de Lima, termo da Vila de Arcos de Valdeves, e atual morador na Freguesia de Nossa Senhora da Conceição, termo da Vila das Alagoas[226]. Fez questão de mencionar a habilitação de Familiar do Santo Ofício concedida ao seu irmão, Capitão João de Araújo Lima. Pedia para ser Comissário do Santo Ofício, baseado na distância da vila em relação ao centro de Pernambuco e da Bahia — 40 léguas para primeira e 130 para segunda.

Dizia-se uma pessoa capaz de todo o zelo e de executar trabalho apenas em prol do Santo Ofício, pois havia se ausentado dos serviços da Igreja Católica para viver tranquilamente de suas fazendas, "mais quieto de sua consciência". Domingos foi o segundo pretendente a agente do Santo Ofício no período do início do século XVIII a dizer que a região da Vila das Alagoas estava desprotegida e longe dos centros das duas principais Capitanias do Estado do Brasil. É curioso verificar que, apesar dessa informação, Antônio Correa da Paz atuava na área desde 1694 como Comissário do Santo Ofício. A despeito da existência desse Comissário, Domingos de Araújo Lima conseguiu seu Hábito do Santo Ofício em 1709.

Como vimos anteriormente, Domingos era Padre, mas tinha se ausentado dos serviços da Igreja Católica. Enfurnou-se em seu Engenho de Açúcar, chamado Nossa Senhora do Pilar, e dizia viver abastadamente. Por ser natural do Reino, informou que tinha se ausentado desde 1670, quando chegou em Pernambuco e ordenou-se Clérigo, partindo, depois, para a Vila das Alagoas, entre 1675-1680.

Escolheu-se, nesta análise, tratar Domingos de Araújo Lima como homem Eclesiástico[227]. Diga-se, contudo, que o personagem em questão se encaixava também na categorização de Senhor de Engenho, já que deixou

[226] ANTT, TSO, CGSO, Hab. Domingos. Mç. 19 doc. 391.

[227] Essa "classificação" não necessita ser tão rígida. A opção de escolha foi arbitrária por conta da temática que se trabalha (o Santo Ofício) e pelo fato de como Domingo de Araújo Lima "se mostrou" perante o Tribunal e o que ele requeria do mesmo (ser Comissário, e não Familiar). Todavia, não se anula outros momentos de o Padre poder ter se demonstrado como um Senhor de Engenho em situações que a fé católica não era o assunto tratado em questão (para um fato dessa maneira, conferir, ainda nesse livro, o Capítulo V, tópico Conflitos e relacionamentos com Ouvidores).

de atuar em paróquias e Igrejas. A escolha interpretativa elegida aqui, busca considerar, assim, o fato de que mesmo relativamente afastado da vida religiosa, Domingos de Araújo Lima continuava detentor do hábito de São Pedro, logo, reconhecia-se e era reconhecido como um homem religioso. Além dessa consideração sobre percepções simbólicas e sociais permanentes (mentalidade e formação), outro ponto que levou à caracterização do indivíduo em questão como Eclesiástico diz respeito ao cargo que veio a ocupar. A denominação e efetivamente o ofício de Comissário do Santo Ofício só podiam ser concedidos a pessoas religiosas e não leigas (como seu irmão). Logo, a ocupação de Senhor de Engenho lhe garantia enorme prestígio, é verdade, mas certamente, funcionava melhor como uma base econômica e política para manutenção de status e de suas atividades como Comissário do Santo Ofício — a qual necessitava de cabedal para produção de inquirições e para a consistência da máquina inquisitorial na vila e nos arredores das Alagoas. Um *Comissário de atuação exclusiva nos tratos da Santo Ofício*, Senhor de Engenho e de grande cabedal viria bem a calhar para a Inquisição portuguesa nos Trópicos.

O terceiro Padre que se habilitou ao cargo de Comissário do Santo Ofício foi Agostinho Rabelo de Almeida, que se identificou como Presbítero Secular, natural e morador da Vila das Alagoas. Nasceu em 1726 e, no momento do pedido para ser agente da Inquisição, em 1755, escreveu que na Comarca das Alagoas não havia Comissário para exercer aquele tipo de função. Aliado a isso, alegava viver com escravos e que cuidava no mesmo ramo de seus parentes mais próximos: trato com lavouras e gado. Seus pais eram Domingos da Silva Guimarães e Cipriana Barbosa, ambos naturais e moradores da freguesia de Santa Luzia, da Vila das Alagoas. Neto por parte paterna de Domingos da Silva Guimarães, natural da Vila de Guimarães, Arcebispado de Braga e de sua mulher, Maria Santa, natural da freguesia de Alagoa do Norte. Seus avós maternos eram Agostinho Rabelo de Almeida, natural de Vila Nova de Gaia, bispado do Porto e Maria de Araújo, natural da Vila das Alagoas. Recebeu sua Carta de Comissário apenas anos depois, em 1766[228].

Apesar da não propagação dos nomes, vale salientar que Agostinho Rabelo de Almeida era descendente dos Correa da Paz-Araújo, e fez

[228] ANTT, TSO, IL. Ministros e oficiais. Provisões de nomeação e termos de juramento, livro 18, fl. 270v. No documento, o nome do Padre é escrito de duas maneiras. No título aparece como Almeida, e no corpo como Andrade. Decidiu-se manter Almeida pelo fato de que o habilitando se identifica como Almeida em 1803, em um documento enviado ao Conselho Ultramarino e em sua documentação da inquirição para conseguir o Hábito do Santo Ofício, ANTT. TSO. CGSO. Hab. Agostinho, Mç. 6 – doc. 89.

questão de informar tal condição em seu pedido para ser Comissário do Santo Ofício, alegando ser sobrinho-neto de Antônio Correa da Paz, primeiro Familiar e Comissário da Inquisição em solos da Vila das Alagoas. O habilitando indicou firmemente que pela parte materna teria uma bisavó chamada Graça[?] de Araújo, casada com Manoel Correia Maciel (apelidado de Manaíba[Manaípa][?]), português, que era irmã inteira de Catarina de Araújo, que por sua vez era mãe de Antonio Correa da Paz[229]. Sobre o parentesco entre o padre Agostinho Rabelo de Almeida e a família Corra da Paz-Araújo, sabe-se apenas que no dia do casamento dos pais do Comissário do Santo Ofício — Agostinho Rabelo de Almeida (pai) e Maria de Araújo, datado de 28 de janeiro de 1691 —, as testemunhas foram Antonio Correa da paz e Catarina de Araújo. Essa informação serve-nos para verificar como essa estirpe mantinha laços estreitos e influências dentro das escolhas por carreiras de seus membros. Além disso, supõe-se outros tipos de ligações parentais não necessariamente diretas, já que estas são capazes da mesma feita de explicitar laços mais aprofundados entre relações sociais, espirituais e religiosas reagrupadas em "família".

O último Eclesiástico foi o Padre Gabriel José Pereira do Sampaio, Presbítero Secular, e Professor Régio de Gramática Latina, com cadeira na Vila do Penedo. Enviou requerimento para ser Comissário da Inquisição em 1807. Dizia ser natural da Freguesia de Santo Antônio além do Carmo da Cidade e Arcebispado da Bahia, mas que morava há muitos anos na Vila do Penedo[230].

As motivações do Padre Gabriel são únicas para o contexto "alagoano", uma vez que suas justificativas para ser um Comissário da Inquisição recaíam exatamente em uma vida eclesiástica corrida. Orgulhava-se de ter tido a honra de tomar parte de diversas comissões civis que lhes foram encarregadas, desempenhando não apenas as de "crédito público", mas também as "próprias do Estado Eclesiástico e Sacerdotal". Nessas últimas ajudava com rigor e desinteresse[231], sendo voluntário aos Párocos nos distritos circuns-

---

229 MOTT-, 1992, pp. 26-27.

230 Sobre sua família, disse ser filho legítimo de Bento Pereira de Sampaio, natural da freguesia de São Miguel de Refoios, Arcebispado de Braga e de sua mulher, Theodora Gomes da Costa, natural da mesma freguesia de Santo Antonio. Era neto paterno de Francisco de Crasto e Paschoal Pereira, ambos naturais da mesma freguesia de São Miguel. Pela via materna era neto de Pedro Gomes de Carvalho, natural da freguesia de São Lourenço de Sande[?] do mesmo Arcebispado de Braga, e de Antonia da Costa Monteiro, natural da Vila de São Bartolomeu de Maragogipe, Arcebispado da Bahia. Declarava o suplicante (ou seja, Gabriel Sampaio) em último lugar ser morador na freguesia de Santa Isabel, em Lisboa. ANTT, TSO, CGSO, Hab. Gabriel. Mç. 4. Doc 40.

231 Nesse caso, o termo "desinteresse" não remete aos dias atuais, de uma pessoa irresponsável; e sim que uma atividade "desinteressada" era tida como um ato isento de "outros interesses". Para corroborar essa opinião, foi pesquisado o termo nos dicionários de Raphael Bluteau e de Antonio Moraes Silva. Para Bluteau, interesse é

critos onde morava (nesse caso, Vila de Penedo), administrando atividades do sacramento e no "Ministério do Púlpito". Foi convidado com frequência e sempre "com preferência nas funções mais respeitáveis em Acção de Graças e diversos objetos da nossa santa religião". Desse modo, tratava-se de um Eclesiástico que se dizia exemplar, sempre de prontidão para o auxílio, o mantimento das ações da Igreja Católica e atividades religiosas em regiões tão longínquas dos Bispados tradicionais (Salvador e Olinda).

Gabriel Sampaio ainda se valeu de um argumento-chave para mostrar seu valor e grau de responsabilidade religiosa: atuara em prol do Tribunal Inquisitorial, provavelmente em inquirições nas quais foram necessários os chamados Comissários extra-ofício, ou seja, religiosos que não eram Comissários da Inquisição (com habilitação), mas devidamente convocados em momentos necessários para ações esporádicas e pontuais[232].

A argumentação de suas capacidades e virtudes eclesiais unia-se e complementava o discurso de caráter *logístico* da Inquisição, que era a falta de Comissários e notários em "sítios tão remotos". Em 5 de novembro de 1807, a Mesa do Santo Ofício, em Lisboa, confirmava o discurso do Padre Gabriel Sampaio, informando que, um ano antes, falecera o único Comissário em "Alagoas": tendo sido Agostinho Rabelo de Almeida.

Todavia, Gabriel Sampaio ia além, utilizando a seu favor a capacidade que tinha de poder usufruir de seu cabedal para se manter no cargo de Comissário do Santo Ofício, alegando ter rendimento de mais de 200$000 réis para "se tratar com decência". Em Lisboa, durante a inquirição, foi dado que seu rendimento era de "700$000 e tantos réis, com pouca diferença".

A provisão de Gabriel Sampaio foi passada em 21 de março de 1808. No dossiê resguardado na Torre do Tombo, há uma nota escrita. Nela, a Mesa do Santo Ofício informava que a provisão de Comissário do Santo Ofício não poderia ser remetida para a América, visto que no Brasil o "Governo era de S. A." (Dom João VI), enquanto em Lisboa o "conselho havia de ser dos Franceses". Com esse argumento, Gabriel Sampaio não poderia se tornar

"Proveito, utilidade, que se tira, ou espera de huma cousa", BLUTEAU, volume IV, p. 166. Para Moraes Silva, interessado seria alguém "interessado em alguma negociação: o que tem parte nella, de cabedáes, ou indústria, e há de entrar ás perdas, e ganhos. § O que ganhou, lucrou", SILVA, 1813, volume II, p. 172.

[232] Sobre os Comissários extra-ofício até a época de pombal, FEITLER, 2007, p. 91. De acordo com Siqueira, "a delegação de poderes é procedimento comum no Santo Ofício". SIQUEIRA, 1978, p. 150. RODRIGUES, 2011, pp. 65-69. Apesar de não termos em mãos algum documento que comprove uma atividade realizada como Comissário extra-ofício, é possível apresentar provas concretas de participação em outras ações "inquisitoriais". Nesse caso, o candidato e padre, Gabriel Sampaio, tratou de enumerar o feito pessoal datado de 30 de abril de 1793. Tratava-se de uma denúncia acusatória realizada contra Manoel Gomes Ribeiro e José Gomes Ribeiro, irmãos, Comerciantes e Familiares do Santo Ofício, que, segundo conta, viviam cada qual em um concubinato.

Comissário, visto que Portugal encontrava-se sob domínio das tropas de Napoleão. Posteriormente, logo que "tornando[?] o Reino o seu governo legítimo, se passou nova provisão em 29 de outubro para se remeter" ao Brasil.

*

A existência de Comissários do Santo Ofício para o ambiente de "Alagoas Colonial" nos proporciona a interpretação de uma via de mão dupla: há a posição óbvia de que, sendo um Tribunal Eclesiástico, o Santo Ofício necessitava de religiosos em seus quadros de funcionários, e a de que sendo "Alagoas" um espaço onde havia denúncias para a Inquisição, pedia-se, mais uma vez, a habilitação de Padres seculares para os ofícios "de segredo" que seu título impunha. Interessante observar que três dos quatro Eclesiásticos, diziam em seus discursos que não havia mais Comissários do Santo Ofício na região da Comarca das Alagoas.

Para compreender melhor a importância da inserção de pessoas Eclesiásticas nas malhas do Santo Ofício em Alagoas, lembre-se que o conhecimento e aproveitamento de suas alianças sociais podem ser considerados como uma das vantagens por "trabalhar espiritualmente" com quase toda a sociedade em que eram designados para acolher as almas[233]. Ou seja, a partir dessa participação efetiva e simbólica do convívio social formal e informal, estavam mais propícios a fazer ou instigar descobertas que preocupariam o Santo Ofício e ocasionaria a produção de comentários indiretos e denúncias oficiais de cunho inquisitorial[234].

Essa posição do zelo religioso deve ser mais bem maturada. Ou seja, esse sentimento de cuidado e de preocupação espiritual, obviamente, sofria alterações substanciais de acordo com as camadas sociais as quais o eclesiástico se dirigia. Em outras palavras, apesar da primeira impressão humanista que o tal "zelo religioso" aparenta representar, não se deve deixar de levar em conta que o Eclesiástico protegia os colonos (considerados "brancos"), defendia (até certo ponto) os indígenas e era indiferente com os africanos[235].

---

233 HOORNAERT, 2008, p. 275 (citação), pp. 281-296 (sobre o Clero), pp. 296-301 (sobre as missas), pp. 301-307 (sobre batismos), pp. 307-312 (confissão), pp. 312-318 (casamento). RENOU, pp. 404-417. Na Europa (principalmente no caso francês e no britânico), Georges Duby coloca que "a vida privada esteve na origem da amizade, dos compromissos de serviços mútuos, portanto da devolução do direito de comandar, que passava por não poder ser legitimamente detido senão na atitude de um duplo devotamento, em relação a um protetor, em relação a protegidos", DUBY, 1990, p. 34.

234 GOUVEIA, 1992, pp. 290-296.

235 Pode-se citar António Vieira, André João Antonil e Jorge Benci (todos jesuítas). BOXER, 2007. VAINFAS, 1986.

Finalizando previamente, é de se atentar que o Clero Secular era uma Ordem possuidora de foros privilegiados e elevado status social. Em "Alagoas Colonial" têm-se, também, uma imagem que é comum retratada por toda uma historiografia luso-brasileira: de uma classe prestigiada e poderosa, e também malvista e sem domínio. Teve-se em terras sul-pernambucanas Padres que se desviavam e subvertiam a ordem litúrgica, e, igualmente, desrespeitavam uma ordem político-social da localidade[236]. Habilitar-se ao Santo Ofício, para aqueles homens, pode ter sido uma boa estratégia para limpar o próprio nome e a própria categoria, evitando as más-línguas e os rumores difamatórios de vizinhança.

[236] MOTT, 1992, pp. 14-18. ROLIM; CURVELO; MARQUES; PEDROSA, 2011.

CAPÍTULO 3

UM COTIDIANO PARA A INQUISIÇÃO

"Pureza de Sangue". Família estimada. Ser "Cristão-velho". Cabedais relativamente vultosos. Ausência de crimes e/ou denúncias à justiça secular e/ou inquisitorial. Apesar de tais informações serem as principais que interessavam aos Comissários do Santo Ofício, os entrevistados nas inquirições acabavam por vezes falando um pouco mais. A Inquisição, como era de praxe, não deixava tais caírem no esquecimento, e, tal como desenhou Ginzburg, comportavam-se como antropólogos em seus afãs de saberem tudo e mais um pouco dos cotidianos locais do Império português[237].

Tais informações extras são de caráter importante, pois envolvem a vida pessoal do habilitando. Isto é, espera-se agora traçar uma ponte entre como se dava as ligações privadas e públicas nas vilas e termos da parte sul de Pernambuco.

3.1 A formação familiar

É praticamente unanimidade na historiografia que o ponto mais visado pela Inquisição, na hora de admitir uma pessoa em seu quadro de agentes, era descobrir se o pretendente descendia de Cristão-novo ou de alguma "raça impura"[238]. Ao tomar essas considerações, a relação matrimonial é um assunto que deve ser tratado de maneira delicada, visto que muitas interpretações podem se dar por conta de sua importância um tanto quanto elástica dentro dos quadros inquisitoriais.

Ao contrário da descendência (ausência de sangue cristão-novo, mouro, africano ou indígena), o casamento não era obrigatório para um homem que desejasse pleitear uma vaga a agente do Santo Ofício (nesse caso, os Familiares). Todavia, uma vez casado, parte da árvore genealógica da esposa

---

[237] GINZBURG, 1989. E, era função dos escrivães que acompanhavam os Comissários nas inquirições de habilitação (assim como de denúncias), "escrever bem legivelmente tudo o que as testemunhas respondessem, sem acrescentar ou diminuir qualquer cousa na substância das palavras". SIQUEIRA-, 1978, p. 163.

[238] SIQUEIRA, 1978, pp. 156-178. BETHENCOURT, 1994, pp. 263 e seguintes. VEIGA TORRES, 1994, p. 114. RODRIGUES, 2011, pp. 101-105, 113-120.

deveria ser pesquisada pela Inquisição e quaisquer desvios dos pontos refletiam negativa e automaticamente no marido visto pela Instituição, podendo ser fator agravante fatal para a concessão do cargo inquisitorial[239]. Além da descendência, uma vez dito casados, a Igreja obrigava e cobrava que a união tivesse seguido os ritos da Igreja Tridentina, que já a oficialidade era posta em prática em Portugal e foi levada para o além-mar na época das conquistas e colonizações dos espaços[240]. Desse modo, aos habilitandos era necessário ter contraído (ou contrair) matrimônio com uma cristã-velha, branca e "pura" e que a união tivesse obedecido a um rol quilométrico de regras e normas ditadas pela Igreja Católica.

Para este trabalho, avalia-se o casamento sob dois prismas: da representação de perpetuação do ideal de sangue branco europeu e cristão-velho, evitando a miscigenação com as "raças impuras e infectas"[241] e de ter um casamento dentro dos padrões esperados pela Inquisição[242]. Sob o primeiro ponto de vista, há uma ideia que será desdobrada neste tópico de várias maneiras: que o casamento "era uma opção das 'classes dominantes', motivado por interesses patrimoniais ou de *status*". Na segunda observação, observe-se que os tipos de convivência condenados pela Igreja diziam respeito ao concubinato, ao amancebamento e aos casamentos costumeiros, vigentes desde Portugal da Baixa Idade Média[243]. Em termos Inquisitoriais, a bigamia foi o crime que a Instituição decidiu perseguir e punir[244], refletindo essa preocupação, inclusive, na verificação dos casamentos de seus agentes e corpos familiares.

Contrair matrimônio era de suma importância nos ambientes coloniais[245]. O fato de que existiram inicialmente Familiares do Santo Ofício solteiros em "Alagoas Colonial" não significa que todos assim permaneceram até o fim de suas vidas. Inclusive, acredita-se que se tornar agente do Santo Ofício servia como uma ferramenta para alcançar a tão pretendida união com alguma mulher de igual qualidade.

Importante, a partir desses argumentos, pensar essa mentalidade no âmbito de uma "família de Familiares", onde se pode encontrar a preocu-

---

239 Inclusive para os casamentos pós-habilitação, SIQUEIRA, 1978, p. 173.

240 VAINFAS, 2010, pp. 29-75, 101-147. SIQUEIRA, 1978, pp. 26-38.

241 Sobre os casamentos mistos entre Cristãos-novos e Cristãos-velhos, CARNEIRO, 2005, pp. 110-117.

242 RODRIGUES, 2011, p. 178.

243 VAINFAS, 2010, pp. 103-104, 110 (para ambas as citações).

244 Para Alagoas, MOTT, 2012.

245 SILVA, 1984, pp. 66-69. SOUZA, 2012, p. 112. PRADO JÚNIOR, 2008, pp. 284-287. FARIA, 2011, p. 243. FARIA, 1997, p. 62-63. CUNHA, 2014, pp. 287-296.

pação do *pater* em relação à limpeza de sangue, ao amor e à honra (herança simbólica), e à fé religiosa (atividade política e espiritual na sociedade). Com isso, a maior responsabilidade do chefe da família baseava-se em pensar formas para gerar novas uniões e em administrar todo o poder daí derivado, em nome da honra e da economia de sua estirpe e agregados[246], tentando garantir sua harmonia interna e seu prestígio social externo.

As relações afetivas entre homens e mulheres que não seguiam os padrões estabelecidos pela Igreja Católica sofriam retaliações diversas, que serviam de indícios para ação da Inquisição quando necessário. Um desses casos foi o de amancebamento, que não era um crime perseguido pela Inquisição, mas que chamava a atenção para o que poderia sair daquele enlace. Houve situações em que a Igreja e a Monarquia deram aprovações para casos que não eram — e continuaram não vistos — como o padrão[247].

O certo é que dependendo de variadas determinações — sobretudo, dos níveis de estranhamento advindo de agentes internos e externos da comunidade —, esses casos estavam passíveis à penalização, se escancarados para todos os círculos sociais de um espaço. A condenação poderia ser imediata: atentado à lei católica, desobediência de algum mandamento cristão, compactuação com as "raças impuras e infectas".

Esse estigma era algo que nenhum indivíduo daquela sociedade queria carregar, ou passar aos seus filhos. "Não era apenas a reputação do indivíduo que era afetada; para quem tinha uma 'mácula', o leque de possibilidades que se lhe poderiam abrir reduzia-se"[248]. Habilitar-se ao Santo Ofício, por exemplo, podia representar de um lado uma forma de se mostrar para sociedade e, de outro, uma chance de dar à Inquisição a oportunidade de tomar conhecimento de suposta "mancha" no sangue ou no casamento de seus habilitandos[249]. Além disso, a demonstração de poder contida nesses processos de Habilitação, invariavelmente, fez com que a pureza de sangue se perpetuasse cada vez mais[250], superando as negatividades dos casamentos mestiços no início das conquistas.

---

246 HESPANHA, 1992, p. 274.

247 SIQUEIRA, 1978, pp. 58-59. VAINFAS, 2010, p. 126 e 134. Houve casos de casamentos entre homens brancos e cristãos-velhos com cristãs-novas, assim como com ex-escravas, causando alvoroços e conflitos familiares e sociais, SCHWARTZ, 1988, p. 231. SOUZA, 2012, pp, 267-281. Caso emblemático (até mesmo extremo e que não pode ser levado a generalizações) foi o de Chica da Silva, FURTADO, 2003.

248 OLIVAL, 2001, p. 284.

249 Sobre ascendência judaica, MACHADO, 2015. Acerca de relacionamentos dos homens brancos com escravas, MACHADO, 2014.

250 RAMINELLI, 2010, p. 247.

Assim, o casamento era uma ferramenta de estabilização social. Observar os matrimônios de alguns Agentes da Inquisição ajuda a complexificar a ideia de que nem tudo que os Familiares faziam se devia a alguma necessidade de agradar os quadros normativos e morais da Inquisição. Cria-se, por conseguinte, uma avaliação que certas atitudes significavam ações em prol do Tribunal (ou por medo), mas que o Santo Ofício, por sua vez, também foi utilizado como mecanismo de expansão e manutenção de poder por parte dos luso-brasileiros.

3.1.1 Reinóis e naturais da terra

Do total de nove Familiares do Santo Ofício casados em "Alagoas Colonial", oito eram reinóis, cujo matrimônio tinha sido contraído em terras americanas. Dos nove casamentos, igualmente oito foram consumados nas vilas ao sul de Pernambuco. É difícil avaliar a naturalidade de suas esposas, visto que há bastante confusão com relação a essa pergunta no rol das inquirições realizadas.

Quadro 2 – Estado Matrimonial dos Familiares e Comissários da Inquisição em Alagoas Colonial (1674-1820)

Estado Matrimonial	**Oficiais**			
	Mercador	**Senhor de Engenho**	**Militar**	**Eclesiástico**
Casado	6[1]	2	-	-
Solteiro	6[2]	-	1	4

1 – Contando com Severino Correa da Paz, negociante que faleceu durante o processo de habilitação.

2 – Conta-se Gonçalo de Lemos Barbosa como solteiro, pois essa era sua condição ao se habilitar Familiar do Santo Ofício, casando-se somente depois de sua aprovação.

Fonte: ANTT. TSO. CGSO. Hab.[251]

Um casamento entre um Mercador reinol e uma senhora de terras "nas Alagoas" nos finais do XVII e começo do XVIII era acontecimento bem diferente de um matrimônio consumado entre as duas categorias sociais na mesma vila no começo do século XIX[252]. Apesar de que um casamento sob

[251] Indicadas em separado nas referências documentais.

[252] Muito se falta para compreender essa mudança social nas vilas da Comarca das Alagoas nos finais do XVIII e início do XIX. Para alguns aspectos do século XVII, v. MACHADO, 2020; MELLO, 2000, pp. 220-230. A pas-

as regras da Igreja Tridentina possa ser generalizado para todo o "período colonial" do Brasil, é importante salientar que os pormenores motivacionais de um casamento obedecem a cada espaço e tempo do período referenciado.

Para início, veem-se os irmãos Correa da Paz: Severino e Constantino. Mercadores vindos de Portugal, que acabaram se casando com as irmãs, Catarina de Araújo e Ana de Araújo, respectivamente. Severino casou-se em Sergipe, mudando-se com Catarina e pais para Alagoas e, possivelmente, nessa mesma ocasião Constantino foi apresentado e se casou com Ana. A família das desposadas era de senhores de terra, mas não de Engenho. No entanto, a importância dada ao tabaco e aos currais de gado nos espaços sertanejos tornara-se de suma importância econômica e social. Mesmo sendo reinóis, ambos os Comerciantes possuíam conhecimento acerca desse tipo de trato e também a estima que eles receberiam a partir dele.

Severino Correa da Paz e Catarina de Araújo tiveram uma filha, batizada como Mariana de Araújo. Essa acabou se casando com outro Comerciante, Antônio de Araújo Barbosa, que era rico e estimado. Observando-se exclusivamente pela perspectiva conceptiva de Antônio de Araújo Barbosa é possível perceber uma motivação matrimonial semelhante à de Severino e Constantino, porém com um aditivo mais sedutor: o recebimento de terras como dote que garantia a fixação e uma ocupação desejada por muitos colonos no final do XVII: ser Senhor de Engenho. No lado de Mariana de Araújo, ainda não podemos arriscar se seu casamento foi influenciado pelos financiamentos de Antônio (haja vista que a família de Mariana também era rica) ou se Catarina de Araújo casou sua filha visando seguir um costume que provavelmente já fazia parte de sua família há gerações.

Um caso único de casamento em momento pós-habilitação ao Santo Ofício, em "Alagoas Colonial", foi o de Gonçalo de Lemos Barbosa. Ao que tudo indica, o Comerciante Reinol, após receber sua carta de Familiar em 1716, pretendia se casar em 1717, ou após tal data, com Catarina de Araújo Nogueira[253].

sagem do século XVII para o XVIII está bem representada em CURVELO, 2014. Para o XIX (início, puxando as "heranças" do XVIII), DIÉGUES JÚNIOR, 2006. ALMEIDA, 2008 e LINDOSO, 2015.

253 Em sua habilitação para se tornar Irmã da Ordem Terceira do Carmo da Vila das Alagoas, em 1754, Catarina de Araújo Nogueira apresentou-se como viúva de Gonçalo de Lemos Barbosa (vide Capítulo 4). Dentro do conjunto da ANTT, Catarina de Araújo Nogueira está catalogada como uma "habilitação incompleta". O que me faz crer que ela seja a esposa de Gonçalo de Lemos é o indicativo que mesmo depois de habilitado, caso desejasse se casar, o Santo Ofício era acionado para fazer uma pesquisa sobre a vida da esposa. O que pode ter acontecido é que nas inúmeras reorganizações de arquivo, o "processo" de Catarina Nogueira não tenha sido anexado ao de Gonçalo de Lemos, tendo sido exposto como um "caso incompleto", pois os arquivistas provavelmente não saberiam a história do caso. TSO. CGSO. Hab. Inc. Mç. 27 – Doc. 1109.

Natural e moradora da Vila das Alagoas, filha de um Senhor de Engenho reinol (Porto), e neta materna de Lavradores e criadores de gado "alagoanos"[254].

Contrariando os reinóis Mercadores que se casavam para conseguir fixação na terra e para garantia de êxito em seu começo de construção da vida social, observa-se João de Araújo Lima, Senhor de Engenho, natural de Portugal, casado com Maria de Amorim Cerqueira, natural de "Alagoas". Nada, infelizmente, é dito sobre dotes ou promessas de casamento. Para chegarmos perto de um juízo para avaliar a união, utilizou-se a experiência identificada do caso de Manuel Carvalho Monteiro, homem de negócios que se casou com Catarina de Cerqueira, irmã de Maria de Amorim Cerqueira.

Manuel de Carvalho Monteiro recebeu dotes para se casar com Catarina de Cerqueira. O pai de Catarina e Maria Cerqueira era marinheiro, mas possivelmente rico, tendo escolhido para si[255] genros Militares experimentados nas guerras contra Palmares e tidos como homens honrados na Vila das Alagoas. Como o patriarca viu em Manuel de Carvalho um homem de condição honrada, garantiu o casamento dele com sua filha, dotando-o com terras. Semelhante acórdão de casamento não foi relatado para o caso de João de Araújo Lima nos dizeres das testemunhas. A falta de indicações relevantes que possibilitem interpretar seu Engenho de Açúcar como dote de casamento, faz crer que o reinol já possuía, certamente, fixação e posição social honrada o suficiente para se casar com Maria de Amorim Cerqueira, sendo ele o fator/indivíduo que acarretaria mais vantagens dentro dos processos de formação de poder daquela união familiar.

A partir daqui, já podemos desenhar um quadro acerca dos casamentos no período de finais do século XVII até metade do século XVIII. Primeiramente, um Mercador casava-se com uma senhora de terras almejando a honra e estima pessoal que a posse de um senhorio iria lhe proporcionar. Em segundo lugar, observa-se que quase ninguém ostentava um grande título ou depoimentos sobre uma vida épica, trazendo para si honras familiares e serviços valorosos. Os Mercadores eram "simples" mercadores, apesar de já ter sido exposto no capítulo anterior que haveria sim um *orgulho* em ser uma pessoa daquela posição: rica, instruída, de vida estimada e segura,

[254] "filha de Manuel Nogueira Matos, Senhor de Engenho, natural da cidade de Porto[?], e de Maria de Araújo, natural e moradora da dita Vila das Alagoas freguesia de Nossa Senhora da Conceição; neta materna de Miguel André da Rocha e de Maria Barbosa, naturais e moradores da dita Vila das Alagoas". TSO. CGSO. Hab. Inc. Mç. 27 – Doc. 1109.

[255] O que pode ter sido uma exceção, pois os marinheiros não eram lá o grupo social mais bem-visto dentro das dinâmicas das navegações, BOXER, 2002, pp. 227-229.

principalmente sendo branco e cristão-velho. Em terceiro lugar, houve o Senhor de Engenho, reinol, que apesar de ser reconhecido na sociedade, perseguiu um matrimônio com uma natural da terra, filha de uma família que se considerava das mais virtuosas e caras de sua vila.

A partir do século XIX, vê-se os dois Comerciantes se casando com mulheres de famílias bem estabelecidas, com um nome construído e perpetuado, além dos patriarcas serem representados como grandes personagens locais, poderosos políticos e sociais[256].

Foram os casos dos irmãos Joaquim Tavares Bastos e João de Bastos. Ambos eram Comerciantes e casaram-se com mulheres "alagoanas" oriundas de famílias diferentes. Observa-se pelas circunstâncias vivenciadas por Joaquim Tavares Bastos a confirmação de que o casamento de um Familiar do Santo Ofício deveria ser aprovado pela Inquisição. O reinol começou sua habilitação na condição de solteiro, tendo contraído matrimônio e tido uma filha com sua esposa durante o processo. A Inquisição não deixou passar despercebido tais acontecimentos relevantes na vida do habilitando e logo tratou de criar diligências para averiguação sobre as qualidades da esposa de Joaquim Bastos. Imagina-se, daí, a hipótese da demora em seu processo de emissão da carta de Familiar do Santo Ofício.

Por sua vez, João de Bastos seguiu caminho parecido de seu irmão: casamento com uma principal da terra. Mesmo sem muita informação da inquirição, temos um forte indício ligado ao sobrenome Acioli — sendo filha do Tenente José de Barros Pimentel e neta do Capitão Inácio de Acioli Vasconcelos. Esse indício auxilia a pensar alguns traços de interesse e estratégias selecionadas pelo Comerciante reinol para adentrar nos espaços e círculos sociais da Vila das Alagoas e, possivelmente, da Comarca inteira. Afinal, os Barros Pimentel e Acioli vinham de um tronco que se iniciara desde os Lins de Porto Calvo, no início do povoamento da parte sul da Capitania de Pernambuco, depois Comarca das Alagoas, sendo grandes senhores do açúcar, tendo praticado a endogamia e construído um "nome" que atravessou os séculos, entrando em declínio apenas com a chegada dos "Mendonça"[257].

---

256 Anne Karolline Campos Mendonça, ao ler essas linhas, lançou-me a pertinente indagação: as mulheres tornaram-se mais poderosas por conta do tempo de estabilização na "sociedade colonial", ou os comerciantes/mercadores acabaram ficando mais exigentes com o passar dos tempos, por causa de algum endurecimento sobre as percepções sociais de status que eram gozados? O atual nível das pesquisas sobre "Alagoas Colonial" não permite uma resposta satisfatória para a indagação. Fica por aqui a provocação para futuras pesquisas.

257 Sobre a longevidade dos Barros Pimentel e dos Acioli dentro dos quadros açucareiros e dos casamentos endogâmicos no norte de "Alagoas", MELLO, 2000, pp. 228-230.

As condições das duas mulheres desposadas pelos irmãos Bastos evidenciam que não era mais somente a posse de terras e escravos que interessava aos homens reinóis na América, mas sim de várias ocupações institucionais e religiosas que funcionavam como condições *sine qua non* da *lei da nobreza* mais próxima possível dos ideais medievais e modernos de Portugal. Note-se, como já salientado antes, que se vê aqui um tipo de solteira completamente diferente dos finais do XVII e começo do XVIII.

3.1.2 O Pater Familias, *ou, a procura da honra*

De todos os oito Familiares do Santo Ofício casados em "Alagoas Colonial", sete não apresentam qualquer título ou referência de pertencimento a outra ocupação. Apenas o Senhor de Engenho João de Araújo Lima era Capitão de Infantaria no momento de habilitação do Santo Ofício, tendo feito carreira Militar antes mesmo de adquirir terras, casar-se e tornar-se agente da Inquisição.

Dos sete Familiares sem algum título honorífico, seis eram homens de mercancia e reinóis. Acredita-se, como problematização inicial, que viver abastadamente e, posteriormente — a partir do casamento — como senhor de lavouras ou de Engenho, não era o suficiente para aqueles recém-chegados em terras americanas. Algo a mais tinha que ser perseguido e conquistado, afinal, o dote que fazia parte da família da esposa não contaria como um feito próprio. Deve-se atentar que a administração da casa, baseada em torno da autoridade e da capacidade econômica do *pater*, era fator indispensável da representação enquanto nobreza[258]. Entretanto uma concepção individualista da sociedade já tomava corpo nesse período pós-renascimento na península Ibérica, e, por vezes, os homens tinham que percorrer, por seus esforços, algumas conquistas para receber aceitação social[259].

Segue-se o seguinte raciocínio: mesmo não pretendendo ser um Agente da Inquisição — algo que, em geral, advinha com idade muitas vezes avançada e anos depois do casamento —, um reinol casava-se com uma natural da terra pretendendo fixação territorial e mostrar-se socialmente. E essa estratégia, certamente, também pode ser pensada como almejada pela estirpe da esposa. Ser Familiar do Santo Ofício talvez fosse uma consequência "tardia" do casamento — leia-se, das necessidades sociais sentidas pelo pai/chefe de família.

---

[258] HESPANHA, 1992, pp. 273-274.

[259] MARAVALL, 1986; MARAVALL, 1986, tomo II e HESPANHA; XAVIER, 1992, pp. 125-127.

É quase impossível saber se a habilitação do Santo Ofício era já um tema corrente antes mesmo dos casamentos e/ou durante a aprovação da família da esposa. Caso tal linha de raciocínio seja admitida, encontraríamos relacionamentos baseados na promessa e na estratégia de patriarcas e matriarcas das famílias das noivas em torno de um objetivo: a limpeza de sangue. Soma-se a isso que como a habilitação ao Santo Ofício requeria gastos, nada mais natural que os pedidos feitos ao Tribunal acontecessem anos ou décadas depois do matrimônio. Esses gastos, por sua vez, poderiam se tornar uma espécie de estratégia do pretendente a marido demonstrar cabedal e capacidade de administração para mantê-lo e até mesmo expandi-lo[260].

Falar dessa busca da garantia de privilégios como uma necessidade e mecanismo de promover-se social da parte da família das noivas, significa considerar a mudança de perspectiva e de compreensão da sociedade que só se tornava possível após um patriarca casar uma de suas filhas com um Familiar do Santo Ofício. Indaga-se, assim, a possibilidade de que essas experiências transformavam e, talvez, aumentavam os desejos de núcleos familiares distintos a ponto de exercer grande relevância sob a inserção de outros membros. Garantir o prestígio e as qualidades ao máximo possível de uma, duas filhas, talvez, levantando o anseio de genros "veteranos" para melhor se posicionar na comunidade; procurando associações vantajosas em mesmo nível ou em níveis mais avançados para as partes derivadas da família: netos e netas.

O único exemplo em "Alagoas Colonial" que pode servir de base empírica à essa discussão é o caso de Joaquim Tavares de Basto, que era reinol, Comerciante, rico, e bem integrado à sociedade da Vila das Alagoas, uma vez que era Irmão da Ordem Terceira do Carmo, além de poder ter tido relacionamentos amistosos com o Ouvidor das Alagoas, José Mendonça de Matos Moreira. Pretendeu se habilitar no início do século XIX e, durante as inquirições, acabou por se casar com uma "nobre da terra", filha de um cidadão político-Militar de participação social exemplar naquela vila. Se casar durante a habilitação e ter o aval da matriarca da família — uma vez que o patriarca já era falecido no momento da habilitação e casamento — pode ser uma circunstância adequada para a problematização acerca do desenvolvimento de uma estratégia para os Comerciantes se casarem em

[260] A questão do gerenciamento de cabedal é tema espinhoso no trato historiográfico. Afinal, a sociedade luso-brasileira não era capitalista e nem burguesa, e, por isso, não devemos ler aqueles homens e mulheres como pessoas que administravam suas vidas pela ideia de investimento, lucro, perdas e ganhos. No entanto, uma vez inseridos nesse movimento do capitalismo nascente (ou, do mercado mundial), não é de se descartar que traços do que seria futuramente uma "mentalidade burguesa" já existiam, v. MARAVALL, 1986; MARAVALL, 1986, tomo II; HESPANHA, 1992. SCHWARTZ, 1988. GORENDER, 2016. MARQUESE, 1999. BOSI, 1992.

solos "alagoanos", como uma moeda de barganha com a família da noiva, que não entregaria a filha apenas por cabedais, dando-lhe terras, lavouras, gados e, se possível, Engenho de Açúcar.

Gonçalo de Lemos Barbosa é outro caso que podemos problematizar, visto seu sogro ter sido um Senhor de Engenho e homem caro na vila, também reinol e, provavelmente, rígido com as estratégias matrimoniais elencadas para sua família. Se Gonçalo já pretendia se casar com Catarina de Araújo Nogueira antes de se tornar agente do Santo Ofício é uma hipótese a se pensar. Se ela for cabível, entra-se em uma avaliação interessante: a possibilidade de que seu sogro, Manuel Nogueira Matos, "segurou" o casamento até obter provas verídicas de riqueza, descendência cristã-velha e branca. Nesse caso, ambos os homens entraram em estratégias matrimoniais. Logo, considerando ou não a existência de relações afetivas verdadeiras de Gonçalo de Lemos por sua futura esposa é válida a ideia da necessidade em se estabilizar, fazer parte de uma estirpe dona de Engenho de açúcar, gado e lavouras. O mesmo serve para Manuel Nogueira visto que independentemente de ter sido um pai zeloso e amoroso com sua filha, objetivava somar os cabedais de Gonçalo aos seus cofres e, por tabela, descartar de sua linhagem toda suspeita de "sangue judeu" ou miscigenado com africano e indígena, visto sua esposa ser "alagoana".

Ter apenas um exemplo concreto, e uma hipótese bem fundamentada, é de suma importância e demasiado perigoso para generalizações, mas felizmente são casos que não podem passar despercebidos na hora de avaliar o peso dos títulos e das vivências sociais que cada pessoa tinha ao pretender se casar. Em outras palavras, saliente-se que nem tudo se tratava exclusivamente de uma troca de interesses materiais, pois criar, manter ou perpetuar honra (ou capital simbólico de poder) deve ser pensado nesse quesito do casamento envolvendo personagens advindos das estirpes "alagoanas". Isso significava para estes, adquirir a legitimação, a consecução e o reconhecimento de um "estilo de vida" "marcado por um certo número de sinais exteriores, imediatamente classificativos dos indivíduos na sociedade global"[261]. Tais casamentos visando interesses mais amplos e de ordem social foram comuns na época colonial, tanto para os Senhores de Engenho[262] quanto para os Mercadores[263].

---

[261] SILVA, 1991, p. 317.

[262] SCHWARTZ, 1988, pp. 226-227, 231.

[263] SAMPAIO, 2007, pp. 241-256. SOUZA, 2012, pp. 111-147.

Essas circunstâncias referenciadas podem ser observadas nas habilitações de Antonio de Araújo Barbosa e Manuel de Carvalho Monteiro. Embora houvesse diferenças entre eles: o primeiro recebeu o dote da mãe da esposa, já viúva, mas abastada, mãe de um Comissário do Santo Ofício e cunhada de um Familiar. Situação completamente distinta do segundo, que recebeu do sogro um dote, sendo Comerciante de qualidade honrada, mas necessitando adentrar mais a fundo nas linhas de poder disponíveis. Faltava-lhe garantir maiores honras à sua nova família, algo que conseguiu com o título de prestígio como o de Familiar do Santo Ofício, podendo não ser tradicionalmente tão importante quanto um Militar-Palmarino (como eram os irmãos da esposa), mas sendo reconhecido no Reino e a partir de uma Instituição de importância: a Inquisição de Portugal.

Nesses dois casos é importante salientar que ambas as esposas já tinham Familiares do Santo Ofício na mesma linhagem (vide próximo subtópico), o que aumenta a probabilidade do poder patriarcal dentro de suas famílias. No casamento de Antonio de Araújo Barbosa, sua esposa era filha de um quase-Familiar, irmã de um Comissário e sobrinha de outro Familiar. No caso de Manuel de Carvalho Monteiro, sua cunhada era casada com o Familiar João de Araújo Lima, irmão do Comissário Domingos de Araújo Lima.

Foi-se já visto o caso de José Inácio de Lima, Senhor de Engenho natural de Porto Calvo, o único "natural da terra" entre os oito Familiares do Santo Ofício casados em "Alagoas Colonial". Marido de Dona Luzia de Gusmão, natural de Recife, Capitania de Pernambuco, pertencente a uma família que se pensa ser de elevado estimo social, como se viu outrora. A irmã da esposa de José Inácio de Lima tinha duas filhas, cada uma casada com um Familiar do Santo Ofício, o que já poderia demonstrar o poder que o Santo Ofício tinha na sociedade, e como as relações familiares poderiam influenciar em demasia certas dinâmicas privadas.

Por falar em "qualidades", outro mecanismo de procura e consolidação da "honra" perpassava por relações mais disciplinares e cotidianas no casamento colonial: o controle sobre o corpo e a sexualidade da mulher. Afinal, "[...] dizia respeito à virilidade e à bravura do indivíduo; à fidelidade conjugal da sua mulher e à castidade das suas filhas"[264]. Em relação à moralidade, a mulher, principalmente, deveria estar sempre "zelosa" com sua honra, qual seja: virgindade antes do casamento e zelo após o matrimônio,

[264] MELLO, 2000, p. 27.

não caindo em nenhuma tentação de adultério[265]. Tais eram os pontos de suma importância para as características de "qualidades" e "bons costumes" debatidos e analisados nos depoimentos nos processos de habilitação.

Para a Igreja Católica, a mulher sempre esteve propensa a ser inferior ao homem e mais fácil de se aliciar e ter contatos com os "espíritos malignos", "[...] era mais vulnerável às injunções do demônio"[266]. As feiticeiras da Europa moderna estavam sempre relacionadas com a sexualidade, "[...] radicada na crença de que os feitiços fabricados pelas bruxas eram úteis no campo afetivo"[267]. Não que os pretendentes a agente da Inquisição visassem "salvar" ou "limpar" suas futuras esposas da mácula de "bruxas" e "feiticeiras" ("sedutoras", em suma). Essas linhas de raciocínio, contudo, ajudam a delimitar as formas de pensamento social, político e jurídico vigentes na época e seu caráter misógino católico e luso que cedia ao homem o direito e o dever de exercer forte e constante domínio sobre todas as mulheres de sua vida. Da perspectiva exclusivamente inquisitorial essa ordem do dia aparecia como uma faca de dois gumes: ao mesmo tempo que a mulher era "salva" e "limpa" por ter se casado com um agente da Inquisição, seria "vigiada" e "disciplinada" a partir de práticas repressivas e de perseguição.

Dos olhos sempre atentos na Comarca de Alagoas, temos indícios dessas práticas denunciadas à Inquisição de Lisboa. Um deles foi o "relatório" que foi apresentado ao Tribunal pelo Padre Reitor do Colégio de Olinda e Comissário do Santo Ofício. A acusação elencava a existência de uma "Feiticeira do Quibando" na Vila das Alagoas, administrando "orações supersticiosas" a outras mulheres — provavelmente brancas, uma vez que não foi atribuído a elas nenhum indicativo de "cor" e uma sendo denominada como "Dona". Não se sabe qual era o teor das orações, se para curas ou de cunhos afetivos e sexuais. O importante a ressaltar é esse "circuito social", ou seja, a forte possibilidade da relação de uma crioula feiticeira com mulheres brancas, que estavam se utilizando de seus serviços e que a Inquisição decidiu intervir para impedir tais práticas[268].

Sobre o poder patriarcal, no que diz respeito a toda a sua dinâmica cotidiana, viu-se situações de prestígio adquirido a partir da família e/ou do controle que se estabelecia sobre a mulher. Era necessário para o homem que seus descendentes tivessem como *norte de nobreza* o pai e não

---

265 SILVA, 1984, pp. 70-75, 191-198.

266 DEL PRIORE, 2013, p. 79.

267 ARAÚJO, 2013, p. 47. GINZBURG, 1991.

268 MACHADO, 2014, pp. 47-49. DEL PRIORE, 2013, p. 92.

o avô materno[269], apesar de que as mulheres tinham sua participação na qualificação de nobreza de seus descendentes[270]. Nesse caso, observar as habilitações do Santo Ofício ajuda a problematizar sobre os homens que, ao receberem seus bens a partir de dotes de casamento, ou herança familiar, necessitavam de uma autoridade própria, mesmo que tenha sido fundamentada e construída a partir dos bens de outrem.

No Reino de Portugal, avaliando a concepção aproximada sobre a nobreza da terra para "Alagoas", esse ideal sempre foi algo passado de pai para filho:

> <<[...] a verdadeira nobreza há-de ser herdada, e derivada dos Pais aos filhos [...] E se algumas pessoas de nascimento humilde chegam nos povos a ser avaliados por nobres por acções valerosas, que obráram, por cargos honrados, que tiveram, ou por alguma preeminência, ou grau, que os acrescente, não é esta nobreza verdadeira derivada pelo sangue, e herdada dos avós, mas pertence à classe da nobreza Civil, e Política, que se adquire pelos cargos, e postos da república, e servir-lhe-ão estes, e os feitos gloriosamente obrados de os constituir nos princípios da nobreza de sorte que verdadeiramente se não pode dizer deles que são nobres, se não que o começam de ser [...] a verdadeira nobreza não pode da-la o Príncipe por mais amplo que seja o seu poder>>[271].

Ainda em Portugal, a definição de "família nobre" era: "<<Ordem de descendência, que trazendo o seu princípio de uma pessoa se vai continuando, e estendendo de filhos a netos, de maneira que faz uma parentela, ou linhagem, a qual pela antiguidade, e nobreza das cousas feitas é chamada nobre>>"[272]. Para o caso da América Portuguesa, o baiano Nuno Marques Pereira, escritor de *Compêndio Narrativo do Peregrino da América*, descreveu o caráter patriarcal como: "O pai de família há de ser um espelho limpo e sem mancha, para que sua família se veja nele e emende seus defeitos"[273].

No Brasil colonial da metade do XVIII até início do XIX, presume-se que "[...] não era prática comum os filhos casados permanecerem sob o tecto dos pais: no caso das filhas, elas acompanhavam os seus maridos; no caso dos filhos, eles iam estabelecer-se em outra morada e inaugurar uma nova

---

269 HESPANHA, 1984, pp. 33-35.

270 MONTEIRO, 2011, pp. 136-137.

271 António de Villas Boas e Sampaio. **Nobiliarchia portuguesa. Tratado da nobreza hereditária e política** (Iª ed., 1676), 3ª ed., Lisboa, 1725, pp. 28-29. *Apud* MONTEIRO, 1992, p. 335.

272 MONTEIRO, 1992, p. 280.

273 MARQUES PEREIRA, Nuno. **Compêndio narrativo do Peregrino da América** (1728). Lisboa, 1765, pp. 164-166. *Apud* SCHWARTZ, 1988, p. 241.

família nuclear"[274]. O casamento fazia acontecer "[...] a multiplicação de casas (...). Assim, quatro irmãos casados equivaliam a quatro casas, sendo um dos traços das famílias nobres as suas extensas proles. Em suma, no Rio de Janeiro, ao menos, casa significava família conjugal"[275].

Como bem explicitado: "Um conjunto de famílias era mais nobre se participasse de uma rede de alianças formada, por exemplo, pelo provedor da Fazenda Real, por capitães de fortaleza e camaristas"[276]. Fazendo existir, por sua vez, uma "união", muitas vezes, avessa à entrada de outros "corpos sociais" nessas dinâmicas, causando atritos e conflitos, mas, por sua vez, fazendo com que esses novos agentes se valessem de várias estratégias para conseguirem adentrar nessas já consolidadas famílias locais. No nosso caso, o Hábito do Santo Ofício (e de outras atividades) pode representar esse novo mecanismo de promoção social. Dentro desses bandos tantos escolheriam os cargos de Familiares e Comissários do Santo Ofício, lembrando que tal ofício e título era vitalício, podendo ser mais bem utilizado por algum membro para se diferenciar socialmente ou se articular politicamente.

3.1.3 Famílias Inquisitoriais

Uma relação importante dentro da categoria dos Familiares e Comissários do Santo Ofício é a questão de famílias terem em seus quadros genealógicos diversos agentes da Inquisição. Fosse se casando, ou com parentes se habilitando ao mesmo tempo ou em períodos próximos.

No recorte de "Alagoas Colonial", constatou-se nas dinâmicas dos casamentos e das habilitações cinco famílias que chegaram a possuir mais de um membro Familiar ou Comissário. Nessas cinco famílias, encontramos 14 do total de 18 agentes. Desse modo, veem-se no sul de Pernambuco verdadeiras famílias inquisitoriais.

---

[274] SILVA, 1991, p. 503.

[275] FRAGOSO, 2014b, p. 205.

[276] FRAGOSO, 2007, p. 70-72. Para a citação, p. 71.

Quadro 3 – Famílias da Inquisição em Alagoas Colonial (1674-1820)

FAMÍLIAS	*NÚMERO DE AGENTES*
Correa da Paz – Araújo – Araújo Barbosa – Rabelo Almeida	Severino (1674)[1] Antonio (1678) Constantino (1683) Antonio (1696) Agostinho (1766)
Amorim Cerqueira – Araújo Lima – Carvalho Monteiro	João (1703) Domingos (1709) Manuel (1716)
Lins Vabo	João (1790) Inácio (1790) José (1790) Pedro (1790)
Bastos	Joaquim (1818) João (1810)
Inácio de Lima – de Gusmão[2]	José (1765) Pedro Jorge Monteiro (sem info.)[3] João Friz[?] Vieira[?] (sem info.)[3]
Lemos Barbosa	Gonçalo (1716)
Lemos Ribeiro	André (1773)
Sampaio	Gabriel (1808)
Alves de Barros	Francisco (1820)

1 – Falecido durante o processo

2 – Família da esposa, natural do centro da Capitania de Pernambuco

3 – Maridos das sobrinhas da esposa do habilitando (em Pernambuco)

Fonte: ANTT. TSO. CGSO. Hab.[277]

Desses círculos de poder, a família mais bem articulada foi a dos Correia da Paz-Araújo, estando atrás as irmãs Amorim Cerqueira e seus casamentos com dois homens de famílias diferentes. Sobre elas, já foram feitas explanações em tópicos passados.

---

277 Indicadas em separado nas referências documentais.

Dona Luzia Francisca de Gusmão é um exemplo de alguém que pode ter sido influenciada para, consequentemente, entusiasmar seu marido a se tornar Familiar do Santo Ofício. A "nobre" pernambucana era irmã de Dona Maria Tavares de Gusmão que, por sua vez, tinha duas filhas, cada uma casada com um Familiar, sendo ambos Pedro Jorge Monteiro e João Fariaz[?] Vieira[?]. Não é de se estranhar que Dona Luzia Francisca de Gusmão tivesse um marido que se habilitasse ao Santo Ofício, sendo ele José Inácio de Lima: influência para ser da Inquisição ou pressão familiar para limpar sangue e ser digno do casamento? Provavelmente um pouco de ambos, visto que poderia haver um possível poderio dos Gusmão em Recife e as oportunidades de se distinguir socialmente na Vila de Porto Calvo na metade do século XVIII.

Atentamos também à curiosa família Vabo que, no começo de 1790, habilitou de uma só vez quatro de seus integrantes, todos irmãos. Crê-se que o asseio (ou a necessidade) familiar que consistia em requerer um título de maneira mais "rápida e fácil" pesou tanto quanto o cabedal, sendo esse segundo um meio material disposto para se almejar o primeiro. Essa questão de data e habilitações simultâneas pode ter sido, ainda, reflexo do já enraizamento da Inquisição na sociedade portuguesa e luso-brasileira. Não se sabe um período mais ou menos específico em que famílias inteiras e de uma só vez se habilitavam para os cargos do Santo Ofício. Pelo menos para "Alagoas Colonial" tem-se os irmãos João e Joaquim Tavares Bastos, que vieram de Portugal no começo do século XIX e se habilitaram ambos ao mesmo tempo.

Tais informações podem garantir diversas interpretações e abrir caminho para algumas hipóteses de estudo. É deveras importante salientar que o cargo do Santo Ofício era vitalício, mas não hereditário e venal. A existência de vários parentes em ambos os ramos da família inseridos na Inquisição é completamente diferente de uma estrutura parecida ser aplicada aos cargos administrativos e Militares[278].

Um início de problematização insere-se na questão da Pureza de Sangue. Afinal, se um membro se habilitava, automaticamente sua família se "limpava". Como, então, problematizar a motivação de pessoas da mesma família habilitando-se no decorrer dos anos?

O ponto principal para se partir é a da limpeza retroativa. Limpava o sangue do habilitando, da esposa (se fosse casado), como dos irmãos, dos pais, dos avós e de alguns casos, bisavós. Esse tipo de caso é o comum para

[278] Para o caso de Alagoas, ver MARQUES, 2010. MARQUES, 2012.

todos os analisados aqui, não sendo necessário despender linhas sobre isso. Seguiremos, então, um ponto colateral: o caso de mais um membro se habilitar à Inquisição, mesmo sendo já comprovada sua Pureza de Sangue.

Tomemos como exemplo o caso dos Correia da Paz-Araújo. Após a tentativa de Severino, com a posterior habilitação de Antônio, o irmão de Severino, Constantino, habilita-se Familiar. Constantino já era limpo de sangue pela via de seu sobrinho, Antônio, e de sua esposa, Ana de Araújo, uma vez que ela era irmã de Catarina de Araújo, já limpa de sangue por ser mãe de Antônio. Se todos já eram limpos, qual a motivação da habilitação de Constantino? Aqui, traz-se de volta o debate da honra patriarcal exposta em tópico anterior: Constantino necessitava de poderes de mando, e ser agente da Inquisição o possibilitava de ter essa força em suas próprias mãos e não depender de Antônio, seu sobrinho.

A Limpeza de Sangue volta às estratégias familiares no momento que Catarina de Araújo entrega sua filha, Mariana de Araújo, para casar-se com o Mercador Antônio de Araújo Barbosa. Ao habilitar-se em 1696, a *mater família* Catarina de Araújo garantia o prestígio, honra e limpeza de sua família: institucionalizar publicamente a Limpeza de Sangue de seu genro.

Partindo de Catarina de Araújo, a família a longo prazo estava "salva" do judaísmo e devidamente reconhecida na sociedade: limpou o sangue e garantiu a consecução da honra dos pais e avós de Severino e Constantino, dos seus e de Ana; acabou dando essa graça ao seu filho, Antonio Correa, e garantiu à sua filha e ao genro (aquele núcleo familiar) o mesmo destino de posição social inquestionável. O mesmo valendo para os filhos de sua irmã com Constantino, salvando das desonras e fuxicos públicos de seus futuros sobrinhos. Em suma, a família encabeçada por Catarina de Araújo conseguiu limpar, praticamente, cinco gerações familiares: bisavós, avós, ela, filhos e netos.

Décadas depois, em 1766, Agostinho Rabelo de Almeida, neto de Antônio de Araújo Barbosa, habilitou-se Comissário da Inquisição, 70 anos após seu avô[279]. E volta-se à estratégia da limpeza de sangue dentro dos Correa da Paz-Araújo-Araújo Barbosa. Se Catarina de Araújo garantiu distinção social a sua linhagem até seus netos, os seus bisnetos gozariam da mesma graça, visto que Agostinho de Almeida "se limpava", incluindo um de seus pais que não fazia parte do tronco principal da família.

---

279 Observando um caso administrativo envolvendo o agente Agostinho Rabelo de Almeida, vê-se que ele era sobrinho de Antonio de Araújo Barbosa, filho do Familiar homônimo, logo, neto do Agente da Inquisição, v. AHU. Al. Av. Doc. 346, fl. 9v.

A família Cerqueira seguiu outro caminho. As irmãs Maria de Amorim Cerqueira e Catarina de Cerqueira casaram-se, em anos diferentes, cada uma com um homem que se tornou Familiar do Santo Ofício. É cedo para se falar de influência, mas é sintomático que João de Araújo Lima, Senhor de Engenho, tenha se habilitado em 1703, enquanto Manuel de Carvalho Monteiro apenas em 1720. Outros fatores podem ter pesado na disparidade de data: o cabedal para bancar os gastos é uma hipótese que não deve ser descartada.

Porém a situação não parava por aí. Antes mesmo de Manuel de Carvalho se habilitar, o irmão de Araújo Lima, o Padre Domingos de Araújo Lima, tornou-se Comissário em 1709. Se o caso das irmãs Cerqueira nos remete ao de Catarina de Araújo e desse possível poder de *mater família*, não devemos nublar nossas avaliações e esquecer que a família era espaço estruturado-estruturante de poder do *pater*[280]. Isto é, se as irmãs Cerqueiras pensavam em prestígio familiar e limpeza de sangue, os irmãos Araújo Lima já teriam em mente poder ativo de mando social, sendo ambos agentes complementares entre si no que condiziam as atividades inquisitoriais.

É importante salientar que as estratégias utilizadas e refletidas em novos troncos familiares que se formavam derivavam de interesses de mais de uma parte. Considera-se a influência que o acontecimento em si adquiria perante as irmãs e irmãos estudados. Considera-se também as famílias genitoras dos novos casais (ou dos estabelecidos) como ponto considerável de apoio e instiga a novas entradas de seus nomes em posições privilegiadas. Afinal, se Manuel de Carvalho Monteiro se habilitou apenas em 1720, o Padre Domingos de Araújo Lima já era habilitado em 1709, alguns anos após seu irmão, João de Araújo Lima. Ou seja, antes mesmo de ter na família da esposa (de Maria Amorim) uma rede do Santo Ofício para adquirir fortes auxílios simbólicos para êxito, o próprio Senhor de Engenho (João) tinha dentro de sua família (i. e., Domingos) um agente do Santo Ofício. Daí a possibilidade interpretativa de que este tenha sido influenciado/baseado para se tornar um também, podendo agir por duas vias diferentes nas atividades de cunho inquisitorial, e ter vantagem considerável de barganha: se João era Familiar e Domingos um Comissário, o poder de ambos os irmãos seria duplo. Se Manuel de Carvalho Monteiro necessitasse de aumento de poder, teria que chegar a Domingos de maneira mais formal e cuidadosa, visto que precisaria ter uma relação amistosa com João e com sua esposa, Maria de Amorim. Sua dinâmica de poder seria um pouco mais limitada.

---

[280] A ideia de "estruturado" e "estruturante" foi retirada da leitura de BOURDIEU, 2012a e Idem, 2012b

Como último ponto a se pensar, sabe-se que a Inquisição era uma instituição ardilosa e muito bem administrada[281]. Não é de se deixar de lado que o Tribunal lisboeta não conhecesse essas dinâmicas familiares. Afinal, o trabalho da Instituição consistia em pesquisar sobre a linhagem e saber se o habilitando tinha ou não parentes habilitados ou em processo de recebimento de carta. Uma vez que os agentes do Santo Ofício não eram obrigados a fundar residência nos espaços onde recebessem habilitação, podendo se mudar para locais que bem entendessem, pensa-se que a Inquisição se valia das famílias inquisitoriais para fixar e enraizar em determinados espaços o máximo de agentes possíveis.

Entretanto isso não invalida a também opção da Inquisição em manter seus agentes em movimento nas áreas do Brasil. Como bem salientou Daniela Calainho: "as viagens entre as capitanias para a compra e venda de produtos os mais variados e até o deslocamento entre diversos pontos de uma cidade possibilitavam o conhecimento de um rol extenso de pessoas, de situações, de histórias"[282]. Essa colocação é importante quando vamos avaliar os solteiros, principalmente os mercadores, haja vista que, quando se casavam, a tônica era se enraizarem localmente[283], e, nesse assunto (a mobilidade física), a Inquisição não tinha nenhum controle.

3.2 As testemunhas e o cotidiano

Ao analisar a documentação em seus pormenores, observa-se que as entrevistas sobre os habilitandos obedeciam a algumas regras gerais: as testemunhas precisavam ser honradas, cristãs-velhas, de moradia fixa na localidade, com conhecimentos sociais locais e de idade relativamente alta para conhecer a biografia do habilitando.

A partir desses preceitos, os mais aptos a responderem as perguntas da Inquisição eram aqueles que tinham contato íntimo com o pretendente a agente, ou que pelo menos detivesse conhecimentos vindos de segunda voz — o famoso "por ouvir dizer", caracterizando a "fama pública" do habilitando, pois o "público e notório" apresentava-se como prova de suma importância na sociedade de Antigo Regime[284]. E, antes de desenvolvermos os argumentos, convém ressaltar que, se em Minas Gerais, "eram comum

---

[281] BETHENCOURT, 1994.

[282] CALAINHO, 2006, p. 91.

[283] SOUZA, 2012, p. 117.

[284] OLIVAL, 2011, p. 244.

as testemunhas terem a mesma ocupação que o habilitando"[285], no sul de Pernambuco encontramos o mesmo padrão, mas alargaremos a análise para demonstrar que não era apenas a mesma ocupação, porém, em um limite, relações entre ocupações[286].

Comecemos pelo espaço mais básico da sociabilidade do Brasil colonial. Com efeitos tanto bons quanto maus — manutenções e criações de novas amizades, bem como espaços de fuxicos maldosos, tramoias conspiratórias e sevícias físicas e sexuais contra a escravaria —, a casa é o microcosmo mais adequado para iniciarmos as análises. Principalmente se formos levar em consideração a diferenciação entre privacidade e domesticidade: "as casas coloniais, fossem grandes ou pequenas, estavam abertas aos olhares e ouvidos alheios, e os assuntos de conhecimento geral". Situação bem retratada nas palavras de Gregório de Matos, em seu século XVII, para exprimir como a privacidade na colônia não era algo corrente e que — como vimos para a questão do casamento — a população fazia questão que tudo pudesse ser visto e julgado: "Em cada porta um frequentador olheiro / Que a vida do vizinho e da vizinha / Pesquisa, escuta, espreita e esquadrinha / Para levar à Praça, e ao Terreiro"[287]. Em Portugal continental, a sociedade, longe de estar dentro de um modelo centralizador e controlador, "estava retalhada numa observação quase molecular, acoplada a redes neuronais de informação, de que vários poderes se serviam nas suas actividades de controlo"[288].

Apesar da grande ênfase dada na Casa-Grande e seus espaços, não se deve pensar em contatos pessoais ou informações sociais apenas nesse universo doméstico. Havia dinâmica nas áreas urbanas, cabendo aos habitantes não apenas as visitas caseiras, mas os relacionamentos travados nas Igrejas, nas reuniões da Câmara Municipal, nas feiras comerciais, nas Irmandades e nos acontecimentos "imateriais" como festas, procissões e ações urbanas em que se concretizavam os contatos da sociedade entre si[289]. Porém nunca é desnecessário advertir que tais "dinâmicas" devem ser cuidadosamente avaliadas, pois diversos fatores influenciavam: evolução demográfica, freguesias distantes, mudanças de famílias, urbanização ace-

[285] RODRIGUES, 2011, p. 111.

[286] Posição essa também observada por Luiz Lopes e seus Familiares Comerciantes em outras praças de Minas Gerais não estudadas por Rodrigues, v. LOPES, 2012, pp. 88-90.

[287] VAINFAS, 1997, pp. 224-225, para ambas as citações, p. 227.

[288] HESPANHA, 2011a, p. 17.

[289] ALGRANTI, 1997, pp. 113-119. MOTT, 1997, pp. 156-163.

lerada e fatores conjunturais específicos, como guerras, conflitos sociais, período de baixa produção da agricultura, grandes secas, epidemias entre a população, entre tantos outros.

Embora não tão corrente, acontecia do Comissário do Santo Ofício, responsável pelas inquirições dos habilitantes, hospedar-se na casa de alguém para poder montar seu "escritório" e entrevistar as testemunhas para formulação de seu processo. Alguns desses entrevistados (como se verá adiante) falarão de "conhecer por frequentar a casa" ou "por ter se hospedado". Esses testemunhos ajudam a compreender duas questões: as distâncias entre moradias e as socializações entre os luso-brasileiros livres, fazendo (e sendo construída pela historiografia) da hospitalidade uma característica até hoje peculiarmente "brasileira"[290]. Nas escritas dos Comissários veem-se a expressão "muitas vezes" ser falada pelos entrevistados. Pista interessante que apesar de não dar informações qualitativas sobre as relações sociais, podem pelo menos indicar, quantitativamente, que os contatos pessoais poderiam ser constantes.

3.2.1 Linhas gerais

As particularidades de cada habilitação garantem ao pesquisador uma riqueza ímpar de informações qualitativas acerca do pretendente a agente e seus entrevistados. Entretanto, far-se-á inicialmente um balanço geral que servirá de problematização (e não de guia) para as futuras colocações.

De início, há a questão da proporcionalidade de inquirições pesquisadas e o total de entrevistados para cada habilitando. Nos Mercadores, encontram-se 11 habilitações[291] e 83 entrevistados, seguido de dois Senhores de Engenho e seus 42 testemunhos, terminando com dois Eclesiásticos e 45 pessoas inquiridas. A explicação pode ser dada na seguinte maneira: os Mercadores eram reinóis. Suas entrevistas foram em sua maioria realizadas apenas na Vila das Alagoas. Os Senhores de Engenho e Eclesiásticos "naturais da terra", aparecem com entrevistas em mais de uma freguesia e com um maior número de pessoas, na maioria das vezes. Para cada futuro agente da Inquisição, tem-se um plural rol de testemunhas, com suas particularidades que serão problematizadas adiante.

[290] ALGRANTI, 1997, p. 93, 112.

[291] Contou-se os quatro irmãos Vabo como Mercadores, pois subtende-se que as testemunhas foram as mesmas para todos. Enquanto isso, não se contou com João de Bastos, irmão de Joaquim Tavares de Bastos, pois sua habilitação pode conter testemunhas diferentes. Da mesma maneira, Severino Correa da Paz e Antonio Correa da Paz contam como uma habilitação. No caso dos Eclesiásticos, não se contou com Antonio Correa da Paz. Assim como Gabriel Sampaio, que fez a inquirição em *Patria Commua*.

Quadro 4 – Categorias sociais no rol das testemunhas nas Habilitações dos Familiares e Comissários da Inquisição em Alagoas Colonial (1674-1820)

Testemunhas	Oficiais			
	Mercadores	**Senhor de Engenho**	**Militar[4]**	**Eclesiástico**
Homem de negócio	22	9	-	7
Senhor de Engenho[1]	1	1	-	4
Lavrador[1]	10	9	-	8
Militar[1]	21	7	-	12
Agente administrativo[2]	6	2	-	
Eclesiástico	6	4	-	7
Oficial Mecânico	1	13	-	4
Outros[3]	2	1	-	1
Sem informação	14	6	-	2

1 – Ocupações muitas vezes fazendo parte de uma mesma pessoa.

2 – Inclui advogados, procuradores, agentes da Câmara etc.

3 – "viver de escravos", "viver de maneio".

4 – Inquirição em *patria commua*, sem indicação de testemunhas no processo, decidiu manter por conta do padrão utilizado nos outros quadros.

Fonte: ANTT. TSO. CGSO. Hab.[292]

[292] Indicadas em separado nas referências documentais.

Quadro 5 – Estado matrimonial das testemunhas nas Habilitações dos Familiares e Comissários da Inquisição em Alagoas Colonial (1674-1820)

Testemunhas	Oficiais			
	Mercadores	**Senhores de Engenho**	**Militar**	**Eclesiásticos**
Casado	33	23	-	14
Solteiro	11	11	-	5
Viúvo	8	8	-	9
Eclesiástico	6	4	-	7
Donzela[1]	4	-	-	1
Sem informação	8	6	-	2

1 – Inclui "solteira" e "beata".

Fonte: ANTT. TSO. CGSO. Hab.[293]

Quadro 6 – Gênero e Cor das testemunhas nas Habilitações dos Familiares e Comissários da Inquisição em Alagoas Colonial (1674-1820)

Testemunhas	Oficiais			
	Mercadores	**Senhores de Engenho**	**Militar**	**Eclesiásticos**
Masc. Branco	62	38	-	22
Masc. Pardo	2	1	-	2
Fem. Branca	5	3	-	3
Fem. Parda	2	-	-	-

Fonte: ANTT. TSO. CGSO. Hab.[294]

A idade é uma das questões mais delicadas no trabalho. Se as inquirições forem lidas de maneira minuciosa, o pesquisador encontrará pessoas de mais de 50 anos, mas que vivia na localidade fazia menos de 30 e que conheciam o habilitando há 15. Em relação a essas colocações, no próximo subtópico dar-se-á importância àqueles que diziam "conhecer desde sua meninice", o que é um indicativo ímpar sobre a sociabilidade nos locais de

[293] Indicadas em separado nas referências documentais.

[294] Indicadas em separado nas referências documentais.

vida e de entrevista. Não é cansativo lembrar que tais testemunhas eram, justamente, as que falavam das gerações passadas do habilitando, o que explicita informações importantes para entender o "fazer-se" daqueles que pretendiam ser Familiares e Comissários do Santo Ofício[295].

Quadro 7 – Distribuição etária das testemunhas nas Habilitações dos Familiares e Comissários da Inquisição em Alagoas Colonial (1674-1820)

Testemunhas	Oficiais			
	Mercadores	**Senhor de Engenho**	**Militar**	**Eclesiástico**
20 – 40 anos	19	2	-	3
50 – 70 anos	43	29	-	23
80 – 100 anos	6	9	-	6[1]
Sem informação	3	2	-	5

1 – Uma das testemunhas diz ter 104 anos.

Fonte: ANTT. TSO. CGSO. Hab.[296]

Diversas "linhas gerais" e vários cruzamentos das fontes podem ser feitos para se conseguir outras avaliações qualitativas. Por enquanto, ficar-se-á com esses mais genéricos, importantes para ponderações prévias e futuras sobre as vidas sociais dos agentes da Inquisição. Os próximos subtópicos serão divididos de maneira qualitativa, pensando nas particularidades das testemunhas e suas relações com os habilitandos, sendo primeiras as ocasiões de relações latentes e no segundo o de relações estratégicas.

3.2.2 Redes de poder e vida privada

O presente tópico pretende traçar um perfil social dos habilitandos para os agentes do Santo Ofício. A divisão poderia ser dada de diversas maneiras: por categorias de ocupação, pela cronologia ou pelas famílias. Decide-se expor as conexões sociais a partir das categorias sociais dos

[295] Luiz Lopes percebeu igualmente essa relação da maioria dos entrevistados serem mais velhos, por conta do tempo de inserção no espaço, LOPES, 2012, p. 78. Contudo, não alertou sobre esse "perigo" do tempo em que estava lá ou que conhecia o habilitando. Penso, por conseguinte, que esse tipo de aviso é primordial para a pesquisa e a escrita das hipóteses de trabalho.

[296] Indicadas em separado nas referências documentais.

habilitandos, pois de tal maneira fica mais perto de apreender o porquê de terem existido determinados depoimentos. Tais falas só podem ser explicadas quando se tem construído todo um ambiente onde se pudesse fazer as ligações entre o habilitando-entrevistado. Ou seja, o discurso dentro de uma situação histórica.

3.2.2.1 Mercadores

Sobre os Correia da Paz-Araújo e, posteriormente, com um Araújo Barbosa, temos algumas testemunhas ímpares. Como Domingos Muniz[?] da Fonseca, morador na Alagoa do Sul, casado e com 47 anos, que conhecia Antonio Correa da Paz desde sua meninice. Informou que o falecimento de Severino ocorreu em Portugal, ajudando o Santo Ofício a saber o que houve com o patriarca. Possuir essa informação pode ser um indicativo de um elevado grau de proximidade. Outra testemunha, João Carneiro Teixeira, morador na Vila de Olinda, viúvo de idade de 70 anos, acrescentou informações acerca das plantações de tabaco dos Araújo em Sergipe e que soubera que Antonio Correa da Paz tinha sido estudante, possivelmente em Olinda. O também olindense [ilegível][297] Domingues Pauliquo[?], casado e de 42 anos, conhecia a todos da "Cidade de Sergipe" e não dos espaços "alagoanos" (pais e avós), alegando que na época ambos os pais de Antonio Correa da Paz eram solteiros, tendo casado em Sergipe[298].

Sobre os negócios em Sergipe, tem-se na habilitação de Constantino Correa da Paz, o morador da Vila das Alagoas, André de Caldas, "nobre", casado, que alegava de 60 para 70 anos mais ou menos. Conhecia Ana de Araújo (esposa de Constantino), porque tinha morado em Sergipe, o que dá pistas sobre os círculos de amigos dos Correa da Paz-Araújo, inclusive, acerca do relacionamento entre famílias de Alagoas e Sergipe no período holandês e pós-expulsão dos batavos, podendo, provavelmente, André de Caldas ter sido um dos que fugiram para a margem baiana do Rio de São Francisco — ou era morador e se mudou para "Alagoas". Não se descarta a hipótese de que André de Caldas se tornou próximo da família de Constantino por intermédio da esposa do habilitando. Logo, as irmãs Araújo trouxeram para seus respectivos maridos dotes, um casamento honrado e oportunidades de amizade e negócios[299].

---

297 Imagina-se que o ilegível seja a ocupação de Domingues, e não seu primeiro nome.

298 ANTT, TSO, CGSO, Hab. Antonio. Mç. 20 – doc. 613, mf 2932.

299 ANTT. TSO. CGSO. Hab. Constatino, Mç. 1 – doc. 6, mf 2931.

Essas amizades são mais bem esmiuçadas nas diligências sobre a vida de Antonio de Araújo Barbosa, que se casou com Mariana de Araújo. Dentre os entrevistados, havia o Lavrador e Alferes José Abel de 49 anos. Conhecia todos e dava a informação que já tinha se hospedado na casa dos pais da esposa diversas vezes (Severino e Catarina). Nesse caso, um dos motivos para dizê-la era a vontade de criar uma imagem mais positiva possível de Antonio de Araújo Barbosa e sua atual casa[300].

Vamos a Gonçalo de Lemos Barbosa, Mercador que recebeu a carta de habilitação do Santo Ofício em 1716. De início, constata-se que o Comissário responsável pela sua inquirição foi Antônio Correia da Paz, filho, sobrinho e cunhado de comerciantes reinóis, antigo mercador e agora Eclesiásticos e Comissário da Inquisição, igualmente morador nos mesmos espaços de Gonçalo. O mais provável é que o conhecimento fosse praticamente certo. Ledo engano. Parece que Antonio Correa da Paz não teve contato pessoal com Gonçalo de Lemos: "Digo em verdade que há trinta e mais anos que sou morador nestas Alagoas e sua vila *que sempre ouvir dizer geralmente* haver em dito Gonçalo de Lemos Barbosa as três legitimidades [...]"[301]. Aliás, deu seu depoimento pessoal sobre Gonçalo, retratando-o quase como uma pessoa do Clero, por causa da vida que levava.

Das testemunhas, tem-se Joana da Silva, viúva que ficou de Domingos Fialho[?], natural do lugar de Nossa Senhora de Nazaré, freguesia de Santo Antonio do Cabo, termo da cidade de Olinda, sendo moradora "nestas Alagoas", na freguesia de Nossa Senhora da Conceição. Vivia do serviço de suas escravas, com sua idade de 80 anos. Morava em "Alagoas", tendo conhecido Gonçalo desde seu nascimento. Em relação aos pais do habilitando deu a preciosa informação que os conhecia porque "falava muito com eles". Sobre o avô materno não o conheceu, mas sim para avó materna, pois "conversava muito com ela, desde que chegou em Alagoas há 65 anos"[302].

Na vez de Manuel Carvalho Monteiro ser pesquisado pelo Santo Ofício, a dinâmica entrou em outras esferas de poder. Por ser reinol e com pouca vivência brasileira, a Inquisição focou energias em sua esposa, Catarina de Araújo, haja vista que ela pertencia a uma família poderosa e reconhecida na localidade. Não é de se surpreender a quantidade de Militares que dão seus depoimentos, sendo eles dois em especial, princi-

[300] ANTT. TSO. CGSO. Hab. Antonio, Mç. 27 – doc. 744.

[301] ANTT. TSO. CGSO. Hab. Gonçalo. Mç. 6 – Doc. 112. Itálicos meus.

[302] ANTT. TSO. CGSO. Hab. Gonçalo. Mç. 6 – Doc. 112.

palmente por conta do acontecimento da Guerra de Palmares, onde dois irmãos de Catarina de Araújo também lutaram[303].

O primeiro militar-testemunha foi o Sargento Mor, João da Mota, do terço da infantaria paga da praça da Vila de Santo Antonio da Vila do Recife. Homem casado, natural da Vila das Alagoas, de 55 anos. Não conhecia o habilitando, pois já tinha se ausentado da vila, sabia quem era Catarina de vista, mas "andou muito com seus irmãos na época de escola". Não se sabe se seria um espaço de ensino de táticas militares. Em relação aos pais de Catarina, dizia conhecer porque vivia em "contatos em casa". Esse tipo de contato com a família é que o faz dizer que o habilitando deveria ser homem limpo e honrado, pois se o pai de Catarina aprovou o casamento, era porque o quisesse e acreditava[304].

Utilizar a distinção e apreço da linhagem de Catarina para "salvar" o habilitando foi uma prática utilizada por outra testemunha. Falo do Capitão Agostinho Moreira[?] Gutierrez[?], Capitão do terço da infantaria paga da praça do Recife, homem solteiro e natural da Vila de Porto Calvo, de 41 anos. Conhecia os irmãos de Catarina, visto que os "conheceu por ter tido muito trato por ter sido seus companheiros na ocasião do cerco dos Palmares". Dizia que o pai de Catarina era um dos homens mais "graves da Vila das Alagoas", e como foi rico e afazendado, não se poderia duvidar que tivesse dotado sua filha para que o marido pudesse viver limpamente e honradamente[305].

André de Lemos Ribeiro, Comerciante reinol que morava em Penedo, habilitado em 1773, é o que tem a testemunha mais interessante. Seu nome era Jacinto Soares de Souza, Alferes e Juiz Ordinário da Vila de Penedo, branco, casado e natural de Portugal, Concelho de Bem Viver, Bispado do Porto. Disse em seu depoimento conhecer muito bem André, pois uma vez tinha ido para Pernambuco (isto é, o centro, mas não se sabe se era Recife ou Olinda) e de lá tinha trazido André, então com 17-18 anos de idade. O Alferes tinha se tornado uma espécie de "tutor" de André, transformando-se em uma pessoa decisiva em sua vida, dando pistas para a Inquisição sobre sociabilidade, redes de amizade e até mesmo sobre aspectos da vida do habilitando (de onde veio, onde estava e como chegou a Penedo)[306].

[303] ANTT. TSO. CGSO. Hab. Manuel. Mç. 86 – Doc. 1623.

[304] ANTT. TSO. CGSO. Hab. Manuel. Mç. 86 – Doc. 1623.

[305] ANTT. TSO. CGSO. Hab. Manuel. Mç. 86 – Doc. 1623.

[306] ANTT. TSO. CG. Hab. André. Mç. 13, Doc. 199.

Dá-se um pulo até 1790, e chegamos na curiosa família Vabo, todos naturais da Vila de Porto Calvo. É profícuo observar que a maioria das testemunhas eram homens de negócios, enquanto a estirpe inteira dos Vabo identificava-se como Lavradores de cana e, posteriormente, Senhores de Engenho. Se alguns dos Vabo se identificavam como homens de negócios, e sua família vinha do trato da terra de cana-de-açúcar, é propício pensar que os Comerciantes podiam ser intermediários entre as canas plantadas, cortadas e moídas no Engenho com as praças mercantis do açúcar.

Nesse circuito, tem-se a figura de João Pereira da Silva, casado, natural da Vila do Recife, mas morador em Porto Calvo. Contava a idade de 47 anos e conhecia João Francisco Lins, um dos irmãos Vabo, desde sua infância, principalmente por conta dos contatos que tinha com seus pais e avós. De seu depoimento, informou, ainda, o nome do Engenho da família, algo que nenhum outro entrevistado se dispôs a mencionar[307].

Por outro lado, Joaquim Bandeira de Melo, homem casado, Capitão de Ordenanças, natural e morador em Porto Calvo, de 63 anos, mencionou o conhecimento de João Francisco Lins também desde sua infância. Confirmou o ofício do patriarca Vabo como Tenente Coronel da Cavalaria e seu Engenho, mas não informou nada sobre o avô, apenas que o conhecia, provavelmente "por ouvir dizer". Curioso saber que Bandeira de Melo era exatamente o mesmo sobrenome da avó materna do habilitando. Tentar descobrir algum grau de parentesco entre ambos, ou de apadrinhamento, é atualmente impossível, necessitando de novas fontes, que não se sabe se existem. Contudo, sobre as relações familiares, Joaquim Bandeira de Melo foi padrinho de batismo de João Francisco Lins[308]. O que, com certeza tornava seu depoimento propício a todo tipo de vício. Ora, certamente, um padrinho protegeria seu afilhado das ações do Santo Ofício, ao mesmo tempo que fazia uma boa imagem ao Tribunal.

3.2.2.2 Senhores de Engenho

O primeiro Senhor de Engenho habilitado nas áreas alagoanas foi João de Araújo Lima, cuja carta foi-lhe entregue em 1703. Por ser reinol, a maior parte de sua inquirição girou em torno da procedência de sua esposa, Maria de Amorim Cerqueira, cuja família tinha se dispersado pelo Brasil, Ilhas Atlânticas e Portugal[309].

---

[307] ANTT. TSO. CGSO. Hab. João. Mç. 166 – Doc. 1421.

[308] ANTT. TSO. CGSO. Hab. João. Mç. 166 – Doc. 1421.

[309] ANTT. TSO. CGSO. Hab. João, Mç. 35 – Doc. 772.

Uma família em movimento, pois Antônio da Silva, homem que vivia de sua indústria, de idade de 68 anos e morador ali mesmo na Vila das Alagoas, contou ao Santo Ofício que os avós de Maria de Amorim Cerqueira tinham ido para a Bahia durante o domínio holandês, voltando "depois da restauração"[310]. Da parte de João de Araújo Lima, o entrevistado Antônio foi o primeiro a confirmar que seu avô era mecânico, sendo Oficial de Oleiro (profissão bem rendosa a depender da época)[311].

O Comissário responsável pelo processo de inquirição e entrevistas foi um velho conhecido: Antônio Correa da Paz, metódico em procurar as pessoas certas, mas não tão rigoroso para negar as habilitações. Tê-lo como Comissário responsável pelo processo é uma oportunidade para reforçar o argumento que as testemunhas escolhidas não deveriam obedecer somente aos critérios de idade e moradia, e sim que, apesar de uma pouca idade, as relações próximas entre entrevistado e habilitando poderiam ser de imensa valia para aqueles "antropólogos", nos dizeres de Carlos Ginzburg.

O segundo Senhor de Engenho habilitado apareceu em 1765, sendo ele José Inácio de Lima, natural e morador da Vila de Porto Calvo. Por ser um "local", sua inquirição é uma das maiores pesquisadas neste trabalho, tanto nos fólios documentais quanto nos espaços percorridos pelos Comissários na procura de informações, a saber: Vila de Porto Calvo e seu distrito de Camaragibe, a freguesia de São Bento, a Vila de Unna e até mesmo a Vila de Ipojuca, essas duas últimas em solos "centrais" de Pernambuco, não fazendo parte da jurisdição da Comarca das Alagoas[312].

A entrevista correu bem, a despeito de um depoimento importante. O Capitão Ambrósio Machado da Cunha, Senhor do Engenho da Guerra, situado na freguesia de Ipojuca, casado, autodeclarado branco e de 62 anos, acusou informalmente o avô de José Inácio de Lima. A revelação girava em torno de um rumor que o avô poderia não ser cristão-velho e que era morador no "lugar de Utinga", distante "umas léguas" do Engenho de Tabatinga de Ipojuca, local onde o Capitão morava. Ambrósio ainda acrescentou que o avô de José não tinha ocupação alguma, vivendo de mandar "serrar madeiras pelos seus escravos"[313].

---

[310] Sobre a fuga de famílias, MELLO-, 2000, pp. 202-204.

[311] MELLO, 2000, p. 181.

[312] ANTT. TSO. CGSO. Hab. José. Mç. 103 – Doc. 1465.

[313] ANTT. TSO. CGSO. Hab. José. Mç. 103 – Doc. 1465.

Seu depoimento que não foi levado em consideração pelo Comissário no processo e põem-nos a imaginar o relacionamento como a vivência da sociedade luso-brasileira. Afinal, a informação de Ambrósio não era crime (ser cristão-novo não era crime, mas judaizante sim) e as entrevistas pelo Santo Ofício tinham exatamente essa função: averiguar o passado e as qualidades dos habilitandos. O que podemos imaginar é que, possivelmente, as relações entre o Capitão Ambrósio e o avô do Senhor de Engenho José Inácio não eram das melhores.

Os Senhores de Engenho são os que menos se tem notícias mais aprofundadas no sentido do cotidiano de vivência privada. No âmbito das instituições políticas, sabe-se pelas pesquisas de Arthur Curvelo, que, nos finais do século XVII e início do XVIII, a distância de seus domínios dos centros urbanos dificultava os relacionamentos dos Senhores de Engenho e Lavradores de Cana com o restante da população[314]. Todavia, não devemos levar essa posição para uma generalidade. Afinal, houve também os Senhores absenteístas, isto é, os grandes poderosos que viviam nos centros urbanos e deixavam homens de confiança para gerenciar seus distantes domínios[315]. Por fim, quando se avalia esse cotidiano no âmbito da "relação entre ofícios", a situação muda de ângulo, assunto esse ao qual retornaremos mais adiante.

3.2.2.3 Eclesiásticos

Domingos de Araújo Lima era Eclesiástico e Senhor de Engenho, irmão de outro Familiar do Santo Ofício. De todos os habilitandos analisados, é o que tem os melhores depoimentos para o tópico que está se propondo: as relações de amizade dentro do cotidiano sul-pernambucano.

Comecemos com Domingos João de Carvalho, cristão-velho, de idade de 41 anos, casado, natural da Vila de Arouca, Bispado de Lamego, "morador no Palmar" havia 13 anos, na Freguesia de Santa Luzia da Alagoa do Norte, que se ocupava na função de "assistente" na guerra do Palmar com "suas lavouras de farinha". Em sua entrevista, Domingos João dizia que o habilitando Domingos de Araújo era Senhor de Engenho e que "o conhece por o tratar como amigo há 13 anos nessas partes".

Os diálogos onde as expressões "ser vizinho", "conhecer desde sua meninice", "visitar a casa", "se hospedar", "conversar muito" e "diversas vezes", aparecem

---

[314] CURVELO, 2014.

[315] Sobre os absenteístas, conferir uma vasta bibliografia, já citada nessas linhas, de Stuart Schwartz, Jacob Gorender, Vera Ferlini, e, acrescento, BANDEIRA, 2000.

vez ou outra nas entrevistas. No entanto, "ser amigo" indicaria um algo mais, uma relação mais próxima. Não devemos ignorar que o irmão de Domingos Araújo era o Capitão João de Araújo Lima, Militar que forneceu mantimentos para as tropas de Domingos Jorge Velho, nas expedições de destruição de Palmares. Entretanto Domingos João não testemunhou no processo de João de Araújo, mas apresentava-se como amigo de seu irmão, o Padre Domingos[316].

Se formos levar em consideração a definição de "amigo", escrita pelo Padre e dicionarista, Raphael Bluteau[317], acredita-se que as relações comerciais não fossem o alicerce de amizade entre Domingos João e Domingos de Araújo. Porém um problema aparece: a definição de "amigo" dada por Bluteau realmente se aplicaria nessa fala? Devemos, nesse caso, fazer um salto de fé e aceitar que o sentido cristão da palavra poderia ser ensinado nas missas e sermões dados pelo Padre Domingos, ou que, já após sua aposentadoria, Domingos de Araújo assim poderia definir o relacionamento entre ambos em suas conversas pessoais. Segue a definição:

> AMIGO: aquelle, que está unido com outro pella uniformidade dos gênios, semelhança dos costumes, & mutua benevolência; mais por virtude, que por conveniência; & que lhe fala com a mesma confiança, & lhe deseja as mesmas vantagens, & fortunas, que a si próprio[318].

Continuando a diligência, outro entrevistado foi o Padre Bernardo Gomes Correa, de 36 anos, Sacerdote do Hábito de São Pedro, natural da freguesia do Corpo Santo do Arrecife[?], assistente por Capelão do Terço de Palmar, termo da freguesia de Santa Luzia da Alagoa do Norte. Confirmava a moradia do Padre Domingos no Engenho Nossa Senhora do Pilar, e dizia conhecê-lo fazia sete anos "por amizade".

Novamente somos levados a nos guiar por Bluteau. Nesse caso, a situação abre um novo olhar, visto que um Pároco mais "instruído" poderia utilizar e/ou compreender o conceito de amizade como um sentimento que mais ou menos foi retratado por Bluteau em seu dicionário:

> AMIZADE: Reciproco amor de benevolência, fundada em boa razão, & em virtude; vinculo da sociedade humana, sustento da vida civil, & o bem por meio do qual logrão os homens um dos maiores prodígios do ser Divino, a saber unidade com pluralidade, na perfeita união dos amigos. Indigna do título de amizade é a afeição fundada em

---

316 ANTT. TSO. CGSO. Hab. Domingos. Mç. 19 – Doc. 391.

317 CARNEIRO, 2005, p. 264, nota de rodapé 188.

318 BLUTEAU, 1728, vol. I, pp. 336-337.

conveniência, ou em sensualidade. (...) Pode haver amizade entre dois sujeitos, entre poucos, & entre muitos, mas com diferentes graus de perfeição[319].

Muito mais eloquente, mas não tão exagerado. É impossível verificar o conceito exato sobre amizade inerente à cabeça do Padre Bernardo Gomes Correa. Mas pode-se imaginar que a designação formal recebia conotações um pouco mais "fortes" por conta da atuação eclesiástica de ambos, tanto no sentido da instrução quanto no de um pertencimento "corporativo" como agentes da Igreja Católica — diferentes em relação ao do Padre Domingos de Araújo Lima e Domingos de Carvalho, "apenas" amigos. Nesse caso, convém lembrar que regras de etiqueta e distinções sociais, podem ter pesado para escolha das palavras e de suas conotações. O Lavrador como indivíduo mais informal, enquanto o Padre já deixava transparecer uma relação de reverência mais própria de sua ocupação social.

Já conhecemos Agostinho Rabelo de Almeida, Eclesiástico advindo do tronco da poderosa família Correa da Paz-Araújo, sobrinho-neto de Antônio Correa da Paz. Das informações pessoais, a melhor foi dada pelo próprio Comissário encarregado da entrevista, Jerônimo de Brito Bezerra, Eclesiástico incansável dos espaços norte da Vila das Alagoas[320]. Informava de próprio punho ter conhecido os pais de Agostinho, seus avôs paternos e maternos, destacando suas ocupações e até mesmo os locais de falecimento dos pais ("no lugar do Pão de Açúcar") e avós paternos ("no lugar dos Gregórios")[321].

O último religioso habilitado Comissário foi Gabriel Pereira Sampaio. Sua inquirição foi feita em *patria commua*, ou seja, em Portugal, com pessoas residentes em Lisboa. Em primeira vista, há-se uma estratégia aí, apesar de ser praticamente impossível de saber lendo apenas a habilitação[322]. De caráter mais geral, começou a ocorrer na segunda metade do século XVIII em diante que a Mesa de Consciência e Ordens (para o caso das habilitações da Ordem de Cristo) se tornou mais "[...] liberal quanto aos pedidos de 'pátria comum', na esteira da abolição pelo marquês de Pombal da distinção entre cristãos-velhos e novos [...]"[323].

O que se pode resumir é que o Padre Gabriel estava em Lisboa no momento de seu pedido de habilitação para Comissário do Santo Ofício e para se tornar um Cavaleiro da Ordem de Cristo. Em Lisboa, a única

---

319 BLUTEAU, 1728, vol. I, p. 340.

320 ROLIM, 2012.

321 ANTT. TSO. CGSO. Hab. Agostinho. Mç. 6 – Doc. 89.

322 ANTT. TSO. CGSO. Hab. Gabriel. Mç. 4. – Doc. 40.

323 MELLO, 2000, p. 63.

testemunha "alagoana" que lá estava residindo e apta para dar a entrevista era Francisco Manoel Martins Ramos. Francisco era o Procurador da Irmandade de São Gonçalo Garcia dos Homens Pardos da Vila de Penedo, e estava em Lisboa exatamente a pedido do Padre Gabriel (Juiz da Irmandade) para resolver pendengas em relação aos bens da Irmandade, a saber, pedir a criação de uma Mesa Administrativa para o Hospital da Irmandade em Penedo. Esses conflitos não envolviam apenas administração de bens, mas "quem administrava", e o Padre Gabriel não estava bem cotado naquele momento dentro do círculo administrativo da Irmandade em Penedo. Logo, o procurador Francisco Manoel foi quem mais defendia o Padre Gabriel, sempre o elogiando acerca de suas ações na Instituição[324].

Dessa informação, podemos compreender a estratégia de Gabriel Sampaio no pedido da inquirição em *patria commua*: não queria dispender cabedal em demasia com viagens para Penedo; e seu braço direito estava exatamente em Lisboa preparado para garantir-lhe os melhores adjetivos na entrevista.

Tal caso é exemplar para demonstrar a importância em considerar a vida cotidiana em conjunto com as relações que os habilitandos desenvolviam com as testemunhas selecionadas para as inquirições do Santo Ofício. A situação pode ser tratada como excepcional, afinal, observando friamente, o Padre Gabriel foi o único que conseguiu manipular a diligência como em um tabuleiro de xadrez, mexendo todas as peças a seu favor para conseguir seu Hábito de Comissário do Santo Ofício. E conseguiu.

3.3 As testemunhas estratégicas

É importante ressaltar que, a princípio, se algumas testemunhas pareciam ter sido escolhidas de acordo com um *modus operandi* dos Comissários (pessoas mais velhas, de índole compatível com a moral católica lusitana, entre outras atribuições), convém dar atenção igualmente que outras tantas testemunhas foram instrumentalizadas tanto pelos habilitandos como pelos próprios Comissários, que desejavam ter, ao seu redor, um círculo mais fidedigno no que tangia às opiniões e aos conhecimentos de vida.

O Comissário Antonio Correa da Paz, já nosso conhecido, foi responsável pela diligência de inquirição, pelo menos, duas vezes em toda a sua vida. Nelas, cometeu alguns vícios de "pesquisa", entre eles a da escolha de testemunhas de interesse próprio. Explicando melhor: chamou (em proces-

---

324 ANTT. TSO. CGSO. Hab. Gabriel. Mç. 4. – Doc 40.

sos como Comissário) testemunhas que fizeram parte do seu (de Antonio) processo de Habilitação e de parentes seus. Tal constatação reforça o que foi escrito no parágrafo anterior, em que, na Inquisição, muitas vezes, a fórmula *pro forma* dos processos de Habilitação sofria seus desvios. Desvios esses que não devem ser lidos como "improviso" ou "capricho", mas escondiam em seu âmago vontades político-sociais que satisfaziam interesses tanto do Comissário responsável como do Habilitando[325]. Somente o estudo caso a caso pode ajudar a desvendar e complexificar as informações que podem ser passadas de forma plástica nos dias atuais[326].

Ou seja, estudar os entrevistados das inquirições pode trazer informações sobre relações sociais próprias entre a testemunha-habilitando. Pois, para cada pretendente a Familiar avaliado, mesmo que em um espaço de tempo relativamente curto, as testemunhas mudam.

Para este tópico das testemunhas estratégicas, escolheu dividi-lo em mais quatro subtópicos, representados por categorias dentro das estruturas das classes sociais, que representassem os diferentes interesses dos Comissários no tempo e espaço. Eram pessoas que, em uma avaliação superficial, podem parecer "iguais", quando, na verdade, são passíveis de demonstrativas de uma série de peculiaridades. Fazer as ligações entre a escolha dos entrevistados e as relações cotidianas dos indivíduos apresenta-se como a melhor forma para tentar compreender as relações entre habilitando-testemunha a partir de pontos que não são perceptíveis na documentação em separado (logo, cada processo por ele mesmo), sendo necessária e importante sua avaliação no conjunto (o confronto entre dois ou mais processos de Habilitação).

3.3.1 Os principais da terra

Ser "principal da terra" não era um título chancelado. Porém não era um termo raro, passível de ser desmontado facilmente[327]. Numa sociedade de Antigo Regime, mostrar-se honrado significava se comportar como os grandes senhores de Portugal. Ser "nobreza principal da terra", por sua vez, dizia respeito a fazer parte de "[...] famílias que comandaram a conquista da América para a monarquia portuguesa e, entre outros agentes, foram

---

[325] Algumas testemunhas da habilitação de Antonio Correa da Paz foram entrevistadas com Constantino Correa da Paz. Uma vez Comissário, Antonio Correa da Paz foi atrás dessas mesmas testemunhas para a habilitação de João de Araújo Lima (Senhor de Engenho). É importante salientar que um entrevistado de João de Araújo foi novamente inquirido por Antonio Correa na habilitação de Gonçalo de Lemos Barbosa.

[326] HIGGS, 2006, p. 119.

[327] FRAGOSO, 2014a, pp. 175-178.

os responsáveis pela organização de sua base produtiva (cana de açúcar, pecuária, lavras de ouro, etc.) e do governo econômico da *res publica*"[328].

Diga-se, de antemão, que os dizeres "principal da terra" eram, geralmente, autoproclamados. Não era um termo escrito arbitrariamente pelo Comissário na entrevista. Como o "título" derivava de conduta e normas sociais locais, os "principais da terra" avaliados não esgotam os que poderiam realmente haver nos espaços da Comarca das Alagoas.

Algumas testemunhas do processo de Constantino Correa da Paz — homem de mercancia, já nos finais do XVII — são um exemplo de autotitulação por reconhecimento social e demonstração simbólica. Dos sete entrevistados, Antonio da Rocha Pinheiro foi o mais enfático: morador daquela localidade, "homem nobre e gravo tido e avido por cristão velho", viúvo e de 55 anos, dizia que conhecia Constantino há 14 anos, porque eram vizinhos. Intitulava-se cheio de pompa e é o único dos entrevistados que fala do contato próximo do habilitando. Soma-se a ele Cosme Pereira, homem que se dizia "nobre", casado e morador na freguesia, contado 54 anos; e Antonio Gomes de Melo, homem autointitulado "nobre", casado e morador na freguesia há 52 anos[329].

Gonçalo de Lemos Barbosa, o mercador que recebeu sua carta em 1716, teve como testemunhas dois homens nobres, pessoas próximas de seu convívio. Um deles foi o Alferes Simão Teixeira Serrão, homem casado e "dito dos principais da terra", morador no termo da vila, dono de agências e Senhor de Engenho com 62 anos. Seu depoimento faz transparecer, relativamente, proximidade espacial e, talvez, ainda, conexão com o habilitando estabelecida por redes de negócios. Disse que conhecia a todos, inclusive os pais de Gonçalo Barbosa, porque "viveu sempre com eles ali há mais de 50 anos"; afirmou, também, que tratavam com fazendas e lavouras[330].

O segundo homem próximo a Gonçalo Barbosa era também Alferes, mas sem informação de ocupação "econômica". Antonio Lopes da Fonseca apresentava-se como um solteiro "dos principais desta freguesia", natural e morador, com 60 anos de idade. Foi um dos poucos de quem se pôde apanhar uma informação mais "pessoal", já que disse conhecer Gonçalo desde seu nascimento. Indicava que as "fazendas" dos pais eram uma vivência de "suas agências" e lavouras[331].

---

328 FRAGOSO; ALMEIDA; SAMPAIO, 2007, p. 19.

329 ANTT. TSO. CGSO. Hab. Constatino, Mç. 1 – Doc. 6, mf. 2931.

330 ANTT. TSO. CGSO. Hab. Gonçalo. Mç 6 – Doc. 112.

331 ANTT. TSO. CGSO. Hab. Gonçalo. Mç. 6 – Doc. 112.

É interessante observar essa ligação entre Mercadores e homens principais da terra, especialmente aqueles que tinham trato com a agricultura. No caso de Gonçalo, era um Senhor de Engenho, pessoa de prestígio elevado, principalmente nos espaços da Vila das Alagoas do Sul no começo do XVIII[332].

Na figura dos Senhores de Engenho, teve-se, da mesma maneira, na inquirição de João de Araújo Lima pessoas ditas "nobres". O primeiro foi o Capitão Antonio Muniz[?] da Fonseca, autodenominado "homem nobre", casado e morador no termo da vila, chamado Massagueira, de 80 anos. Outro entrevistado foi Domingos Muniz da Fonseca, homem que se dizia "nobre e casado", morador na Vila das Alagoas e com idade de 66 anos.

Chamados por Antonio Correa da Paz na entrevista, não é de se descartar a ideia que o Comissário visse no Militar (Domingos Muniz não diz seu ofício) um súdito do Rei de Portugal cheio de qualidades e propício a dar um depoimento fidedigno. A comprovação da ideia é latente quando se observa o próprio processo de habilitação de Antonio Correa da Paz para Familiar do Santo Ofício: o Capitão Antonio Muniz também havia sido testemunha de seu processo de Habilitação[333].

A questão que fica é se ambos eram tidos como pessoas realmente nobres e de depoimentos fidedignos, ou se foram escolhidos a dedo por Antonio Correa da Paz, seguindo a amizade e sociabilidade, como homens "principais da terra" considerados pelo Comissário, visto o que eles fizeram pela sua família no caso de sua habilitação[334].

3.3.2 Os oficiais mecânicos e trabalhadores assalariados

Interpretar oficiais mecânicos como "testemunhas estratégicas" pode indicar uma supervalorização da categoria, em detrimento de outras mais importantes do que ela (na concepção hierárquica, social e jurídica da época), como os Lavradores, Militares e os Mercadores. A escolha da criação deste subtópico (neste lugar) foi baseada no fato de que eles aparecem, exclusivamente, nos processos de habilitação dos Senhores de Engenho. Enquanto quase todos os ofícios são comuns a todas as habilitações, os oficiais mecânicos foram utilizados de maneira estratégica pelos Comissários nas entrevistas.

[332] Se for levar em consideração o período 1712-1730, o açúcar e a relação dos Engenhos eram utilizados para expor o prestígio econômico e político dos senhores-súditos ao Rei de Portugal. ROLIM, 2013, pp. 113-116. CURVELO, 2014, p. 65.

[333] ANTT. TSO. CGSO. Hab. João, Mç. 35, Doc. 772.

[334] ANTT. TSO. CGSO. Hab. João, Mç. 35, Doc. 772.

João de Araújo Lima era reinol, chegou na América como Militar e se formou Senhor de Engenho. Em sua inquirição, das cinco testemunhas escolhidas, supõe-se que três eram "trabalhadores", dois daqueles estratos sociais que todo Senhor de Engenho precisaria para manter em funcionamento seu maior meio de sustento econômico e social; e um, possivelmente, próximo da família e/ou dos agregados do Engenho. Eles representaram-se, respectivamente, como Antonio de Almeida Mascarenhas[?], casado que "vive de seu trabalho", 60 anos. João Gonçalves[?] Moreira, solteiro, "oficial de pedreiro" de 50 anos de idade. João Moreira da Silva, "Mestre da Capela da Freguesia de Santa Maria Madalena da Alagoa do Sul", casado e de 52 anos[335].

Tirando o oficial de pedreiro e o Mestre da Capela, não é arriscado pensar que ser homem "que vive de seu trabalho" significava se tratar de alguém que João de Araújo Lima pode ter empregado em seu Engenho — ou que outros Senhores o empregaram ali próximo — como um Feitor, ou mestre de alguma atividade, talvez, até fosse um homem de trabalho assalariado. A presença do Mestre de Capela é curiosa pelo fato de não ser categorizado necessariamente como um ofício mecânico. Era, antes, funcionário nomeado pelo Padroado, tendo "[...] o direito de autorizar e arrecadar taxas dos músicos locais que ganhavam a vida tocando em casamentos, funerais e festivais"[336]. Sua participação na inquirição e conhecer o Senhor de Engenho (além da idade avançada), pode ajudar a compor esse quadro da sociabilidade americana, principalmente, por conta dos cuidados e, em alguns casos, a obsessão desses senhores em manter a aparência e festividades em dia, esbanjando riquezas e ares de nobreza, necessários e pertinentes para manter os pactos com os outros corpos sociais da casa e das redondezas, crucial para mascarar seu mando e violência que exercia em outros momentos[337].

Continuando as diligências em 1697, Antonio Correa da Paz assentou praça na Vila das Alagoas do Sul, Freguesia de Nossa Senhora da Conceição, atrás de conhecimento sobre a vida de Maria de Amorim Cerqueira, esposa do Senhor de Engenho João de Araújo Lima. Novas testemunhas (no total de 10), novas hipóteses de relações sociais. Das 10, têm-se quatro homens que "vivem de sua indústria"[338]. Sobre indústria, em 1728, trata-se

---

335 ANTT. TSO. CGSO. Hab. João, Mç. 35, Doc. 772.

336 STEVENSON, 2008, p. 736.

337 Sobre as festas nos Engenhos de Açúcar, FERLINI, 2001, vol. II, pp. 449-463. Nos engenhos banguês alagoanos, entre o XVII-XIX e possivelmente no XX (mas fazendo menção a tradições anteriores), DIÉGUES JÚNIOR, 2006, pp. 219, 305-310.

338 ANTT. TSO. CGSO. Hab. João, Mç. 35, Doc. 772.

de "Destreza em alguma arte[339]", contando mais ou menos com a mesma denominação em 1789: "Arte, destreza, para grangear a vida; ingenho[340]; traça, em lavrar, e fazer obras mecânicas; em tratar negocios civis, Etc."[341].

O primeiro, Antonio da Silva, vivia de sua indústria, morador naquele termo da vila, de 68 anos. Somando com a ocupação de Lavrador, observa-se Manoel Gomes, morador do termo da vila, de 68 anos, que "vivia de sua indústria". Outro Lavrador era José Ph[ilipe][?] Ferreira[?], morador da vila de 80 anos, "homem de indústria". O último "homem de indústria" e Lavrador era Antonio de Matos, morador no termo da vila e de 67 anos. Todos, excetuando Manoel Gomes, confirmavam que o avô da esposa era Oficial de Oleiro[342].

Esses homens mecânicos abrem um debate: seriam contatos, por conta da profissão do avô e das primeiras pegadas da família de Maria Amorim Cerqueira em "Alagoas" e Bahia? Ou estavam ligados mais ao seu marido, João de Araújo Lima, por ser Senhor de Engenho e possível empregador e usufruidor de seus serviços? O mais correto seria responder a primeira pergunta, uma vez que nenhum homem de indústria foi selecionado para falar de João de Araújo Lima, enquanto esses seriam os mais aptos a informar sobre a vida de Maria de Amorim Cerqueira e sua linhagem. Nada impede o Senhor de Engenho de ser interpretado como homem que teve seus contatos profissionais com tais luso-brasileiros, mas pensar em sociabilidade é demasiado arriscado, por isso prefere-se focar, por enquanto, nos pensamentos sobre as relações de poder e profissionais. Diga-se, contudo, que houve "homens de indústria" na habilitação "exclusiva" de João de Araújo Lima, o que faz a balança pender novamente para uma categoria que pode ter sido escolhida estrategicamente pelo Comissário por conta do andamento do processo de habilitação, por exemplo.

O segundo Senhor de Engenho habilitado em "Alagoas" foi José Inácio de Lima, natural e morador da Vila de Porto Calvo, tendo recebido carta em 1765. Dos entrevistados, no conjunto de oficiais mecânicos, foram ouvidos Manoel Teixeira Faquim[?], viúvo, natural da freguesia de Camaragibe (mas morador em Porto Calvo), "oficial de sapateiro", com seus 70 anos de idade. Manoel Pereira da Cunha, viúvo, natural de Porto Calvo e nela morador, era

339 BLUTEAU, 1728, vol. IV, p. 116.

340 Antes de indicar "Ingenho" como máquina para moer açúcar, o próprio Antonio Moraes Silva escreve o sentido primário da palavra engenho: "ENGENHO, s. m. A faculdade, com que a alma concebe facilmente as conexões das coisas; inventa máquinas, e artifícios subtis; aprende as Artes, e Sciencias com facilidade". In: SILVA, 1789, p. 698.

341 SILVA, 1789, p. 153.

342 ANTT. TSO. CGSO. Hab. João, Mç. 35, Doc. 772.

"oficial de carpinteiro", com idade de 50 anos. Continua-se o grupo mecânico em Teotônio Gonçalves Lima, homem casado, natural e morador de Porto Calvo e "oficial de alfaiate", de 74 anos. Por último, Manuel Rodrigues Rosado, homem casado, natural da freguesia de Camaragibe e morador na de Unna, tinha 56 anos e era "oficial de carapina"[343][?][344].

Na inquirição do Padre Agostinho Rabelo de Almeida, antes de 1773, um entrevistado "mecânico" apareceu de maneira demasiada importante para esse trabalho. Foi José de Araújo Raposo, casado, de 74 anos, morador da Vila das Alagoas, "onde vive de sua música". Teria sido esse "mecânico" escolhido pela sua avançada idade ou por conta de seu ofício? Afinal, a música era instrumento pedagógico nas atividades da Igreja Católica, principalmente em espaços americanos[345]. Mesmo não podendo aprofundar no assunto, seu aparecimento é deveras importante de ser salientado[346]. Nesse caso, pensa-se a música não no ato da evangelização, própria do Clero Regular nos sertões e aldeamentos. Como morador na Vila das Alagoas, José de Araújo Raposo também estava apto a tocar em festas e em atividades religiosas mais institucionais, como na Igreja, além de viver de outros serviços ligados à música.

Mas não se deve esquecer que Agostinho Rabelo de Almeida era homem de grandes posses, de lavouras e de gados. Ou seja, um Padre com oficiais mecânicos inseridos no seu processo de habilitação. O primeiro, Francisco de Fontes Rebelo, homem branco, casado, natural e morador da Vila das Alagoas, que "vive de seu ofício de carpinteiro", de 66 anos de idade. Junto a ele estava Antonio dos Santos de Moura, homem pardo, casado, natural da Vila de Recife e morador na Vila das Alagoas, que "vive de seu ofício de alfaiate", de 64 anos de idade[347]. Impossível não pensar na possibilidade do primeiro ter relação econômica com Agostinho, enquanto o segundo podia estar ligado a ele por conexões advindas de sua atuação religiosa e da necessidade constante de manter em dia sua representação perante a sociedade com roupas que ilustrassem apetrechos simbólicos de poder[348]. No caso dos Eclesiásticos, os trajes recebiam um adendo no

343 Não se encontrou o termo "carapina" em nenhum dos dois dicionários do período de Antigo Regime mais famosos (Bluteau e Silva). Evaldo Cabral de Mello utiliza o termo "carpina", sendo os oficiais encarregados de "levantar seus edifícios [dos Engenhos]; para a feitura das moendas, dos carros de boi e dos barcos; para a confecção das caixas de açúcar; e enfim para a renovação e reparação periódica de todo esse equipamento", MELLO, 2014, p. 36.

344 ANTT. TSO. CGSO. Habilitações. João, Maço 35, Doc. 772.

345 JACKSON, 2009, pp. 409-416. Interessante observar a importância que deram à música no filme *A Missão*.

346 ANTT. TSO. CGSO. Hab. Agostinho, Mç. 6 – Doc. 89.

347 ANTT. TSO. CGSO. Hab. Agostinho, Mç. 6 – Doc. 89.

348 SILVA, 1991, pp. 327-332. SILVA, 1991, pp. 522-529. BOURDIEU, 2012a, p. 15.

tocante aos cuidados e à apresentação: "achavam-se adscritos à obrigação de se vestirem como em Portugal"[349].

Dessas aproximações advindas de atividades profissionais: seriam os oficiais mecânicos chamados para testemunhar por conta de suas atividades contratadas pelos Senhores de Engenho que necessitavam de seus serviços? Ou o certo seria pensar na coincidência que os dois Senhores de Engenho tinham pessoas na família conhecidos como oficiais mecânicos, sendo um Oficial de Oleiro e outro Escultor de Imagens? É-se tentado a crer que ambas as opções estão corretas.

Levar essas informações em consideração a partir do já escrito na historiografia acerca dos Senhores de Engenho toma força, sobretudo, e por conta da imensa massa de trabalho que um Engenho de Açúcar necessitava em sua colaboração[350]. É plausível pensar, inclusive, que tais oficiais mecânicos podem ter oferecido e sido remunerados por seus serviços ao Senhor de Engenho ou alguém de sua estirpe. A mobilidade geográfica de muitos é uma opção para elencar possibilidades interpretativas de que os oficiais mecânicos eram, também, testemunhas estratégicas indispensáveis para se conhecer as peripécias cotidianas e familiares dos Senhores que os contratavam. Da mesma feita, tais trabalhadores ajudariam a explicitar uma espécie de contato exclusivo com o senhor: a de conhecer bem a família de quem está se habilitando a agente da Inquisição[351].

3.3.3 Os Eclesiásticos

Dar atenção aos Eclesiásticos nas inquirições rende algumas problematizações importantes. Os homens religiosos faziam parte do cotidiano das localidades em que estavam inseridos por uma série de razões, dentre elas por representar um ponto canalizador das vontades e ensinamentos principais da igreja.

Na inquirição de Antonio de Araújo Barbosa, membro tardio dos Correa da Paz-Araújo, Mercador, tem-se o Clérigo *in minoribo*, Pedro Gonçalves[?] Ribeiro, de apenas 23 anos (!). Provavelmente foi escolhido pelo Comissário por três razões: 1) a relação de ambos com sua posição social. Ter um Eclesiástico para se confiar um depoimento para o Santo Ofício

349 MELLO, 2014, p. 45.

350 SCHWARTZ, 1988. FERLINI, 2003.

351 MELLO, 2014, pp. 34-37.

sempre era de valia para o Comissário encarregado das entrevistas; 2) pelo seu conhecimento a respeito do habilitando, já que se conheciam há 15 anos, desde que tinha chegado lá. Isso leva a crer que o clérigo viveu a infância tendo Antonio de Araújo por perto. E, por último, 3) porque uma vez Padre, Pedro Gonçalves, certamente, cuidava de alguma atividade religiosa, onde pode ter tido contato com a pessoa que estava se habilitando, ou melhor, conversas diárias e semanais com vários habitantes da vila informantes cruciais sobre Antonio de Araújo Barbosa[352].

Outro Eclesiástico apareceu na inquirição de Manuel Carvalho Monteiro, Mercador. Tratava-se do Padre Anselmo Antunes de Faria, sacerdote do Hábito de São Pedro, 39 anos. Tinha conhecido o habilitando, sua esposa e irmãos, pois assistira na Vila das Alagoas por um tempo. Anselmo Faria também contou que morou vizinho aos pais da esposa de Manuel Monteiro e que apesar do patriarca (pai da esposa de Manuel) já ter sido falecido, conhecia bem a mãe. Por ter sido presente na Vila das Alagoas, sua presença na inquirição pode estar relacionada a possíveis conhecimentos de caráter desclassificatório (crimes de alçada religiosa por parte de Manuel, e da família da espoas) dentro do processo da habilitação inquisitorial[353].

Na habilitação de João Francisco Lins, membro dos Vabo, teve-se como entrevistado Lourenço da Camara Lima, presbítero secular, natural da freguesia de São Lourenço de Tipucupapo e morador na Cidade de Olinda, de idade de 47 anos. Não se pode apurar a motivação da presença do tal Eclesiástico como parte da inquirição. Provavelmente, há a hipótese da relação estabelecida a partir de sua ocupação, uma vez que os Comissários do Santo Ofício necessitavam, geralmente, de alguém que considerassem de suma confiança, mas, sobretudo, capaz de comprovar ou desmentir informações já levantadas[354].

Na inquirição de José Inácio de Lima, como Eclesiásticos, foram chamados dois para a inquirição em Porto Calvo. Um deles era Gonçalo Gomes da Cunha, um Clérigo *in moribus* e Lavrador de cana-de-açúcar, com idade de 70 anos. Das informações interessantes, apenas a que conhecia o pai do habilitando (também Lavrador de cana) há mais de 60 anos, o que pode indicar uma relação de pessoas de um mesmo estrato social. O outro agente da fé católica foi o Padre João Gomes de Castro, Sacerdote do Hábito de São Pedro,

---

352 ANTT. TSO. CGSO. Hab. Antonio, Mç. 27 – Doc. 744.

353 ANTT. TSO. CGSO. Hab. Antonio, Mç. 27 – Doc. 744.

354 ANTT. TSO. CGSO. Hab. João. Mç. 166 – Doc. 1421.

natural de Iguasú[?] (ou seria Iguarassú?), morador em Porto Calvo, com idade de 67 anos. Tinha conhecimentos apurados e indicou o nome do Engenho que o habilitando morava: "Engenho Prazeres", situado em Porto Calvo[355].

Domingos de Araújo Lima, Eclesiástico que decidiu se tornar Comissário do Santo Ofício, teve uma pré-inquirição realizada em Recife. Dos cinco entrevistados, todos eram Eclesiásticos. Desses, apenas um não tinha ocupação nos espaços "alagoanos". Sendo ele Francisco Muniz Pereira, Reverendo Deão da Sé de Olinda; dizia-se pessoa "das mais antigas", e conhecia Domingos de Araújo Lima há mais de 20 anos, traçando elogios sobre a linhagem, e qualidades de Pároco. Parte desses elogios foram registrados porque Francisco Muniz Pereira disse ter feito várias visitas ao Bispado de Pernambuco[356], e que em suas visitações nunca ouvira "denúncia de falta, nem ainda leve, do reverendo habilitando"[357].

Dos "alagoanos" entrevistados, têm-se o Licenciado Faustino Velho Pereira, Reverendo Vigário da Alagoas do Sul. Dizia que Domingos de Araújo Lima foi seu freguês e que, por conta das vivências, atribuía em seu depoimento os bons costumes do Eclesiástico. Outro conhecido do habilitando era o Padre Diogo da Costa, coadjutor da Alagoa do Norte que se dizia "vizinho do Reverendo habilitando". O restante apenas confirma o que já foi dito, sendo o Reverendo Antonio Soares, o único que se dizia "natural de Alagoas do Sul". Soma-se a esses nomes o do Padre Bernardo Gomes Correa, Sacerdote do Hábito de São Pedro, já conhecido nas linhas do tópico passado, e que afirmava conhecer o habilitando há sete anos "por amizade"[358].

Por último, e o mais interessante, do processo de Domingos de Araújo Lima, era o Reverendo Padre Bento Guinteiro[?] do Britto[?], que vivia "nas Alagoas" há mais de 12 anos, pessoa conhecida por "ter gênio de saber gerações"[359]. Como não se sabe sua idade, fica difícil identificar se a denominação de gênio dizia respeito à boa memória por causa do tempo, ou se era apenas um bom decorador de gerações por ser Eclesiástico inserido profundamente na vida de seus fiéis.

Seu depoimento pode ter sido utilizado pelo Santo Ofício pelo interesse do Comissário encarregado da inquirição em usufruir de tal "gênio"

---

355 ANTT. TSO. CGSO. Hab. José. Mç. 103 – Doc. 1465.

356 Bispado, nesse caso, não era o prédio institucional, e sim toda a área de jurisdição do Bispado de Pernambuco. Extremamente grande, diga-se de passagem.

357 ANTT. TSO. CGSO. Hab. Domingos. Mç. 19 Doc. 391.

358 ANTT. TSO. CGSO. Hab. Domingos. Mç. 19 Doc. 391.

359 ANTT. TSO. CGSO. Hab. Domingos. Mç. 19 Doc. 391.

na tentativa de cobrir totalmente a averiguação da ausência de qualquer "mancha" no Padre Domingos de Araújo Lima. Ironicamente, o depoente, acometeu-se a falar, exclusivamente, que o habilitando era irmão do Familiar João de Araújo Lima. E como o Comissário encarregado já sabia disso, prosseguiu a inquirição apenas ligando os pontos para retirar toda desconfiança de alguma "mancha de sangue". No limite, seu gênio foi inútil.

Agora se abre um espaço para uma testemunha em especial. Durante as diligências da habilitação de Agostinho Rabelo de Almeida, na Vila das Alagoas, Joana do Espírito Santo, de 81 anos, autodenominada beata foi chamada para entrevista. Uma "mulher que vive com recolhimento, & serve a Deus, com demonstrações de singular virtude"[360]. Uma estratégia interessante, que pode esconder dentro desse universo do cotidiano diversas relações sociais das quais não se tem registros documentais[361], isto é, relações entre párocos e fiéis mais fervorosos que atuariam como braços de apoio na disseminação e consolidação da fé católica e suas regras.

Ser Clérigo, em teoria, garantia uma espécie de aura de honestidade. Analisando os cinco livros das Constituições Primeiras do Arcebispado da Bahia, pode-se ver a preocupação que os Eclesiásticos tinham nos processos de ordenação e disciplina moral e religiosa da sociedade luso-brasileira. Entre vários tópicos (em especial no livro III), retira-se o Título I: Da obrigação que têm os clérigos de viver virtuosa e exemplarmente:

> 438. Quanto é mais levantado e superior o estado dos clérigos que são escolhidos para o divino ministério e celestial Milícia, tanto é maior a obrigação que têm de serem varões espirituais e perfeitos, sendo cada clérigo que se ordena tão modesto e compondo de tal sorte suas ações, que não só na vida e costumes, mas também no vestido, gesto, passos e práticas, tudo neles seja grave e religioso, para que suas ações correspondam ao seu nome e não tenham dignidade sublime e vida disforme, procedimento ilícito e estado santo, ministério de anjos e obras de demônios. 439. Pelo que, conformando-nos com os sagrados cânones e Concílio Tridentino, exortamos e encarregamos muito a todos os clérigos nossos súditos considerem atentamente as obrigações de seu estado e a grande virtude que para ele se requer, atendendo os que forem sacerdotes que, assim como não há coisa mais excelente que o sacerdócio, assim não há mais mi//serável do que cometer um sacerdote qualquer culpa; pois, quanto é de mais alto a queda, tanto é maior a ruína, e não o cumprindo assim, além da estreita conta que Deus lhes há de pedir, serão castigados com as penas dos sagrados cânones e das nossas constituições[362].

---

360 BLUTEAU. 1728, vol. II, p. 76.

361 ANTT. TSO. CGSO. Hab. Agostinho, Mç. 6 – Doc. 89.

362 VIDE, 2010, pp. 311-312.

Não dar informações "extras" não faz o clérigo ser "inútil" para o trabalho, continuando, ainda, como testemunha estratégica. Acrescenta-se a isso uma suposta motivação da escolha dos Comissários encarregados das Inquirições: utilizar os religiosos por conta do contato pessoal e da prática religiosa de escutar problemas sociais em visitações. Foram testemunhas em potencial nas diligências.

3.3.4 Pardos e pardas

Apesar da maioria branca, não devemos ignorar que suas fontes de informações partiam, também, dos escravos ou agregados que estavam excluídos das primeiras dinâmicas de entrevistas (século XVII até segunda metade do século XVIII). Ora, se tais informações advinham de conversas no dia a dia, de quais espaços e relações poderiam vir algumas informações?

Um exemplo disso pode ser visto nos abastecimentos de água das casas coloniais, atividades em que os escravos saíam — para pegar tal bem de consumo indispensável para higiene, cozinha e outras atividades — fazendo da rua um espaço privilegiado de troca de informações, que chegariam aos ouvidos dos senhores ou de outros interessados nas casas-grandes[363]. Outros espaços de extrema sociabilidade foram as vendas e agências, que "também eram palco onde se desenrolava a vida social de boa parcela dos escravos e dos pobres do mundo colonial"[364], podendo algumas serem — e nunca se deve esquecer — bem imóveis dos próprios Mercadores que se habilitaram ao Santo Ofício. Como os escravos não conversavam apenas entre si, é possível imaginar que as conversas chegavam até as casas-grandes de tantas outras famílias e senzalas de outras propriedades e senhores.

Sobre as testemunhas, têm-se pardos escravos e forros que contribuíram para manutenção dos agentes da Inquisição nos territórios da Vila das Alagoas. Volta-se ao caso de José Inácio de Lima, Senhor de Engenho em 1763, cujo avô materno foi acusado informalmente de ter parentesco com "alguns pardos"[365]. A acusação partiu de José Ribeiro da Silva, homem que vivia de suas agências, casado, natural e morador "do lugar do vermelho", freguesia de Ipojuca, "tido e havido por branco", não informando sua idade.

Dos oficiais mecânicos entrevistados, têm-se Antonio Tenório da Silva, casado, oficial carpinteiro, morador e natural da freguesia de Ipojuca,

[363] ALGRANTI, 1997, p. 103.

[364] VENÂNCIO; FURTADO, 2000, p. 105.

[365] ANTT. TSO. CGSO. Hab. José. Mç. 103 – Doc. 1465.

homem pardo, de 76 anos. Surpreendentemente foi o único a se manifestar a favor de Antonio de Freitas da Costa e Leandra Lopes (avós de José Inácio de Lima), informando que "nunca ouviu rumor difamatório" sobre o casal. Ironicamente, um homem de "sangue manchado", de cor "impura", de ocupação com "ofício vil", que, praticamente, pode ter salvado os avós do habilitando da acusação de parentesco com pardos e cristãos-novos feita pelo Capitão Ambrósio Machado da Cunha, casado, branco, de 62 anos, Senhor do Engenho da Guerra, na freguesia de Ipojuca, espaço que era morador.

Os próximos pardos e pardas só aparecerão como testemunhas em 1803-1807, durante as inquirições sobre a vida do homem de mercancia Joaquim Tavares Bastos e sua mulher Ana Felícia de Jesus, moradores da Vila das Alagoas, ele português e ela "alagoana"[366].

Os pardos eram Antônio João Correa, de 58 anos, que vivia do seu ofício de Alfaiate; e Inácio José do Nascimento, casado de 62 anos que vivia de ser procurador de causas nos auditórios da Vila das Alagoas. No círculo feminino, o Santo Ofício entrevistou Luzia de Chaves, solteira, 74 anos, que vivia de suas agências, e Francisca Josefa de Albuquerque, sem indicação de estado religioso (solteira, casada ou viúva), de idade de 65 anos e que vivia de suas agências[367].

Tais indícios das participações dos pardos e pardas como testemunhas ainda são muito circunscritos para que possamos estabelecer hipóteses mais robustas. Três séculos de Inquisição e escravidão podem ajudar a generalizar a qualificação dos escravos em "Alagoas Colonial" eternamente como "coisas", desprovidas de estatuto jurídico e participação ativa na sociedade. Da segunda metade do século XVIII em diante, as relações foram sendo transformadas devido a inúmeros fatores, dentre eles o aumento de densidade demográfica, da miscigenação étnico-racial e da participação desses estratos na vida pública (não confundir com política, *res publica*), fazendo com que o século XVIII e início do XIX experimentassem novos comportamentos e outras relações nas vilas de "Alagoas Colonial".

***

A partir das conclusões prévias esboçadas neste capítulo, os tópicos almejaram mais uma avaliação sobre uma categoria social do que um estudo empírico do funcionamento da Inquisição a nível local. O termo "categoria

[366] ANTT. TSO. CGSO. Hab. Joaquim. Mç. 21 Doc. 262.

[367] ANTT. TSO. CGSO. Hab. Joaquim. Mç. 21 Doc. 262.

social", ao ser utilizado para os Familiares e Comissários do Santo Ofício, deve ser empregado tendo-se em mente que não se propôs, ainda, hipóteses de como eles se enxergavam enquanto agrupamento social coeso pertencente ao Tribunal da Inquisição. Os capítulos, até aqui, fundamentam-se no objetivo de expor uma análise dialética sobre indivíduos sociais e grupos locais, em um sentido "individualista" do termo.

Nos caminhos percorridos, esboçam-se algumas linhas de raciocínio. A primeira é que, além da tão almejada "pureza de sangue", os pretendentes a agente do Santo Ofício se movimentavam para que sua fama fosse "pública e notória". Não se mostravam apenas na rua ou pelos símbolos que recebiam (Hábito e medalha). As estratégias de formação do status precisavam de outros mecanismos e canais de comunicação. Observou-se que os Familiares e Comissários utilizavam dos casamentos como meio de reprodução social e manutenção da casa a que pertencia ou que estavam começando a criar — levando em conta o prisma dos maridos reinóis que se estabeleciam em "Alagoas Colonial".

Outra proposta de análise pode ser considerada quando se insere os Familiares e Comissários no cotidiano da conquista. A partir de uma atitude que pode ser banal, mas que possuía sua importância para a compreensão do "fazer-se" tanto dos naturais da terra, quanto dos reinóis, como de suas respectivas categorias sociais e seus modos de vida (antes de serem agentes da Inquisição): as visitas domiciliares. Poder entrar na casa de certas pessoas — lembre-se que havia homens que se diziam "principais da terra" entre as testemunhas — pode ser pensado como uma ferramenta de poder nas diversas tentativas de angariar prestígio local ao reafirmar e "melhorar" sua lei da nobreza.

Fazer parte de certos círculos de amizade e ter, dentro de sua casa, visitas de pessoas tanto poderosas (para reforçar seu prestígio) como subalternas (para demonstrar seu mando) era de bom grado[368]. Isso é visualizado com a observação dos depoimentos das pessoas que "conversavam" muito com os membros Familiares e que se "hospedavam" na residência. Indicando tanto opulência na moradia — quarto para hóspede ou local pelo menos confortável — quanto proximidade pessoal. Contribui para hipotetizar "Alagoas Colonial" (principalmente nas áreas rurais) como inerente à "cordialidade", aspecto disseminado como comum e culturalmente dos portugueses e "brasileiros", inserido dentro de uma complexa cadeia

[368] ELIAS, 2001, p. 130.

de formação de poder e de status, tendo parte de sua fundamentação na religião Católica, na época da Contrarreforma[369].

Sem amizades, nada de vida social, formações de famílias, arranjos políticos e troca de experiências, uma vez que "[...] a consciência da necessidade de estabelecer relações com os indivíduos circundantes é o começo da consciência de que o homem vive, em geral, dentro de uma sociedade"[370]. Vivência essa que se transforma em *habitus* e que ajuda a criar e recriar modos de conduta e organizações sociais. Ou seja: ação, *práxis*, construção, invenção, conhecimento adquirido de maneira inventiva, a partir de capacidade criadora, tudo relacionado com cultura, símbolos, estruturas, instituições e relações de pessoas entre si. Inseridos, como é de se esperar, em um espaço social em que tais trocas acontecem, de onde vem a influência e o que pretende influenciar. O local material que se parte, sendo o mesmo local que condiciona as atitudes, recortados em tempo, geografia e organização social[371].

Porém não se encerra esse pensamento, exclusivamente, no âmbito do promover-se social. Tem que se ter em mente, sempre, a posição de que os homens estudados nesse trabalho eram agentes da Inquisição de Portugal, não exatamente "espiões"; estavam mais para "policiais", visto que sua fama era pública e, muitas vezes, seus atos não foram feitos em segredo. Simplificando, entrar em casas de outras pessoas se tornava, ao mesmo tempo, atitude de abrir as vivências privadas para que a Inquisição entrasse, podendo observar com acuidade os costumes, as relações e as diversas obras que deveriam ser perseguidas e condenadas pela Inquisição.

Da mesma maneira, sabe-se que os agentes recebiam denúncias e que iam lá investigar. Logo, seus agregados e amizades extracasa faziam parte de seu conjunto de contatos de informações e denúncias inquisitoriais. As pessoas "nobres", ou "principais da vila" (ou até mesmo de condições e categorias mais baixas) poderiam utilizar dessa amizade tanto para "aliviar" perseguições como para demonstrar, por sua vez, poder aos outros corpos sociais da localidade. Se os Familiares e Comissários do Santo Ofício usavam da Inquisição para se mostrarem honrados, limpos e poderosos, não é demasiado perigoso pensar que os amigos e conhecidos desses últimos não tirassem proveito e vantagem de terem esses agentes por perto e como amigos.

369 SKINNER, 1996, pp. 434-435.

370 MARX; ENGELS, 2007, p. 53.

371 BOURDIEU, 2012b, pp. 59-73. THOMPSON, 1998.

No próximo capítulo, observaremos a atuação complementar, tratando de aspectos que foram expostos nas presentes linhas: status, representações e alianças de poder. A partir das análises dos agentes *na* e *para* a sociedade, pretende-se observar como os costumes e a moral influenciavam as ações "seculares" daquelas vidas nos Trópicos. Ou seja, como os agentes do Santo Ofício faziam para manter, reafirmar e perpetuar a imagem de "nobre" que eles se empenharam em construir, fosse em conflitos sociais, pactos de amizade, inserções em outras instituições ou reafirmações de súditos portugueses perante seu monarca.

CAPÍTULO 4

OS PODERES INSTITUCIONAIS ALÉM DA INQUISIÇÃO

No Brasil colonial, foi mais ou menos comum a inserção dos agentes do Santo Ofício em instituições seculares e religiosas locais[372]. Essa inserção, certamente, ia além da necessidade por desenvolvimento social mais dinâmico: considerava, também o angariar cabedais estratégicos, auferir novos privilégios, fortalecedores substanciais para produção, execução e reconhecimento do poder simbólico de um indivíduo. Essa relação entre poder simbólico e as ações políticas locais era fruto do poder advindo da inserção no Tribunal da Inquisição e potencialmente capaz de criar mecanismos para manutenção de uma vida privilegiada no mundo moderno[373].

Os agentes da Inquisição não atuavam unicamente em ações em prol do Tribunal, estavam, antes, inseridos em diversas relações sociais, políticas e administrativas do cotidiano. Daí a importância de, partindo das habilitações aos quadros do Santo Ofício, perceber esses personagens "alagoanos" em suas vivências diversificadas como constantemente buscando formas de exercer poder e garantir reconhecimento.

A procura de outras ações e participações obedecia às dinâmicas locais, alianças sociais, manutenções de status, construções de "nomes", perpetuação das "qualidades" e "prestígios" e, até mesmo, à construção de "memórias" posteriores. Se o Hábito do Santo Ofício "salvava" a "memória passada" do agente, não garantia em nenhum momento a salvaguarda de uma "limpeza" para o futuro, fazendo com que os oficiais perseguissem de outras formas essa perpetuação do poder, sempre mesclado e pensado de acordo com as situações que apareciam. Nesse caso, combinado com as atividades mais "privadas" tratadas no quinto capítulo, agora estar-se-á em ambientes mais "públicos", abarcando um raio de ação e de visão muito maior sobre a ação daqueles agentes habilitados, que poderia, em certos momentos, aglutinar e se representar para uma sociedade como um todo.

---

372 Para Minas Gerais, cf. RODRIGUES, 2011, pp. 207-234. LOPES, 2012, pp. 23-24, 113. Para a Espanha, ver CALAINHO, 2006, p. 89.

373 BETHENCOURT, 1994, p. 259.

4.1 Regimento Militar

As atuações dos membros Militares obedecerão a duas posições nessas linhas: a primeira é a desconfiança de traçar possíveis hipóteses que possam, mais tarde, mostrarem-se equivocadas em relação à pesquisa documental. A saber, três Familiares do Santo Ofício, no momento de seu pedido de habilitação, não eram Militares, sendo eles José Inácio de Lima (Senhor de Engenho), André de Lemos Ribeiro (Comerciante) e José Lins do Vabo (Comerciante). Contudo, em outros documentos analisados é que se pôde hipotetizar a ligação entre o nome e a patente dada. No caso de José Inácio de Lima, utilizou-se o AHU-AL, verificando a data e a localidade, mas sendo uma argumentação ainda para se concretizar[374]. André de Lemos Ribeiro teve sua charada desvendada com a participação em uma denúncia à Inquisição, pois se apresentava como "Capitão Mayor", "que vive de seus negócios" e "Familiar do Santo Ofício", em 1778 (vide mais adiante, subtópico da Igreja de Nossa Senhora das Correntes). Já José Lins do Vabo se identificou como Tenente-Coronel em decorrência de uma sociedade de cunho econômico com outro luso-brasileiro (vide Capítulo 5 – tópico mercancia).

Os outros dois Militares já são conhecidos, sendo eles João de Araújo Lima (Capitão de Infantaria da Ordenança e Senhor de Engenho) e Francisco José Alves de Barros (Capitão de Ordenanças). Não há, atualmente, nenhum documento que evidencie ações políticas ou sociais desses cinco Militares. E, a partir daí, a segunda posição metodológica é iniciar com uma base teórico-estruturalista em relação a suas ocupações[375] para só em seguida tentar identificar aspectos mais concretos.

Nesse caso, o melhor guia para se utilizar é o conjunto organizado por Graça Salgado, pois se podem ver as funções que deveriam ser dadas aos Capitães de Ordenanças na América portuguesa — cargo em comum entre José Inácio de Lima, André de Lemos Ribeiro, João de Araújo Lima e Francisco José Alves de Barros. Em termos de hierarquia, que é o que nos interessa, o posto de Capitão-mor possuía significado interessante para uma pessoa que almejava o uso de poder de mando, arbitrário e/ou simbólico:

---

[374] AHU. Al. Av. Doc. 286.

[375] Para exemplificar essa ideia estruturalista de condicionamento das atividades do sujeito a partir do espaço social em que ele ocupa, cito uma passagem de Louis Althusser: "Diremos portanto, considerando apenas um sujeito (tal indivíduo), que a existência das ideias da sua crença é material, porque as suas ideias são actos materiais inseridos em práticas materiais, reguladas por rituais materiais que são também definidos pelo aparelho ideológico material de que relevam as ideias desse sujeito". ALTHUSSER, 1974, pp. 88-89.

> 1) Saber o número de habitantes em seu termo que são obrigados a ter armas. 2) Repartir os habitantes em esquadras de 25 homens para serem comandados por um Capitão de Companhia. 3) Eleger, junto com os Oficiais da Câmara, os Capitães de Companhia. 4) Fazer exercitar a "gente a cavalo" de cada vila, assim como a "gente a pé". 5) Degredar da vila e aplicar penas a quem for insubordinado dentro do serviço Militar, aplicar também penas pecuniárias, e em caso máximo o degredo para África. 6) Ouvir as reclamações de seus subordinados e decidir o que se acha justo. 7) Promover a escolha de vigias, nos lugares próximos ao mar[376].

O Capitão deveria atuar em conjunto com os oficiais do Senado da Câmara da vila que estivesse assentado, o que se tornaria um ótimo mecanismo de reprodução de alianças políticas e sociais dentro dos regimentos. A procura desse cargo, por parte dos habilitados e habilitandos do Santo Ofício, expõe muito bem a estratégia baseada em adquirir diferentes maneiras de angariar facilidades políticas e, quem sabe, ganhos econômicos. Como o ofício de Familiar era vitalício, a união de duas ocupações de prestígio, honra e repressão poderia vir bem a calhar para usufruir durante a vida.

O posto de Tenente, que José Lins do Vabo detinha, foi criado em 29 de agosto de 1645. Seu órgão era da Tropa das Fronteiras, e tinha apenas duas atribuições: "1) Estar presente durante a mostra de seu terço de cavalaria e verificar o estado das armas e montarias, aplicando penas, caso constate alguma irregularidade. 2) Servir, se necessário, em duas praças, recebendo dois soldos (um como tenente-general da cavalaria e outro como capitão-de-clavinas)"[377].

Não se arrisca mais alguns apontamentos sobre "poder", só porque o discurso indica "estar presente" ou "aplicar penas". A questão do soldo, no entanto, pode nos dizer muito, visto que os Militares recebem apenas privilégios, sem pagamentos. José Lins do Vabo tinha seus negócios e recebia soldo, se possível. Importante salientar que seu pai, Gonçalo Luís do Vabo foi Tenente Coronel, o que ajuda a pensar sobre essa passagem de cargo dentro da família. Sua admissão em um cargo Militar e no Santo Ofício pode ter sido um mecanismo de peso considerado num processo de expansão de raios do poder de pai e filho.

Assim, distingue-se a importância do cargo de Capitão mor das Ordenanças (e Capitão de Ordenança), pois se tratava de uma atividade que criava uma vantagem dupla ao indivíduo inerente. Agradava o monarca, os agentes administrativos e a "população" das localidades, ao mesmo tempo que levava os senhores e poderosos dos espaços a se alistarem nos comandos Militares, em

[376] SALGADO (coord.), 1985, pp. 164-165.

[377] SALGADO (coord.), 1985, p. 307.

nome de auferir lucros simbólicos, materiais e exercerem poder de mando, vez ou outra trazendo para si benefícios[378]. Sobretudo, "na zona rural, o governo estava frequentemente nas mãos de oficiais graduados da Milícia, que desempenhavam funções paramilitares como policiais, cobradores de impostos e, eventualmente, agentes do recenseamento"[379]. Os corpos de ordenança, com seus respectivos poderes, não raro, serviam aos governos locais como principais catalisadores de uma violência em nome da manutenção da ordem na sociedade[380]. Os Capitães-mores, constantemente, eram vistos como "os responsáveis pelos abusos sobre colonos a seu comando e, mais importante, exercem completo domínio sobre os colonos livres e pobres de sua jurisdição, tanto quanto sobre seus próprios e agregados"[381].

Por último, cabe lembrar que os corpos de ordenança constavam de oficiais à paisana, armados, "seu efetivo era formado pelos moradores locais não arrolados na Milícia, que permaneciam em suas atividades particulares, sendo mobilizados apenas e somente eram mobilizados em caso de perturbação da ordem pública"[382]. Atentar tais pormenores ajuda a pensar nessa junção entre a ação-Militar e a ação-inquisitorial. Pois o Familiar-Militar assumiria duas prerrogativas: a defesa e a católica; e um mesmo meio: os residentes na conquista. Afinal, ser agente da Inquisição, a princípio, significava agir em "segredo", unir essa atitude de "paisana" com o ofício de Capitão de Ordenança aperfeiçoava seu poder de mando e violência quando ambos podiam ser automaticamente ativados.

4.2 Câmara Municipal

A despeito do termo "colonização", invocar as ideias de exploração, violência, subjugação etc., não devemos nos esquecer que, para manter um mínimo de controle, toda metrópole deveria ter em seus espaços conquistados instituições que garantissem sua administração política e manutenção do elo com o centro do Império.

Comumente a Instituição mais apropriada para criar esse canal entre "periferia-centro" era a Câmara Municipal, tornando-se, por conseguinte, o ato daquele indivíduo em uma ação política. Neste presente tópico já se

[378] SILVA, 2001, pp. 78-79.

[379] SCHWARTZ, 2008, p. 419.

[380] IZECKSOHN, 2014, p. 487.

[381] SILVA, 2001, p. 92.

[382] IZECKSOHN, 2014, p. 493, interessante conferir o "Quadro 1": *Ibidem*, pp. 495-496.

emoldura o espaço da Câmara Municipal não como Instituição "neutra", mas como uma criação com corpo próprio (os senadores, ou, "Câmara, Nobreza, Clero e Povo"). Na história de "Alagoas Colonial" houve casos da Câmara "se representar" como vontade homogênea do "Clero, Nobreza e Povo" dos habitantes locais na defesa de seus interesses. Em algumas situações desse mote, os Familiares e os Comissários do Santo Ofício locais se fizeram presentes para assinar a documentação e ajudar no discurso dos documentos escritos. Mas não de maneira individualista, como foi visto até agora, a partir dos tópicos anteriores — onde cada agente utilizava apenas de seu próprio Estado para se representar perante outro. Nesta ocasião, estar-se-á diante de um Santo Ofício diluído na política local, dentro da Câmara Municipal, não necessariamente intrometido nos assuntos inquisitoriais, mas político e de importância nas vivências sociais do cotidiano da vila e seus arredores.

O canal de transmissão entre as Câmaras Municipais e os órgãos do Reino se apresentava como o espaço primordial desse intercâmbio de reclamações, alianças, pactos, acordos e súplicas. O significado de estar na Câmara Municipal perpassava desde a obtenção do reconhecimento da Monarquia Lusa até a atenção dos corpos periféricos da sociedade local, que poderia ver naquele súdito alguém que lutava pelos interesses do "bem comum" da sociedade (isto é, branca, cristã-velha, "rica" e escravista). Não obstante, essa participação nos Conselhos municipais fazia de seus integrantes pessoas bem consideradas na comunidade lusitana, criando e fazendo perpetuar sua aura de "nobre" e de "honra": "os mais honrados, os principais, os cidadãos que andavam na governança da terra, dispunham de um mando efectivo e acatado"[383].

Como já se foi claro no início deste tópico, pretende-se observar a Câmara atuando em um sentido relativamente "homogêneo". Não como uma via de comunicação utilizada por pessoas individuais, mas como uma Instituição com características próprias e que, em seus quadros internos, sabiam como utilizar e fazer valer as vontades, usando a Câmara como um espaço corporativo *vivo*, mediante a união dos corpos em prol de um objetivo comum. Faz-se uma ponte com uma afirmação bem propícia para o tópico: "De um lado o rei, do outro as Câmaras. Nada mais. E, principalmente, nada de mediações"[384].

Em "Alagoas Colonial", verifica-se, tardiamente, a participação de agentes do Santo Ofício na Câmara Municipal. A motivação das possíveis "não participações" nas Câmaras Municipais não deve ser interpretada por

---

[383] MAGALHÃES, 1993, p. 495.

[384] MAGALHÃES, 2011, p. 124.

nós, historiadores, como uma falta de "consciência política" por parte dos agentes do Santo Ofício, sendo mais provável a ausência de ocorrências pelo quesito da precariedade das fontes (perdas, divisões, salvaguardas em arquivos diferentes e ainda não catalogados etc.)[385].

Comecemos com um acontecimento relativamente banal. Em 21 de julho de 1798, o governador de Pernambuco, D. Thomás, enviava carta para o Ouvidor das Alagoas, para que as Câmaras atendessem a um pedido do Bispo de Pernambuco. O Eclesiástico pedia que toda pessoa acima de 12 anos contribuísse anualmente com 10 ou 20 réis para o sustento dos estudantes seminaristas pobres e pessoas da regência e serviço do Seminário que iria ser estabelecido na Diocese [de Recife(?)] para a educação da "mocidade".

A resposta da Câmara veio no dia 30 de outubro de 1798. No documento, constava que a "Câmara, Nobreza e Povo" daquela vila: "Todos unanimemente convieram que era muito justo, pio e louvável o estabelecimento do Seminário que se pretendia estabelecer e que portanto estarão prontos para contribuir anualmente [...]". Entretanto o contributo deveria ser amaciado. Os "senadores, nobres e povo" alegavam que a maior parte dos habitantes da vila era pobre e pediam para contribuir apenas com 10 réis anualmente. Provavelmente porque planejavam enviar filhos e parentes para estudar em tal seminário. Alegavam pobreza para serem custeados pelo maior número de pessoas possível. Dentre os que assinaram o documento, identifica-se João de Bastos, Comerciante natural de Portugal[386]. Provavelmente já familiarizado com a população local e com confiança o suficiente para o envolvimento com os assuntos da "Câmara, Nobreza e Povo". Não se pretende arriscar, aqui, em qual categoria estaria o Comerciante luso, mas uma avaliação é certa: ter um Comerciante para avaliar assuntos sobre cabedais da população e novos donativos vinha bem a calhar. Com tais atividades, João de Bastos já começava a galgar alguns contatos e uma dinâmica diferenciada na Vila das Alagoas, pois era solteiro, enquanto, em 1810, assumia já a posição de Familiar do Santo Ofício e casado.

---

385 Tem-se apenas um livro da Câmara da Vila das Alagoas conservado no IHGAL, que abarca meados do século XVII até seu final, trabalhados por CURVELO, 2014. No mesmo Instituto, há um livro de cópias que contempla o final do século XVIII e início do XIX (vide próxima nota de rodapé). No AHU, muito se tem, mas nada em que apareçam os agentes do Santo Ofício como protagonistas. Isso, portanto, não exclui a participação deles em atos camarários.

386 IHGAL. 00043-02-01-09. Vila das Alagoas. Atos oficiais relativos a antiguidade desta Vila. 1756, documento 4. No primeiro e segundo fólios da documentação, há um aviso: "Cópias authenticas de diversos actos officiaes relativas à antiguidade da Villa das Alagoas – 1756-1823[?]", fl. 1. "Instituto Archeologico de Alagoas / Archivo / Copias relativas a antiguidade da Villa das Alagoas 1756-1800 / oferecimento de João Francisco Dias Cabral, 1871", fl. 2. Na documentação (manuscrita) por João Francisco Dias Cabral, o caderno não obedece a data inicial de 1756, e sim 1798, sendo tratado o primeiro documento como "Doc. 1". O que foi analisado agora é o "Doc. 4".

Do mesmo modo, seu irmão, Joaquim Tavares Bastos, dava seu contributo em outros assuntos. Assinou na Vila das Alagoas um documento, em 17 de março de 1809, da "Câmara, Clero e Povo" da vila, pedindo a urgência nos despachos de Dom João VI para se criar um Juiz de Fora na Vila das Alagoas. Esse pedido antigo, estava ativo desde, pelo menos, 7 de agosto de 1802, quando, em consulta, sob o argumento do aumento da população e da riqueza de muitas vilas, considerava-se indispensável a criação de novos cargos de Juiz de Fora[387].

Um momento de promover-se social dos agentes da Inquisição ocorreu em 11 de fevereiro de 1822, quando Joaquim Tavares Bastos entregou a sua carta de Familiar do Santo Ofício para ser copiada no Livro da Câmara da Vila das Alagoas. "Estará o selo do Santo Ofício em uma caixa de Jacarandá pendente de uma fita verde"[388]. Ora, a Inquisição foi fechada em 1821, e só agora o Comerciante luso entregava tal carta para ser copiada. O que pretendia com aquilo? Demonstrar a todos quem ele era, já que a Inquisição não existia mais? Perpetuar seu caráter "distinto" escrevendo na Câmara da Vila das Alagoas um antigo ofício seu? Não se tem mais fontes para tentar responder a tais perguntas, pois as datas intrigam os questionamentos, sendo arriscado formular mais hipóteses. A curiosidade reside no fato de que Joaquim Tavares de Basto foi o único a entregar o "comprovante" de agente da Inquisição e não seu irmão, João de Basto, e, muito menos, o Capitão Francisco José Alves de Barros, que recebeu sua habilitação de Familiar em 1820[389].

Saindo da Vila das Alagoas, voltando um pouco no tempo e mudando de espaço, visualizamos o caso de Penedo do Rio de São Francisco. Como se viu no Capítulo 2, André de Lemos Ribeiro, Comerciante que chegou em Penedo com aproximadamente 17-18 anos, habilitou-se Familiar do Santo Ofício com 32-34 anos de idade. O importante a ressaltar é que antes de ser Familiar, foi Almotacé e Vereador da Câmara da Vila de Penedo. Infelizmente não se tem nenhum documento da Câmara com a assinatura de André de

[387] Não deixa de ser mais ou menos "cômico" que quando o assunto era a contribuição ao Seminário, todo mundo se dizer pobre. Quando o assunto era receber um favor do Rei, todos se diziam ricos. O curioso é que em 1814, o Ouvidor da Comarca das Alagoas, Antonio Batalha, coloca que a Vila de Penedo, mesmo sendo pobre, é que necessitaria de um Juiz de Fora; já a Vila das Alagoas, que era muito "decaída", "não precisa [de] Juiz de Fora", IHGB. Man. Lt. 21. Pst. 15. Notas Corográficas sobre a Comarca das Alagoas em 1814, fl. 4.

[388] IHGAL. 00043-02-01-09. Vila das Alagoas. Atos oficiais relativos a antiguidade desta Vila. 1756, documento 42.

[389] Em Minas Gerais, Luiz Lopes demonstrou que os Familiares iam à Câmara Municipal registrar sua patente de Familiar. Uma de suas hipóteses é acerca dos privilégios que poderiam receber como agentes do Santo Ofício (isenção de impostos, o mais visado pelos Comerciantes), LOPES, 2012, p. 113.

Lemos Ribeiro, impedindo de alguma leitura mais aprofundada sobre sua dinâmica nos quadros administrativos e sociais da vila.

No que tange às normas e atribuições que lhes eram competentes[390], dá-se a entender que o cargo de Almotacé podia proporcionar a André de Lemos Ribeiro, uma boa oportunidade para "conhecer" e começar a criar "conhecimento" de si mesmo na sociedade que atuava. Desempenhava, assim, o papel de agente de fiscalização econômica e observava a justiça local, ajudando a conter conflitos entre a população de acordo com sua incumbência (relacionado aos preços). "Por um lado, exerciam a ação fiscalizadora e punitiva, por outro lado, estavam mais próximos dos moradores e traduziam suas insatisfações, o que fica bem nítido nos processos de audiências e correições de almotaçaria [...]"[391].

Trocando em miúdos, reafirmava sua condição como pessoa importante e reforçava as normas e os costumes de Antigo Regime nos espaços "alagoanos" na margem do Rio de São Francisco. Todavia, o cargo não pertencia aos altos escalões da governança: os de Juiz Ordinário, Vereador e Procurador. O que não deve ser subestimado ou tratado como inferior, uma vez que "o cargo de Almotacé representava, para a elite ultramarina, uma das poucas oportunidades de acrescentamento social disponíveis à uma sociedade de hierarquias costumeiras"[392]. Nessa linha de raciocínio, o posto de Almotacé representava, certamente, uma forma de alcançar ou desenvolver relativa "honra" e, daí galgar degraus até se tornar Vereador constituiria um caminho bem articulado a partir das dinâmicas do Comerciante reinol[393].

Do cargo de Vereador — o segundo mais importante da Câmara, fazendo parte do grupo dos "homens bons", entre os Juízes Ordinários e os Procuradores — há de se considerar o encaixe temporal inerente, já que

---

[390] O Almotacé era eleito mensalmente pela Câmara da vila e possuía as atribuições seguintes: "**1)** Fiscalizar o abastecimento de víveres para a localidade, fazendo cumprir as determinações do Concelho. **2)** Processar as penas pecuniárias impostas pela Câmara aos moradores. **3)** Despachar rapidamente os feitos, sem grandes processos nem escrituras. **4)** Dar apelação e agravo para os juízes de qualquer feito que despachar. **5)** Repartir a carne dos açougues entre os moradores do lugar. **6)** Aferir mensalmente, com o escrivão da Almotaçaria, os pesos e medidas. **7)** Cuidar para que os profissionais de ofício guardem as determinações do Concelho. **8)** Zelar pela limpeza da vila ou cidade. **9)** Fiscalizar as obras". SALGADO (coord.), 1985, pp. 134-135.

[391] CHAVES, 2012, p. 237.

[392] CURVELO, 2013, p. 86.

[393] Arthur Curvelo demonstrou em suas pesquisas de mestrado que boa parte dos Almotacés da Câmara da Vila das Alagoas, na metade do século XVII (1667-1681), auferiram o cargo de Vereador, pois ambos davam ao seu oficial um status maior de honra e prestígio na localidade no fazer-se "homem bom", CURVELO, 2014, pp. 78-79, 85-89. Apesar da disparidade temporal e geográfica (praticamente um século de diferença e vilas de dinâmicas distintas), pode-se imaginar esse "costume" podendo ser comum nas vilas "alagoanas", fazendo a ressalva de que André de Lemos Ribeiro era reinol e Comerciante.

André de Lemos Ribeiro não se tornou Familiar do Santo Ofício quando usufruía do ofício em questão. Não se pode deixar de ter em mente que se tratava de um membro de fora da comunidade, um Comerciante reinol advindo do centro de Pernambuco, tendo uma espécie de "padrinho" para lhe garantir os contatos e as vivências no cotidiano. Logo, para apreensão da criação de um poder de mando imediato de André de Lemos no início de sua vida penedense, a hipótese do desenvolvimento de alianças, por meio da ocupação do lugar de vereador, aparece como base substancial — certamente, influenciadores em sua vida *a posteriori* como Militar, Familiar do Santo Ofício, membro da Irmandade de São Gonçalo Garcia dos Homens Pardos, Irmão da Irmandade do Santíssimo Sacramento e "patrono" da Igreja de Nossa Senhora das Correntes.

Muitos dos atributos de Vereador[394] podem ser assimilados em suas compatibilidades com as ações e a experiência mercantil de André de Lemos (quem sabe uma influência a partir de convivências em Recife[395]), enquanto outros com certeza contribuem a traçar as construções e dinamizações de amizades e círculos de poder.

No campo do "mostrar-se" (a imagem teatral e barroca lembrada por Sônia Siqueira), o oficial (como o Vereador) comparecia a cerimônias e procissões, ocupando lugar de destaque, "seja ao caminhar à frente da multidão, seja por carregar as imagens de santos e outros artefatos simbólicos"[396]. Tais movimentos simbólicos faziam parte da manutenção da "harmonia social" e da reprodução das categorias privilegiadas, em detrimento das que estavam subordinadas a ela. As procissões de *Corpus Christi*[397], por exemplo,

---

394 Das várias atribuições do vereador, tem-se: "**1)** Zelar por todo o regimento das obras do Concelho e da terra, bem como por tudo o que puder beneficiá-la e aos seus moradores. **2)** Fiscalizar a atuação dos juízes no cumprimento da justiça. **3)** Avaliar o estado dos bens da municipalidade, tomando as devidas providências. **4)** Fiscalizar as contas do procurador e do tesoureiro do Concelho. **5)** Designar, com os juízes, o carcereiro da municipalidade. **6)** Despachar na Câmara e com os juízes os feitos das injúrias verbais e de pequenos furtos, sem dar apelação. **7)** Taxar os ordenados dos oficiais da municipalidade e determinar os preços de certos produtos. **8)** Zelar pelo cumprimento das tarefas atribuídas aos oficiais da municipalidade. **9)** Pôr em pregão todas as rendas do Concelho e contratar com os rendeiros, recebendo as fianças. **10)** Administrar os bens do Concelho. **11)** Taxar os ordenados de oficiais mecânicos, jornaleiros, moços e moças de soldada e determinar os preços de louças, calçados e outras Mercadorias. **12)** Lançar fintas, consultado o corregedor da Comarca (Ouvidor). **13)** Eleger a cada ano, juntamente com os juízes e o procurador do Concelho, os recebedores das sisas. **14)** Despachar, na Câmara, com os juízes, os feitos provenientes dos almotacés, de quantias entre seiscentos e seis mil-réis, sem apelação e agravo. **15)** Participar da escolha do juiz de vintena". SALGADO (coord.), 1985, pp. 132-133.

395 SOUZA, 2012, p. 221.

396 CURVELO, 2013, pp. 77-78.

397 A procissão de *Corpus Christi* poderia ser caracterizada, grosso modo, "(...) por aproximar a grandeza religiosa à régia por meio da associação entre a mitologia solar eucarística e o monarca, o rei-sol". SANTIAGO, 2001,

sintetizavam um dos mais importantes momentos para fazer valer esses objetivos do "promover-se social". E nisso "a sociedade mostra-se arrumada na forma ideal. Sem confusões possíveis"[398].

Cabia à Câmara Municipal os gastos com a festa e a procissão. A concepção do envolvimento direto de seus membros nesses momentos sumamente religiosos representativos, serve para problematização do percurso que os habitantes em "Alagoas Colonial" seguiam para se tornarem leais súditos do Rei de Portugal.

Porém nem sempre as festas poderiam acontecer com toda a pompa, fosse por falta de rendas na Câmara Municipal, pela má vontade dos residentes da vila ou entreveros de outras naturezas na dinâmica social local. Foi o que aconteceu em um dos anos da administração do Ouvidor Manuel de Almeida Matoso, entre 1724 (quando mandou prender o Ouvidor João Vilela do Amaral) e 1725 (quando perde seu cargo). O Ouvidor, que também era Familiar do Santo Ofício, junto com o Capitão-mor Bento da Rocha Maurício Wanderley, que havia sido Juiz Ordinário da Câmara da vila, convocava a população da Vila das Alagoas (Santa Maria Madalena, São Miguel e Santa Luzia do Norte), pelo menos "uma pessoa de cada casa" para participarem da procissão do Corpo de Deus (*Corpus Christi*).

Os habitantes locais, de acordo com as falas de terceiros, tinham falta de devoção, pois ninguém queria ir para as procissões, somando com as dos Santos e a de Nossa Senhora da Conceição. Chegando ao cúmulo de até mesmo os Irmãos (supõe-se das Confrarias locais) "faltavam e não havia quem pegasse nas varas do Palco [e] nem levasse a cera". Bento da Rocha, junto com os outros oficiais da Câmara, tiveram que apelar junto ao Ouvidor da Comarca, pois viam nos residentes da Vila das Alagoas um povo "[...] com falta de caridade[?] e piedade e erigem". Sendo necessária a justiça secular notifica-los a carregarem os andares dos santos, bem como a acompanharem o sagrado viático para se dar cura aos pobres que participavam, havendo aqueles que não pagavam nem pela cera utilizada, sendo ameaçados de prisão pelo Ouvidor. Para carimbar tal situação, "os dois reverendos" da localidade zombavam de tais soluções pensadas pelo Capitão-Juiz e Ouvidor-Familiar. Outras testemunhas diziam que o Pároco chamado por Matoso era comumente enxotado da procissão[399].

---

p. 489. "(...) era uma festa real, cujo enquadramento era fornecido pela Câmara e, por isso, tendia a elaborar a *unidade* do reino português" (SANTOS, 2001, p. 54). Grifo da autora.

[398] MAGALHÃES, 1993, pp. 496-497.

[399] AHU. Al. Av. Doc. 63, em especial, fls. 12 em diante. Agradeço à Karolline Campos, pela indicação documental, ajudando-me a encontrar pistas sobre as processões nas vilas "alagoanas".

Apesar de não serem nomeados, pode-se imaginar que os dois reverendos eram o Padre Domingos de Araújo Lima, o Comissário do Santo Ofício, e Frei Manoel da Ressurreição. Ambos inimigos de Manuel Matoso, que se sentia ofendido por estarem sempre em praça pública rechaçando sua administração, caçoando de suas atividades e lhe fazendo sátiras. Esse acontecimento é interessante para ser considerado e observado diante da exposição apresentada anteriormente sobre a probabilidade de haver uma "fiscalização" maior dessas Procissões, sobretudo, quando da presença de algum agente do Santo Ofício nelas.

A experiência contribui, ainda, para a percepção de conflitos com doses de interesses pessoais. Na administração do Ouvidor Vilela do Amaral (anterior a Matoso), o Padre Domingos de Araújo Lima era tratado como seu "parcial", sendo acusado de enriquecimento ilícito — a acusação referia-se a um pagamento realizado pelo magistrado com uma quantia "roubada" do Juiz dos Órfãos e Ausentes, não havendo nenhuma colocação sobre sua participação em Procissões. Anos depois, Manuel de Almeida Matoso, como Ouvidor da Comarca e Familiar do Santo Ofício, convocou a procissão de *Corpus Christi* na localidade alegando falta de fé e devoção do povo, afirmando que se tratava de uma procissão Real, ou seja, de respeito ao seu Monarca, que estava no Reino de Portugal.

Domingos de Araújo Lima, ao ver o Ouvidor Matoso convocar e ameaçar de prisão quem não participasse, partiu para as sátiras e "zombações". Daí questiona-se: será que se sentiu-se ofendido por ver outro agente do Santo Ofício tomando as rédeas da situação religiosa da localidade e, provavelmente, acusando de má administração os Eclesiásticos responsáveis?

A impossibilidade de averiguar com precisão a origem do desentendimento entre os familiares — a inimizade advinha da proximidade de Domingos e Vilela ou de outros fatores? — nos leva a focar em outras interrogativas derivadas das possíveis relações entre membros de um mesmo quadro institucional significativo. As farpas trocadas entre dois agentes da Inquisição (um Familiar e um Comissário) são sintomáticas para a compreensão que mesmo em compartilhando formas de pensar e se portar, os indivíduos estavam sujeitos a incompatibilidades determinantes. Dentre as possíveis causas da não associação de Domingos de Araújo a um agente do Santo Ofício tão "importante" estão: 1) a ideia de concorrência que pode ter sido ativada no sentido de representatividade e não necessariamente de ação; 2) falta de concordância diante das formas de agir perante situações interessantes ou não para o Tribunal da Santa Inquisição; 3) a distância da posição social gozada por ambos.

Desse último ponto, inclusive, alerta-se a sua potencialidade de estar relativo ao desafeto mesmo que ele tenha tido origem pela dificuldade de terceiros — ou seja, supondo que a intriga tenha se iniciado pelos conflitos entre os dois ouvidores concorrentes, mesmo assim, a distância de posição social entre os agentes do Santo Ofício por si só pode ter acarretado o verniz final para a explosão da malquerença entre os dois homens. Um, por ser Comissário (Domingos), poderia se ver em posição superior a Matoso (que, por sua vez, era Familiar), e decidiu tomar as rédeas da situação em relação às procissões.

Verificar os Familiares e Comissários do Santo Ofício em atividades políticas a nível local não é afirmar que a Inquisição objetivava adentrar em todas as instituições da sociedade colonial. Nos ramos sociais sim, mas em relação às instituições é algo para se problematizar. Essa metodologia ajuda a pensar que um agente do Santo Ofício, antes de ser propriamente um policial inquisitorial, era um súdito português, dotado de vontades políticas, vivendo em um território inóspito, com preconceitos de ofícios/cargos e racismo exacerbados, e que via, em muitas pessoas, possíveis inimizades ou dificuldades para a boa vivência nos Trópicos, considerando o exercício constante da busca pela verificação e manutenção da concepção cristã daquela sociedade.

Em breve, observar-se-á vários casos em que os Familiares utilizaram da Câmara Municipal para (não só individualmente) satisfazer seus interesses. Esse tópico precisou de uma avaliação mais centrada na Câmara e seus estatutos e regimentos, bem como nas possibilidades de ação a partir deles. Agora tratar-se-á de esboçar esses Agentes angariando algum cargo na Instituição. Lembremos, uma vez mais, que João de Bastos, Joaquim Tavares de Bastos e André de Lemos Ribeiro, não eram agentes do Santo Ofício quando participaram das atividades da Câmara Municipal. O que nos faz realçar o grau de importância relativo à proposta deste trabalho e que tais objetivos proporcionam no que diz respeito à visualização do cargo do Santo Ofício, muitas vezes, como uma ação "inicial" para se adentrar nos círculos mais "prestigiosos" da localidade, e que só depois se tornou um degrau intermediário para galgar uma representação de "homem nobre" na decorrência que o século vai avançando.

4.3 Igreja, Ordens Terceiras e Irmandade

"Quem não está na Câmara está na Misericórdia". Esse é o ditado alentejano mais citado para se começar a descrever a analisar socialmente a Câmara Municipal (ver-se-á mais adiante). Saiamos da questão da *Res Publica* e entremos nos ambientes religiosos. No caso de "Alagoas Colonial", não existiram até parte do século XIX. Especial atenção será dada a uma Igreja: Nossa Senhora das Correntes, em Penedo; duas Ordens: a Terceira do Carmo, e o Convento de São Francisco, na "Vila das Alagoas"; e a Irmandade de São Gonçalo Garcia, da Vila do Penedo.

Em termos de estatuto e ações direcionadas, havia diferenças entre as Misericórdias (para os pobres e necessitados), e as Confrarias, Irmandades de Ordens Terceiras (muitas vezes para os próprios membros e seus familiares). Nesse ínterim existiam os estabelecimentos de limpeza de sangue e raça, além das diferenciações de Irmandades apenas para brancos, pardos ou negros, fossem forros ou escravos[400]. A procura de status social era um dos pontos motivadores para essas pessoas que se estabeleciam em tais instituições, principalmente para os brancos, vivendo numa sociedade escravista e altamente miscigenada[401]. Sobre as Confrarias, vale dizer que "elas garantiam uma continuidade que os governadores, os bispos e os magistrados transitórios não podiam assegurar"; principalmente, nos quesitos não mais administrativos e de governo, e sim de reproduções hierárquicas, religiosas e estratificações sociais. Essas posições sociais podem advir desde cargos dentro das instituições até dos próprios regimentos e ideais do aparelho.

Nesse ínterim, "os preconceitos sociais dos irmãos impediam o desenvolvimento de um espírito de caridade baseado na ideia de serviço ao próximo; a plena participação da Confraria na sociedade escravagista entrava em contradição com o próprio espírito de misericórdia"[402]. Contradição que foi bem aproveitada por colonos de uma "nobreza da terra", principalmente, se pudessem ser feitas analogias com trabalhos manuais ou comuns aos escravos: recusas em servirem cargos rotativos, cargos de comprador, transporte de objetos como a esquife, tochas de procissão e bacia de peditórios para presos[403].

[400] BOXER, 2002, pp. 286-307.

[401] RUSSEL-WOOD, 1981, pp. 1-17, 20-32, 89-110.

[402] SÁ, 1998c, p. 280.

[403] "Emanuel Araújo chamou a atenção para o preconceito relativo a circular em público com as mãos ocupadas, numa época em que mesmo os brancos mais humildes possuíam escravos. Ou seja, numa sociedade em que, a acrescentar ao desprezo pelo trabalho braçal existente no Antigo Regime, havia escravos para executar todas as tarefas que requeriam esforço físico, não é de se espantar que os irmãos da misericórdia considerassem humilhante

Existia Confraria para todos, mas é importante fixar que algumas pertenceram apenas às elites, que faziam questão dessa exclusividade. Na América portuguesa, houve as Confrarias e Irmandades para negros e mulatos, fossem escravos ou forros, o que garantia a eles o que poderia ser chamado de "sopro de liberdade" e até mesmo espaço de barganha e negociação com os diversos corpos brancos e/ou opressores nos espaços locais[404], dando aos negros e mulatos um grau de protagonismo social, inclusive "facultavam-lhes a identidade coletiva", mesmo que isso significasse uma cristianização dos negros que, muitas vezes, tinha caráter sincrético, mas que para os brancos a missão seria minar as religiões propriamente africanas[405].

Comumente citado, os exemplos de Minas Gerais demonstram que os Familiares adentraram nas Ordens Terceiras. Instituições importantes na configuração social dos espaços mineiros[406]. Sobre as ideias de estratificação social, foi mapeado que 32 agentes faziam parte de alguma Irmandade de Ordem Terceira para brancos e com caracteres de "limpeza de sangue". Tal como será visto neste trabalho, tirando o pequeno intervalo de tempo entre uma admissão e outra (irmão de Irmandade e carta do Santo Ofício), as entradas foram coincidentes nos recortes temporais, o que mostra que a procura de distinção social no âmbito religioso inquisitorial e leigo andavam praticamente juntas[407].

4.3.1 Ordem de São Francisco

A fundação do Convento de São Francisco[408] começou como um recolhimento de palha, em 1635, "transformado em casa regular em 1662". Foi apenas no século XVIII que o Convento tomou força, em 1716, quando Joana Galvoa[?], mulher de João Rabelo Leite, junto com seu filho e genro, utilizaram a doação de 2 mil cruzados doados pelo Capitão João de Araújo Lima e seu irmão, o Padre Domingos de Araújo, para a construção de uma Capela feita por eles no Convento no ano de 1709[409]. Nesse ato, assinaram

---

carregar uma bacia de esmolas ou mesmo uma tocha na procissão. O problema residia na exigência da Confraria em não permitir que os escravos carregassem estes objectos. A prática da caridade pressupunha em teoria valores de humildade que entravam em contradição com os preconceitos da sociedade colonial baiana", SÁ, 1998c, p. 284.

404 SÁ, 2010, pp. 278-279.

405 BOSCHI, 1998a, pp. 422, 426-427. BOSCHI, 1998c, p. 356.

406 RODRIGUES, 2010.

407 RODRIGUES, 2007, pp. 197-198, 201. LOPES, 2012, pp. 133-134, 141-142, 147-148, 151-152. KÜHN, 2010, p. 193.

408 MÉRO, 1994, pp. 31-37.

409 JABOATÃO, 1980 [1761], vol. III, p. 609.

o documento Frei Manoel da Conceição, Frei Manoel de Saules e Frei Eusébio dos Prazeres. Em 1723, foi depositado um legado de 100$000 réis por Manuel Barbosa Monteiro[410].

Nada é mencionado sobre os irmãos Araújo Lima, mas é deveras importante salientar que a Capela construída por ambos para serem sepultados se tornou depois o espaço da Ordem Terceira. Salienta-se que onde era erigido um Convento franciscano, a Capela da Ordem Terceira deveria estar sempre ao seu lado. Situação que não aconteceu na Vila das Alagoas, sendo construída em local diferente, enquanto em Penedo ambas ficaram juntas[411].

Essa "divisão" das construções nos põe em uma hipótese arriscada: a construção da Capela se deu por meio dos irmãos Araújo Lima, sob objetivo de se distanciar das camadas mais pobres e estigmatizadas da população da vila? Se sim, estar-se-á diante de um Familiar e um Comissário mantedores e perpetuadores dos ideais de sangue e de raça no Brasil, somando com suas pretensões de demonstração de poder e de estatuto de nobre. Afinal, a Ordem Franciscana tinha em seus estatutos a condição da "limpeza de sangue" para demonstração de "pureza da fé"[412]. Mas os irmãos não eram simples doadores e pessoas preocupadas com a salvação individual e um bom enterro com missas rezadas em seu nome para poder alcançar o paraíso. Como sempre salientado, os agentes do Santo Ofício perseguiam espaços para exercerem poder, de variadas formas, mas se possível, no limite, de mando e repressivo. Ou seja, o Comissário Domingos de Araújo Lima, após ter ajudado a construir a Capela da Ordem Terceira para ali ser sepultado, tornou-se o Primeiro-Ministro da Mesa em 1720, ano em que "[...] o Provincial Frei Hilário da Visitação erigiu canonicamente a Ordem III"[413]. Naquela época, a Ordem Terceira não estava bem paramentada, passando ainda em processo de aumento, principalmente arquitetônico:

> [...] mas athe o presente [1761] naõ fazem função publica de Igreja, nem tem Capella particular, e só em hum meyo corredor que levantaraõ por detraz do Sitio, aonde tem lançado ha annos os alicerces para a sua Capella, formaraõ no sobrado hum pequeno consistório, e no andar de bayxo huã caza com altar aonde fazem os seos exercícios, e guardaõ os preparos para a sua Procissão de Cinza, que teve alli principio no anno de 1751[414].

---

410 CABRAL, 1879, p. 7.

411 MÉRO, 1994, pp. 34-35 (sobre os irmãos Araújo Lima), 51.

412 CARNEIRO, 2005, p. 228.

413 MÉRO, 1994, p. 52.

414 JABOATÃO, 1980, vol. III, p. 612-613.

Oportunidade perfeita para se representar socialmente na localidade, principalmente naquela época. O Ouvidor João Vilela do Amaral estava fazendo suas correições e nomeou o Comissário do Santo Ofício para ser seu "parcial"[415]. Apesar de explanar melhor esse assunto no final do presente livro, vale um breve resumo para trabalhar outra hipótese arriscada. A saber, João Vilela do Amaral chegou na Comarca das Alagoas em 1717 e teve seu mandato terminado em 1720. Nesse ínterim, fez correições em Porto Calvo e Penedo. Na primeira vila, causou diversos transtornos, sendo um deles a apropriação indevida do dinheiro do Juiz dos Órfãos e Ausentes da localidade, utilizando para pagar seus "funcionários".

Um desses funcionários teria sido o Comissário do Santo Ofício Domingos de Araújo Lima, sob recebimento de 3 mil cruzados. Fazendo as contas a partir dos cálculos de que, em prata, 1 cruzado equivalia a 480 réis[416], essa quantia significaria, no tempo de D. João V, cerca de 1:440$000 réis. Quantia exorbitante para ajudar a recuperar os 2 mil cruzados doados por Domingos e seu irmão na construção da Capela (960$000 réis), fazendo sobrar um bom dinheiro para outros investimentos materiais, já que Domingos era Senhor de Engenho. Ou, não custa nada hipotetizar, utilizar parte da apropriação dos órfãos e ausentes para bancar sua ascensão à Mesa da Ordem Terceira e investir na Capela em termos materiais na compra de objetos e na pompa de futuras festas e procissões.

Vale acrescentar a participação de Manuel Barbosa Monteiro no processo de consolidação da Capela, o mesmo que testemunhou a favor de Domingos de Araújo Lima para habilitação de Comissário do Santo Ofício, sendo homem que vivia de sua agência, natural da Vila de Viana de Portugal. Se ambos podiam não ser amigos ou grandes conhecidos durante a habilitação, em 1723 estariam, pelo menos, em sintonia nas atividades religiosas. Sendo provável, assim que Manuel Barbosa Monteiro tenha utilizado de tal "amizade" para conseguir algum posto interessante ou uma facilidade maior para entrar na Ordem. Afinal, com sua doação, não se descarta pensar nas tentativas de alianças de poder que o Mercador pretendia auferir.

Essas ações de obras pias e caritativas faziam parte das dinâmicas nos Trópicos, onde a demonstração de fervor religioso poderia tanto ter efeito pessoal como de demonstração ostentativa exterior. Nas conquistas americanas, "a prática do patrocínio para obras arquitetônicas, ações pias

[415] Veremos mais detalhes sobre esse relacionamento no próximo capítulo.

[416] RUSSELL-WOOD, 1981, pp. 301-302 (apêndice 3).

e de caridade e até para as artes e letras é um traço notado em distintos grupos mercantis"[417]. Nesse caso, tem-se um Mercador (que não é Familiar do Santo Ofício, logo, foge ao nosso estudo), um Padre Senhor de Engenho Comissário do Santo Ofício e um Militar Senhor de Engenho Familiar do Santo Ofício. Contudo, apesar de ser importante o "mostrar-se" em vida, tão enorme consistia na salvação da alma após a morte, e para os habitantes da América portuguesa, o patrocínio e as doações para obras pias tinham essa característica de que o cabedal era investido de diversas maneiras, visando uma representação exterior como uma "paz interior"[418].

Pode-se utilizar dessa informação e encarar que, como uma localidade que estava se expandindo[419], observar os irmãos Senhores de Engenho no patrocínio das obras religiosas contribui a hipotetizar não somente uma "expansão estatal" (melhor aparelhamento do Estado português com sua conquista), mas, sobretudo, uma "expansão social" (o "fazer-se" de Edward Thompson) das categorias e agentes sociais que se estabeleceram ou sobreviveram da guerra contra os holandeses, reformando a economia açucareira, guerreando contra Palmares e se inserindo cada vez mais na dinâmica com o centro da Capitania de Pernambuco.

Cabe retornar à data e apontar que, em 1716 (data das doações), João de Araújo Lima e Domingos de Araújo Lima já eram agentes da Inquisição. Como pode ser observada para Minas Gerais, e agora em Alagoas (e ver-se-á nos próximos subtópicos), a vida religiosa inquisitorial andava em conjunto com a religiosa leiga. De um lado, o ofício "opressor" de desvios de moralidades, heresias, blasfêmias e atentados à fé, costumes e dogmas da Igreja Tridentina; de outro, a vontade de garantir a salvação pelas obras caritativas em sua vida terrena, ajudando na manutenção da fé católica e, como era comum, o mostrar-se pessoa importante na localidade, construindo e pretendendo perpetuar uma imagem de súdito português católico e homem que vivia "na lei da nobreza", "[...] se trataria de um catolicismo marcado pelas manifestações exteriores da fé, missas celebradas por dezenas de Padres, festas religiosas de grande pompa, procissões cheias de alegorias, música e fogos de artifício, funerais grandiosos"[420]. Mesmo que essas atividades con-

---

[417] SOUZA, 2012, p. 258.

[418] FRAGOSO, 2012, pp. 113, 122-123. Em Minas Gerais, existiram diversos casos em que na hora da morte, os Familiares davam esmolas ou pediam para rezarem missas e que as procissões fossem feitas por alguma Irmandade que participavam, LOPES, 2012, pp. 133, 143. Para Pernambuco, MELLO, 2000, pp. 189-190.

[419] CURVELO, 2013.

[420] VAINFAS; SANTOS, 2014, p. 502.

tribuíssem para "enrijecimento" das estratificações sociais, dos preconceitos de cor e "raça", mantendo a ordem escravista e excludente na sociedade.

4.3.2 Ordem Terceira do Carmo

Ordem Terceira eram "associações que se vinculam às tradicionais ordens religiosas medievais, especificamente aos franciscanos, aos carmelitas e aos dominicanos". A explicação é sucinta e, aqui, convém apenas informar que a Ordem Terceira do Carmo foi uma das Ordens que mais cresceu na conquista americana, junto com a dos franciscanos. Dentre suas tradições, o sepultamento do defunto com o Hábito da Ordem era uma "das mais antigas"[421].

No *website* dos freis carmelitas brasileiros, pouquíssima informação é registrada sobre os Carmelitas em "Alagoas", até porque sua atenção está sobre seus ciclos missionários, a fundação dos Conventos em Pernambuco e objetiva ser uma síntese histórica que vai até o século XX, contando a data do início da residência dos Carmelitas em Alagoas, como sendo 1732[422]. No dicionário **ABC das Alagoas**, não há nenhum verbete sobre o Convento, Hospício ou qualquer outra informação sobre os Carmelitas. O trabalho limitou-se a inseri-los dentro da História de Marechal Deodoro em uma perspectiva puramente arquitetônica (a construção das Igrejas): "Do século XVIII, fundada pelos Carmelitas entre 1754 e 1757, compreendendo Convento e Igreja tendo, ao lado, a Ordem Terceira, porém esta ordem não se fixou, deixando no abandono este conjunto arquitetônico"[423]. A única narrativa acerca da trajetória dos Carmelitas de que se tem conhecimento retrata, de maneira simples, a instalação e alguns acontecimentos (inclusive os conflitos com Franciscanos) que fez parte da Ordem no século XVIII, salientando sobre a presença de Carmelitas (sem Conventos) nas regiões sul de Pernambuco no XVII[424].

Importa dizer que o Livro de Atas da Ordem foi instaurado em 5 de dezembro de 1748, seguindo as mesmas "tresladadas da Nossa Ordem 3ª do Carmo da Bahia"[425], que tinha sido instaurada em 19 de outubro de 1636, tendo como fundador o negociante Pedro Alves Botelho[426]. Infor-

---

421 HOORNAERT, 2008, p. 234, 238-239. RODRIGUES, 2011, p. 217.

422 Disponível em http://www.freiscarmelitas.com.br/brasil/. Acessado em 02/02/2014.

423 BARROS, 2005, vol. II, p. 223.

424 QUEIROZ, 1994.

425 IHGAL. 00031-01-03-11, Ordem 3ª de Nossa Senhora do Monte do Carmo. Livro de atas. Vila da Alagoas do Sul, 05 Dez, 1728, fl. 1. Obs: Oferta de Aníbal Lima. A data está certamente errada no catálogo do Instituto, sendo de fato 1748.

426 AZZI, 2008, p. 239.

mação curiosa, visto que "a Ordem do Carmo teve seu primeiro Convento fundado em Pernambuco em 1584"[427]. O livro contém todos os capítulos com as regras e normas de disciplinas sobre os membros e suas atividades, para manutenção e conservação da Ordem. É composto de 36 capítulos, mas, aqui, serão analisados apenas os que forem de referência direta para o estudo proposto.

Inicialmente, a Ordem estava aberta a todos, sem um limite de Irmãos e Irmãs, pois o importante era a quantidade de seguidores, uma vez que a missão se resumia no culto e no exercício da religião cristã. No entanto, "todos" é uma palavra delicada, sobretudo para a Ordem 3ª do Carmo. Em suas cláusulas havia a condição, enfática, de que o Irmão ou Irmã que desejasse se habilitar à Ordem deveria ser "limpo de sangue sem raça de Judeu, Mouro, Mulato, ou de outra qualquer nação". O requisito, então, baseava-se no indivíduo estar livre de qualquer infâmia, crime e condenação de justiça eclesiástica ou secular. Por fim, em hipótese alguma era pessoa bem-vinda quem exercesse algum "ofício vil" (mecânico)[428].

Dentro das normas, é de praxe salientar que a pessoa deveria ser de bom procedimento, ótimos costumes, e com zelo para acudir a Ordem sempre que fosse necessário. Se houvesse desobediência em alguma condição exposta, a expulsão tornava-se quase certa: cometer crime de infâmia, não ter a "limpeza de mãos", realizar ato de desobediência pública ao Padre Comissário (chegaremos nele mais tarde) e possuir vícios, como a mancebia e a bebida[429].

Tais ações de controle podem ser interpretadas como fundamentais para manter o status interno da Instituição, que deveria ser público, por mais que a Ordem fosse religiosa e fechada em seu culto. Todavia, o que a historiografia não cansa de alertar para seus diferentes leitores é que mesmo a não propagação arrogante ou espalhafatosa de sua Ordem, geralmente era ignorada pela maioria os Irmãos e Irmãs do culto que faziam questão de que todos soubessem o que eles faziam, principalmente na época do Brasil colonial, onde aquele estatuto colaboraria intensamente com as pretensões de estabelecimento de diferenciações de hierarquia dentro da classe dos senhores.

[427] LACOMBE, 1982, p. 73. MELLO, 2000, p. 191-192.

[428] IHGAL. 00031-01-03-11, Ordem 3ª de Nossa Senhora do Monte do Carmo. Livro de atas. Vila da Alagoas do Sul, 05 Dez, 1728, fls. 14-16v. Ao que parece, de acordo com Evaldo Cabral de Mello, nos finais do XVI e início do XVII, "(...) a Ordem do Carmo [era] reconhecidamente mais tolerante na aceitação de cristãos-novos", ao contrário da Companhia de Jesus da mesma Vila de Olinda, MELLO, 2000, p. 192.

[429] IHGAL. 00031-01-03-11, Ordem 3ª de Nossa Senhora do Monte do Carmo. Livro de atas. Vila da Alagoas do Sul, 05 Dez, 1728, fl. 27-28.

A Ordem Terceira do Carmo contava, ainda, com as procissões públicas, que mesmo sendo uma atividade de praxe e obrigatória da Instituição (fé e zelo religioso), não se deve deixar de pensar como uma demonstração pública de superioridade, principalmente, quando só havia brancos caminhando e rostos públicos conhecidos pela sociedade. Entre elas, os "passos das sextas feiras da Quaresma, e sermões da Ordem" e a "procissão de sexta feira maior", como diz no Livro: "Porquanto é costume na 6ª feira Maior de tarde fazer a nossa Ordem 3ª a procissão solene do entrº de Cristo Sʳ N. pelas ruas públicas". Todos os irmãos, é claro, andariam com seus Hábitos e seus brandões de cera amarela, deixando bem delimitado o que se deveria ser levado e carregado, obedecendo a ordem da procissão[430].

Para finalizar esse levantamento inicial das normas da Ordem, principalmente as que tangem às relações sociais e às divisões hierárquicas estatutárias, tem-se uma cláusula interessante no Capítulo 36 (o último) do Livro de Atas, acerca das diversas leis que deveriam ser praticadas para o "aumento da Nossa Ordem": "Proibimos, que na Capela da Ordem não seja admitida nem dado ingresso a nenhuma mulher, que não for 3ª Estas por razões a nos notas[?] entrarão sós sem Companhia de mulata ou negra que assim lho mandamos a todos, e a cada uma em vertente da Sua[?] obediência (...)"[431].

Nada de mulato e negro. Nem como irmãos, nem como ajudantes, nem como acompanhantes, nem como "coisas" e "ferramentas". O ideal dessa "pureza sanguínea" e religiosa atingia seu ápice nos espaços da Capela, onde as Missas e os Sermões deveriam ser feitos diretamente e apenas por brancos.

---

[430] IHGAL. 00031-01-03-11, Ordem 3ª de Nossa Senhora do Monte do Carmo. Livro de atas. Vila da Alagoas do Sul, 05 Dez, 1728, fl. 28v-29v. Sobre essas celebrações públicas, consolidou-se característica nas Confrarias de brancos (como a Ordem do Carmo) o Irmão (e Irmã) pagar a pretos e mulatos para se autoflagelarem no lugar deles durante a Quaresma. Em relação aos brandões, "as desordens públicas entre elas eram um espetáculo ridículo. Uma Confraria (...) podia até comparar a qualidade da cera que usava nas velas com a cera usada por outra Irmandade" (SÁ, 2010, p. 279.). É necessário, contudo, ser um pouco mais cético e alertar de que tais procissões devem ser lidas historicamente. Pois nas atividades havia, sim, "muito mais vigor e a pujança do corpo social e de seus desejos de expressão do que de religiosidade contrita e introjectada da população colonial". As Confrarias e as Irmandades tinham grandes participações ao quererem se autoafirmar com tais atividades, no intuito tanto de demonstrarem hierarquias sociais quanto à disseminação da religião católica como a principal. Nessas procissões fazia-se necessário "evidenci[ar] até que ponto as sociedades se haviam hierarquizado e os grupos sociais se tinham disciplinados". Tudo isso fruto da mentalidade mesclada da Igreja Tridentina com a cultura barroca, traduzida nas atitudes de que tudo que poderia ser exteriorizado deveria, a priori, ser feito de maneira pomposa e, muitas vezes, extravagante (BOSCHI, -1998d, p. 353).

[431] IHGAL. 00031-01-03-11, Ordem 3ª de Nossa Senhora do Monte do Carmo. Livro de atas. Vila da Alagoas do Sul, 05 Dez, 1728, fl. 32.

Tal cotidiano, normas, regras e sociabilidade atingiam as mentes dos Familiares do Santo Ofício? A priori, sim. Visto que, entre 1754 até 1798, tiveram-se alguns personagens interessantes se habilitando à Ordem Terceira do Carmo: Catarina de Araújo Nogueira, viúva de Gonçalo de Lemos Barbosa; Joaquim Tavares Basto, e Agostinho Rabelo de Almeida. Identificou-se, ainda, duas pessoas com o nome de "Manuel de Carvalho Monteiro", infelizmente, homônimos, sem indicações de ser o Familiar do Santo Ofício.

Catarina de Araújo Nogueira habilitou-se à Ordem em 10 de novembro de 1754, já como viúva de Gonçalo de Lemos Barbosa, moradora na Masocyra[?] na freguesia de Nossa Senhora da Conceição. Tomou o hábito pelas mãos do Reverendo Padre Comissário Frei João da Conceição, sendo o Prior o Irmão Reverendo Padre João Monteiro Garcia[?]/Guerra[?][432]. Acabou se professando em 8 de fevereiro de 1756.

Outro Irmão habilitado foi Joaquim Tavares de Basto, irmão de João de Basto, no dia 16 de julho de 1798, tendo tomado o Hábito pelas mãos do Reverendo Padre Comissário Interino o Padre Agostinho Rabelo de Almeida. Não há informações sobre seu cargo professado e nem por quem.

Antes de irmos para o Padre Agostinho, falemos um pouco sobre o que significava ser um "irmão noviço". Tratava-se daqueles não "professos". Em suas obrigações deveriam obedecer aos membros professos. Em termos sociais e espirituais era de sua consciência "servir a Deus e a Nossa Senhora e não por vanglória, e vaidade do mundo". Cláusula difícil de ser obedecida nesse intenso promover-se social do barroco colonial. Mesmo sem atos escandalosos de arrogância e prepotência pública, só o fato de estar admitido na Ordem, e fazer a procissão, já não poderia ser enquadrado como execução de objetivos pessoais relativos à construção simbólica e prática como representantes de "vanglória e vaidade do mundo", até mesmo nos casos em que a balança realmente pesasse mais para a mentalidade pessoal de servir com o zelo religioso?

Para se professar, os noviços tinham 11 meses para provar seu valor e ser recebida pela Mesa uma profissão. Enquanto isso não acontecia, nenhum noviço podia sair da Cidade[433], ao não ser sob autorização do Prior e do Irmão Mestre. Se fosse Irmã, ficava proibida de fazer visitas sociais e pessoais, mais uma vez concedida em caso extraordinário mediante

---

[432] O nome estava abreviado como Grr^{a}. Antonio Caetano hipotetizou como Garcia. Eu avaliei como Guerra. Apesar de o segundo nome ser incomum, deixam-se as duas possibilidades.

[433] Crê-se que Cidade na verdade era a "Cidade da Bahia", local que tal estatuto foi copiado. Manter-se-á tal denominação.

autorização. Seu Hábito devia ser uno, logo, indissociável, indivisível, inegociável etc. Cabendo punições sérias para esses casos de empréstimos. Nas atividades públicas, era obrigatório seu comparecimento, não sendo admitida nenhuma falta[434].

Como pode ser visto, o Padre Agostinho Rabelo de Almeida (já Comissário do Santo Ofício), foi Reverendo Comissário da Ordem Terceira do Carmo, tendo sido ele quem deu em mãos o Hábito para Joaquim Tavares de Basto (que não era Familiar na época). Não é possível saber o tempo determinado de ingresso de Agostinho de Almeida na Ordem, pois só há notícia dos anos em que conferiu Hábitos e foi Irmão Mestre, de 1796-1798[435].

---

[434] IHGAL. 00031-01-03-11, Ordem 3ª de Nossa Senhora do Monte do Carmo. Livro de atas. Vila da Alagoas do Sul, 05 Dez, 1728, fls. 12v-14.

[435] IHGAL. 00034-01-03-14, Ordem 3ª de Nossa Senhora do Monte do Carmo. Livro de registro das entradas e profissões, 16 de julho, 1744, fls. 183-196v.

Quadro 8 – Irmãos e Irmãs que receberam o Hábito por Agostinho Rabelo (1796-1798)

Nome	*Informações adicionais*	*Data*	*Professado por Agostinho*
D. Thereza de Jesus	Mulher do Capitão José Joaquim	16 de julho de 1796	Não
Maria Sofia	Mulher de José Joaquim Ferreira de Andrade	7 de setembro de 1796	Não
Isabel Marcia de Jesus	Filha de Antonio João	16 de julho de 1796	Não
José Correa dos Santos		6 de julho de 1796	Não
José Antonio de Farias		16 de julho de 1796	Não
José de Farias Franco		16 de julho de 1796	Não
Thereza Benedita de Almeida	Mulher do Irmão [ilegível] José de Faria	16 de julho de 1796	Não
Francisco Correa da Costa		16 de julho de 1796	Não
José Joaquim		16 de julho de 1796	Não
Anna Joaquina	Filha de Salvador Caetano	16 de julho de 1797 (não foi Padre Agostinho)	Sim (18 de julho de 1798)
Joana de Jesus	Filha de Salvador Caetano	16 de julho de 1797 (não foi Padre Agostinho)	Sim (8 de setembro de 1798)
Antonio Gomes Coelho	Reverendo Padre Vigário	2 de fevereiro de 1798	Não
Francisco Frz[?] Marques	Reverendo Padre Vigário	2 de fevereiro de 1798	Não
Francisco Inácio de Araújo	Reverendo Padre Vigário	2 de fevereiro de 1798	Não
Manoel Caetano de Morais	Reverendo Padre	2 de fevereiro de 1798	Não

José Maciel de Araújo	Reverendo Padre	2 de fevereiro de 1798	Não
Josefa Francisca	Mulher do Irmão Miguel da Rocha Villas Boas	2 de fevereiro de 1798	Não
D. Antonia	Mulher do Capitão Fernam[?] Fragoso	2 de fevereiro de 1798	Não
D. Inácia Maria Lins	Solteira, filha de José de Barros Pimentel (moradora no Mundahú)	16 de julho de 1798	Não
Anna do Rego	Moça solteira, filha do falecido Miguel Barbosa	16 de julho de 1798	Não
João Batista de Souza	Reverendo Padre	16 de julho de 1798	Não
Manuel de Araújo Cazado	Morador em S. Antonio de Meirin	16 de julho de 1798	Não
Joaquim de Basto	Irmão de João de Basto	16 de julho de 1798	Não
Antonio do Rego Teles Junior		16 de julho de 1798	Não
Silvestre Pereira	Solteiro, filho do Irmão João Pereira de Carvalho	16 de julho de 1798	Não
Antonio José de Mendonça Belém(?) Cazado	Morador "nesta vila"	16 de julho de 1798	Não
José Joaquim Cazado	Morador no Saco	16 de julho de 1798	Não

Fonte: IHGAL. 00034-01-03-14. Ordem 3ª de Nossa Senhora do Monte do Carmo. Livro de registro das entradas e profissões, 16 de julho, 1744

Antes de passar para as atividades de "Mestre de Noviço" (o que professa), atenta-se antes ao que era ser um Padre Comissário.

No período que foi Padre Comissário, Agostinho Rabelo de Almeida estava recheado de funções. Seu requisito básico, apesar da Ordem Terceira ser de Leigos, era ser Religioso. E, como já é sabido, de bons costumes, com vida exemplar e capacidade para administrar suas obrigações. O religioso que fosse chamado para ser Padre Comissário devia atender ao pedido de pronto atendimento, sem recusar e servir sem inconvenientes, atuando pelas instituições da Ordem Terceira.

Em termos de etiqueta (que pode ser interpretado como hierarquia), tinha assentos delimitados tanto na Mesa quanto na Igreja da Confraria, sempre em lado oposto ao Irmão Prior. Sua Jurisdição atingia sempre as resoluções no campo espiritual. Sobre a Mesa da Confraria, seus votos nos quesitos espirituais teriam o mesmo peso dos votos do Prior: peso de decisão, principalmente, nas "coisas temporais", e os empates seriam decididos pelo que declarasse o Padre Comissário. Sobre as matérias Espirituais:

> **1)** Aplicar os sufrágios aos irmãos e irmãs defuntos. **2)** Dar as missas nas Capelas quando for seu dia. **3)** Manter o culto divino e pedir para que os irmãos não faltem. **4)** Administrar as confissões, comunhões, jejuns, disciplinas de orações mentais. **5)** Nomear as priorezas e subpriorezas. **6)** Lançar os Hábitos aos irmãos. **7)** Fazer as nomeações de profissões dos Irmãos e Irmãs. **8)** Acudir as confissões dos Irmãos enfermos. Em todo o tempo e hora necessários. **9)** Assistir nos enterros dos Irmãos defuntos. **10)** Ter direito a 01 côngrua cada ano. Ainda receberá esmolas dos Sermões e Missas[436].

Tendo professado duas Irmãs (irmãs de sangue), Agostinho Rabelo pode ser enquadrado como alguém que obedecia às normas e regras dos "Mestres de Noviços"[437]. Seguindo suas tarefas e atribuições para o "bem da Ordem". Entre elas, o discurso mais interessante é que o Mestre dos Noviços tinha uma obrigação muito forte de impedir que a "Ordem caia em desgraça", visto que a Ordem Terceira do Carmo dependeria, pela lógica, de seus noviços. Ao contrário da outra atribuição de Agostinho, o Mestre dos Noviços poderia ser tanto Eclesiástico como Secular, de vida exemplar, prudente, antigo na Ordem, saber a doutrina e as normas etc.

O ponto mais interessante dizia respeito à disciplina. Como a Ordem Terceira era apenas de brancos e não se admitiam pessoas de "ofício vil", é de se supor que a totalidade da Ordem fosse composta pela classe senhorial. Em termos de época, em seus espaços deviam se esbarrar homens e mulheres autointitulados "homens bons", "Nobres da terra", "fidalgos", "principal da terra", "homem dos mais caros da vila", "pessoa de zelo e

[436] IHGAL. 00031-01-03-11, Ordem 3ª de Nossa Senhora do Monte do Carmo. Livro de atas. Vila da Alagoas do Sul, 05 Dez, 1728, fls. 4-5.

[437] IHGAL. 00031-01-03-11, Ordem 3ª de Nossa Senhora do Monte do Carmo. Livro de atas. Vila da Alagoas do Sul, 05 Dez, 1728, fls. 12-12v.

procedência", e de tantas outras autodenominações que vimos em capítulos passados. A partir disso, chega-se a uma encruzilhada do poder. Como aplicar "ordens" a pessoas que, a priori, não queriam se rebaixar a receber disciplina de ninguém? A resposta fica por conta da hierarquia da Ordem Terceira, pois a "obediência" advinha por questões como ofícios, tempo na Ordem, idade e outras classificações que poderiam ter existido. Todavia, sobra uma pequena pergunta: como se aplicavam as punições? Visto a hierarquia da Ordem ser a possível resposta para compreender a "colaboração" de tantos homens e mulheres "nobres" dentro de um espaço, como deveria ser feito os castigos e as ações repreensivas? Uma vez que, para aquelas pessoas, eram situações (receber castigos) de gente de baixa condição: brancos peões, mestiços, indígenas e negros, estes três últimos fossem escravos ou não.

Era parte das tarefas do Mestre de Noviço: o poder de repreender e penitenciar os noviços por meio de um traçado de modo e cuidadoso, com dose de etiqueta. Recomendava-se ser afável e utilizar de modos delicados nas palavras, o que não seria difícil para os Eclesiásticos. A prudência deveria ser a característica principal, pois nesses casos era completamente recomendável não poder escandalizar. Em hipótese alguma uma penitência deveria ser supervalorizada no castigo, muito menos humilhante ou passível de ferir a honra e "qualidade" do noviço disciplinado.

Observar esses poucos agentes do Santo Ofício na Ordem Terceira do Carmo traz essa reflexão das movimentações da composição da classe senhorial no Brasil Colonial. Catarina de Araújo Nogueira, mulher de um Familiar do Santo Ofício, e Agostinho Rabelo de Almeida, Comissário, nunca pretenderam estagnar suas vidas pessoais nos privilégios e nas atribuições da Inquisição de Portugal. Essa procura pelo poder simbólico era corrente nas conquistas. Verificar essa posição pós-habilitação ajuda a complexificar mais a vida de um luso-brasileiro nos Trópicos. Se a "limpeza de sangue" servia como um requisito corrente para quem desejava ser do Santo Ofício, a participação em uma Ordem Terceira já poderia descartar essa "urgência", sobrando quesitos básicos, mas não menos importantes, do próprio zelo religioso dos súditos portugueses, e das demonstrações de qualidade social nas procissões públicas; sem contar as diversas parafernálias simbólicas que faziam parte da própria Ordem, como de cunho pessoal, sendo o Hábito e outros instrumentos.

Para Joaquim Tavares de Basto, ter se habilitado na Ordem Terceira antes mesmo do Santo Ofício pode ser visto em todos os aspectos: reconhecimento social, riqueza, prestígio, limpeza de sangue, tentativa de adentrar na sociedade (português reinol), religiosidade exacerbada etc[438]. O título de Familiar do Santo Ofício manteve sua condição de limpeza de sangue mais firme, e garantiu-lhe o que já foi bem explicitado: um Título honorífico, com direito a Hábito, Medalha, apetrechos materiais de distinção e o poder de repressão a outros corpos.

4.3.3 Igreja de Nossa Senhora das Correntes

Saindo da Vila das Alagoas, chega-se à Vila de Penedo do Rio de São Francisco, outro local com uma vida religiosa movimentada por conta das Igrejas, Conventos e Irmandades que lá se estabeleceram.

A história da Igreja de Nossa Senhora das Correntes tem um passado nebuloso. Inicialmente construída como uma pequena capelinha, em 1720, recebia diversos fiéis para ali prestarem o culto católico[439]. De início, alertar-se desde já que o nome da capela não era "Nossa Senhora das Correntes". Em 1764, foi que apareceu o Capitão José Gonçalo Garcia Reis, homem provavelmente rico que resolveu "edificar no lugar da antiga ermida uma capela de grandes proporções"[440]. O Capitão faleceu e seu genro, o Sargento-mor Jacintho Soares de Souza, continuou a empreitada, levando a cabo o empreendimento até depois de 1777. Não se sabe em que data o Sargento-mor faleceu, mas sua esposa, D. Ana Felícia da Corrente (de onde vem a hipótese do nome da Igreja), continuou a tarefa da construção, tendo falecido, provavelmente, na década de 1780. Entre essa data e 1801, que é a que está escrita no Sino da Igreja da Corrente (supostamente a data em que teria completado a obra), o Capitão de Ordenança André de Lemos Ribeiro tomou a responsabilidade de continuar com o trabalho, gastando cabedais e começando a tomar para si a tarefa da finalização da Igreja[441].

Um dos problemas reside na identificação do personagem a quem nos cabe a pesquisa. O Capitão-mor de Ordenanças André de Lemos Ribeiro era solteiro e, "entrando em anos", tinha passado os cuidados da Capela para seu sobrinho, Manoel da Silva Lemos, em 1804. Data cabível, pois, em 1797,

---

438 SOUZA, 2012, pp. 248-251.

439 RITA, 1962, pp. 12, 30-32.

440 RITA, 1962, p. 14.

441 RITA, 1962, pp. 14-16. CAMPOS, 1953, p. 15.

André de Lemos já se tornara Capitão-mor reformado, aposentado do posto. Antes de partir para uma análise qualitativa, pretende-se primeiro demonstrar que o Capitão-mor, André de Lemos Ribeiro, não era um homônimo, mas o próprio Familiar do Santo Ofício. A problemática reside no fato de ser reinol, tendo vindo sozinho de Portugal e se estabelecido em Penedo. Como teria um sobrinho na vila?

O que se considera um testemunho de comprovação parte de um depoimento de sua própria fala em uma denúncia ao Santo Ofício, estabelecida em 1778, porque se identificava como "O Capitão Mayor André de Lemos Ribeiro, homem branco solteiro, natural das partes de Lisboa e morador nesta Vila de Penedo de idade de trinta e oito anos que vive de seu negócio". Mas as informações não são suficientes, a charada só é resolvida quando o Capitão se identificou na denúncia: "E perguntado pelo conteúdo no Auto feito contra o Réu preso Antonio da Silva Maciel disse que ele testemunha como Familiar do Santo Ofício escrevera ao Padre Agostinho Rebello de Almeida umas cartas por ser Comissário do mesmo Tribunal"[442]. E enquanto a seu sobrinho?

Têm-se apenas duas opções de hipótese, visto que é muito difícil não atribuir a identidade do Capitão André de Lemos Ribeiro ao Familiar do Santo Ofício: **1)** que o sobrinho tenha vindo para vila, provavelmente a pedido de André de Lemos, visto o poderio econômico, social e político que o reinol tinha estabelecido, não sendo nada incomum esse tipo de atitude na América portuguesa e **2)** um erro de avaliação e pesquisa de José Caroatá, que, mesmo tendo se valido de muitos documentos não cotejados hoje em dia, não está isento de um erro ou outro. Todavia, por respeito ao pesquisador e historiador penedense, fico com a primeira hipótese, muito mais cabível no ambiente da pesquisa histórica empírica[443].

O que André de Lemos Ribeiro poderia querer ao patrocinar uma obra pia? Uma parcela da resposta já foi explanada no caso dos irmãos Domingos e João de Araújo Lima e não sendo necessário voltar aos seus pormenores: salvação na fé católica, um local para ser enterrado, demonstrar-se homem honrado para as pessoas da localidade e receber esmolas e visitas de pessoas amigas e desconhecidas, principalmente as importantes e poderosas. Todavia, no caso de André de Lemos Ribeiro, uma linha de interpretação pode ser aumentada.

---

[442] ANTT. TSO. IL. Proc. 3025, fl. 17v.

[443] Faço referência a Caroatá, pois foi nos trabalhos desse historiador que Carlos Santa Rita baseou sua pesquisa.

Como bem sabido, André de Lemos Ribeiro veio para a América portuguesa muito novo, chegando a Penedo a partir do conhecimento de um homem que lá o levou na idade de aproximadamente 17 anos, para exercer os ofícios de Mercador, tendo sido Almotacé e Vereador da Câmara da vila. Era reinol e solteiro quando chegou. Não se sabe com quem se casou e nem quando, mas tinha um objetivo em mente: criar laços e fincar raízes na Vila de Penedo. Sua família foi enterrada na Igreja, fazendo com que, na fama local, a Igreja da Corrente fosse conhecida como a "dos Lemos". Motivação ímpar daqueles que pretendiam criar e perpetuar uma fama de homem de qualidade superior em uma determinada localidade. As atribuições de reinol e solteiro em boa parte da vida (habilitou-se aos 32 anos, e parece que permaneceu até depois dos 50), morando em outro continente e em uma vila afastada dos grandes centros administrativos, criava vários estratagemas necessários para estabelecer e fortalecer uma estirpe e um nome, fazendo com que suas obras e atividades fossem dignas de honrar e fundar a fama de sua pessoa e de seus descendentes. Era uma das melhores maneiras de se tornar um "homem honrado e poderoso".

Mas não deveria ser tudo. Afinal, como uma sociedade estritamente católica, e sendo Familiar da Inquisição, não se devem descartar as atividades de André de Lemos Ribeiro do âmbito da própria religiosidade. Ao tomar para si o patrocínio da Igreja da Corrente, tornando-a um espaço privilegiado para sua família, almejava gastar sua renda e cabedais, advindos da ocupação de Comerciante — mesmo quando se identifica como Capitão-mor, diz que "vive de seus negócios" — em atividades de cunho religioso, pretendendo a salvação da alma.

Será visto no próximo capítulo esse entendimento do gasto do "lucro" como, em sua maioria, inserido em ações que pregavam a vida terrena, mas em constante contato com a espiritual. As atividades caritativas recebiam atenção dos bolsos dos homens ricos, principais financiadores das obras religiosas mais vultosas (construção ou reforma de algum espaço). Tem-se como exemplo a quantia que o Capitão doou à Irmandade do Santíssimo Sacramento em 26 de julho de 1778: "o Irmão Capitão-mor André de Lemos Ribeiro feito uma esmola de 102$876 réis", além de "ter-se mandado dizer uma Capella de Missas por sua tenção, estando o dito senhor ainda vivo". Na Igreja da Corrente, André de Lemos finalizou a construção da Igreja, "com duas torres, sinos, com painéis de azulejos nas paredes, tribunas e grades de côro com obras de talha e toda ela bem como os altares pintada e dourada, enriquecendo-a com alfaias de ouro e prata e com os ornamentos necessários de sêda e um de tela"[444].

O fato de ser Familiar do Santo Ofício ajudava a reforçar sua religião? Provavelmente não, uma vez que André de Lemos Ribeiro já era irmão da Ordem do Seráfico Patriarca antes mesmo da habilitação. Ou seja, sua fé seria exacerbada, e o cargo da Inquisição servia para reforçá-la, além de promover um aumento em seu poder local secular, haja visto que tal poder foi também procurado em sua posição de Capitão-mor da Vila de Penedo. A religião de André de Lemos Ribeiro, se não for provada alguma descendência de mesmo nome (o que se crê que não, pois as assinaturas que colhi são parecidas), extrapolou a atividade de Familiar do Santo Ofício e a obra da Igreja da Corrente, tornando-se Irmão (provavelmente, pois não se denomina) da Irmandade de São Gonçalo Garcia dos Homens Pardos.

4.3.4 Irmandade de São Gonçalo Garcia dos Homens Pardos

A Irmandade de São Gonçalo Garcia, em Penedo, foi espaço em que o Padre Gabriel de Sampaio participou ativamente, tendo se habilitado Comissário do Santo Ofício enquanto exercia seus ofícios na Irmandade. Outro Familiar que fez parte da Instituição foi André de Lemos Ribeiro, todavia sua participação se deu nos debates internos, assinando documentos acerca da administração (o Padre Gabriel igualmente estava inserido). Nesse caso, o tópico focará nas ações de Gabriel Sampaio, mas não exclui André de Lemos Ribeiro da vivência da instituição.

Irmandade, diferentemente de Ordem Terceira, "constitu[ia] uma forma de sobrevivência na esfera religiosa das antigas corporações de artes e ofícios"[445]. Para esse caso em particular, é interessante focar no seguinte fato: a Irmandade de São Gonçalo Garcia da Vila do Penedo destinava-se aos pardos. Eram espaços laicos, onde seus integrantes testemunhavam sua devoção em formas de cultos e promoviam a assistência aos seus "irmãos". Cuidavam de festas nas dependências e nas ruas locais e "praticavam, ainda, a caridade pública, prestando assistência a doentes, presos e desamparados"[446].

Confrarias para Pardos (Mulatos). Se de um lado se supervaloriza sua atividade como um espaço de pessoas miscigenadas, muitas vezes renegadas

---

[444] RITA, 1962, p. 17.

[445] AZZI, 2008, p. 234.

[446] VAINFAS; SANTOS, 2014, p. 502 (para ambas as citações).

pela sociedade colonial, que tinham dinâmica diferenciada e, até mesmo, muito representativa; por outro, essa importância pode ser relativizada no contexto social da época como um discurso falacioso, pois "igualar os homens perante a Deus não invalida a desigualdade existente entre eles próprios, enquanto corpo social"[447]. Tal ideia só é possível de ser aplicada porque se tratava de uma sociedade moldada pelo modo de produção escravista colonial, onde: "a ordem social orientava-se pelo escravismo, que a formava e informava"[448].

Com a criação da Irmandade de São Gonçalo Garcia em Recife de 1745, é ponto fulcral ressaltar que eram, naquela época, manifestas as ações sociais de diversas naturezas de homens pardos e mulatos, fosse para evitar os estigmas da sociedade colonial, criando uma identidade ou para adentrar mais nos costumes da conquista, tentando se identificar mais com os brancos do que com os negros[449]. A de Penedo foi criada 13 anos depois, mas sem notícias de alguma ligação entre ambas. Citar essas ideias sobre as ações de pessoas pardas dentro das localidades que viviam é de sumo interesse para este trabalho, visto que o estudo de um Padre branco, no seio de uma Irmandade de pardos, pode ajudar na contribuição desse entendimento das relações de classe dentro da sociedade colonial.

Ao contrário do que aconteceu com a Ordem Terceira do Carmo, esse espaço dedicado à Irmandade de São Gonçalo Garcia não irá se aprofundar em sua história ou seus estatutos internos[450]. O que se tem é um Padre que fazia parte da Irmandade e que em sua vida se habilitou para ser Comissário do Santo Ofício, alegando em suas escritas pessoais motivações de cunho estritamente logístico (falta de Comissários na Comarca) e religioso (atuação em prol da fé católica). É importante salientar que Gabriel Pereira de Sampaio era Capelão, que assinou o Compromisso da Irmandade de São Gonçalo Garcia em 1807, e que recebeu o Hábito do Santo Ofício em 1808. Em momentos oportunos, poder-se-á contextualizar as atividades de Gabriel Sampaio em conjunto com o que pregava a Irmandade. Antes de partir para o momento em que o Padre Gabriel Sampaio entrava em ação na defesa da Instituição, é importante voltar um pouco no tempo para dois períodos da história da Confraria: a fundação, em 1758, e a doação feita pelo Coronel João Pereira Alves, em 1772.

---

[447] BOSCHI, 1998a, p. 355

[448] BOSCHI, 1998a, p. 355.

[449] ALMEIDA, 2012, pp. 425-428.

[450] O que seria difícil, pois o compromisso só foi promulgado em 1807, apesar de a Irmandade ser de aproximadamente 1758.

No livro de compromisso da Irmandade, de 1807, um aviso interessante já era dado: "não se sabe em que tempo principiou a Irmandade porque não existem livros ou títulos primordiais que o demonstrem". Utilizando-se da memória, alegavam que havia primeiramente uma Ermida[?] no lugar que hoje seria a Igreja de São Gonçalo Garcia. Só em 1758 que o Procurador Irmão, o Comandante Manuel Martins Ramos, decidiu erigir a Igreja para o culto do Santo, dando seus primeiros provimentos, contando com as esmolas para viabilização restante. Dirigiu a obra para que se transformasse de uma Ermida no "maior Templo que tem a mesma [vila]".

O tom propagandeador é bem interessante, pois as irmandades ficavam "sujeitas à inspeção periódica dos representantes da Coroa e dos bispos"[451], principalmente, quando os Irmãos redigiram no documento que no início havia apenas 11 irmãos, enquanto naquela data (1807) já eram 419. De 1758 pulam para 1772 e o Coronel João Pereira Alves foi citado como um grande religioso, que com muito zelo fez a Casa de Hospital[452], entregou-a para ser administrada pela dita Irmandade e do patrimônio de 12 mil cruzados e oito moradas de casas que doou. No ano de 1807, estavam os Irmãos da Irmandade fazendo menção sobre já haver 12 casas de morada e que o número de cruzados havia aumentado[453].

Entre 1758 e 1772 houve alguns casos documentados da Irmandade dentro do conjunto do Arquivo Histórico Ultramarino. Em 1762, os homens pardos confrades pediram um Esquife particular para administrar os sepultamentos de seus Irmãos e Irmãs, e faziam uma alegação interessante: por não haver Misericórdia na Vila de Penedo, pois a mais próxima ficava na Vila do Recife, "distante mais de cem léguas"[454]. Em 1772, em um claro conflito entre Confrarias, a Ordem Terceira da Penitência (Convento de São Francisco), entrava em disputa com a de Gonçalo Garcia. O motivo alegado era

[451] VAINFAS; SANTOS, 2014, p. 502.

[452] Administrar Hospitais locais foi uma atribuição comum às Misericórdias de Portugal continental. Suas funções não eram propriamente a de um Hospital moderno, que se diferenciava do medieval pela função única de medicalização e tratamento de doentes a partir do aumento do corpo médico. Em Portugal, o Hospital estava mais para o aspecto medieval, pois "[...]tinha um estatuto ambíguo entre a albergaria de viajantes e peregrinos e local de tratamento de doentes [...]". Sua administração era um jogo duplo: agradava o Monarca reinol, tirando de sua administração, por exemplo, financiamento de cabedal para manutenção do espaço, deixando com que as Misericórdias gerissem aqueles ambientes de maneira autônoma. O outro lado é o interior da administração, onde conseguir um alto cargo poderia ser um degrau para auferir diversos ganhos materiais e imateriais dentro da Instituição e perante os sujeitos que estavam fora do Hospital e da Misericórdia, v. SÁ, 2013, pp. 46, 47, 60-67, 72-79 (para as três citações).

[453] Compromisso da Irmandade de São Gonçalo Garcia dos Homens Pardos da Vila do Penedo. 26 de fevereiro de 1807, fl. 4-6. Disponível em http://www.brasiliana.usp.br/bbd/handle/1918/02441400. Acessado em 25/08/2015.

[454] AHU. Al. Av. Doc. 175.

que os "mulatos irmãos" queriam despossar os da Ordem Terceira de seu próprio esquife (que tinham há mais de 80 anos), para usarem apenas aquele da Irmandade[455]. Um típico caso de competitividade entre Confrarias, por prestígio ou para arrecadar alguns ganhos extras em algumas matérias[456].

Em 2 de junho de 1772, os irmãos de São Gonçalo Garcia foram agraciados com uma doação exorbitante. O Coronel João Pereira Alves e sua já mencionada entrega de tantos bens e cabedal para o aumento da Confraria e de suas atividades religiosas e caritativas tornou-se, junto com o Comandante Manuel Martins Ramos, uma espécie de patrono da Irmandade. A única diferença entre o depoimento dos Irmãos no Compromisso e a documentação analisada, é que o número de casas doadas não era oito, e sim quatro[457]. Mas que se forem olhadas em uma perspectiva de aumento de patrimônio, insinua-se a boa administração da Irmandade, saindo de quatro casas para 12, triplicando em um período de 35 anos.

Em 20 de julho de 1807, chegava ao Conselho Ultramarino uma situação inesperada. Gabriel Pereira de Sampaio (atual Capelão), junto com o Juiz Francisco Manuel Martins Ramos (filho do fundador da Irmandade, Comandante Manuel Martins Ramos[458]), entravam em um conflito com uma suposta sobrinha que se dizia herdeira do Coronel João Pereira Alvares. A mulher alegava que passara 30 anos desde a doação e que não tinha sido confirmada, logo, exigia os bens do Coronel. O Capelão, Juiz, e demais membros requereram para o Rei as confirmações das escrituras de doação do Coronel, pois durante anos houve problemas com os procuradores da Irmandade na Corte (tendo um falecido). Pedia uma terceira vez a provisão de Insinuação ou Confirmação da Escritura que eles tinham, algo já solicitado desde 1772.

O Capelão Gabriel Pereira Sampaio participou ativamente do pleito, sendo atestador das originalidades da documentação copiada para análise e (as doações e escrituras) enviadas a Portugal. Destrinchar o processo inteiro não é necessário, sobretudo porque a divisão feita pelo Conselho Ultramarino ficou um tanto confusa, separando papéis copiados dos requerimentos, e deixando o que seria o despacho final no começo da documentação que, infelizmente, encontra-se apagada, impossibilitando a leitura. A título de ilustração, a análise da fonte, na época, fez com que o Escrivão responsável desse o parecer de que o Coronel de fato era solteiro

455 AHU. Al. Av. Doc. 201.

456 BOSCHI, 1998d, pp. 366-368.

457 ROLIM, 2010, pp. 188-189.

458 AHU. Al. Av. Doc. 462, fl. 1.

e sem herdeiros forçados, acrescentando dados que além do Hospital e dos 12 mil cruzados, deu uma quantia de 50 mil cruzados, destinados a serem convertidos em um Morgado para a Irmandade, junto com outras "deixas de quantia avultadas". Somente a análise minuciosa do testamento (enorme, por sinal), pode ajudar a compor um pouco mais o quadro da História da Irmandade de São Gonçalo Garcia[459].

Gabriel de Pereira Sampaio não fora um simples Capelão. Suas atividades na Instituição arrancavam elogios de todos, como pode ser visto em novembro de 1807, quando o Procurador, Francisco Manoel Martins Ramos, levava ao Conselho Ultramarino uma petição que houvesse uma Mesa independente (mas dentro da Irmandade) para administrar o Hospital que tinha sido doado pelo Coronel falecido. Para informar, propagandear ou, simplesmente, sensibilizar o Rei e seus Conselheiros, o Procurador traçou a história resumida da doação do Coronel e do fato de quase terem perdido as suas casas e Hospital no início de 1801. A culpa: dos "péssimos administradores" que tinham sido escolhidos para cuidar dos bens que o Coronel tinha deixado à Irmandade. Suas "dívidas e mau zelo" fizeram com que todo o "legado" (nas palavras do Procurador) fosse quase perdido para os credores e pessoas que negociavam as dívidas dos prédios. Naquela época, Gabriel Pereira Sampaio identificava-se como Juiz da Irmandade, e junto com o Procurador (falecido) Sargento-mor Liborio Lazaro Real, convocou uma Mesa, que, apesar de muitos votos contrários, alcançaram uma Provisão da Junta da Fazenda da Capitania de Pernambuco, em 11 de julho de 1801, onde constava que "conseguiram e[?] ofereceram-no a Vossa Alteza Real por empréstimo para as urgências do Estado, [...], ficando assim seguro o Capital da Irmandade"[460].

Tal perspicácia ou jogo de cintura do Juiz Gabriel Pereira Sampaio o fez criar a imagem de um possível salvador da Irmandade naquele momento. Jogo de cintura que pode ser traduzido por outro prisma de análise como ação de poder contra alguma intervenção exterior do Estado português ou de outra Instituição como a Igreja (Bispado). Essas questões sobre a administração interna das riquezas das Confrarias eram uma característica que todas queriam ter para si, impedindo as intromissões de agentes externos[461]. Quando o procurador escreve ao Rei a ideia de formação da Mesa do Hospital, separa que seriam 12 Irmãos os responsáveis, sendo seis

---

459 AHU. Al. Av. Doc. 455, especialmente fls. 1-5.

460 AHU. Al. Av. Doc. 462, fl. 1-1v.

461 BOSCHI, 1998d, p. 359.

pardos e seis brancos. Quando vai informar a composição dos brancos, o Procurador é enfático sobre Gabriel Pereira Sampaio:

> [...]; e dos Irmãos Brancos, o Reverendo Professor de Latinidade Gabriel José Pereira de Sampaio, Irmão Benfeitor, [d]e que cinco vezes pelo seu zelo tem sido eleito Juiz da mesma Irmandade, e foi igualmente nomeado por Provisão da Junta da Fazenda de Pernambuco, Fiscal das cobranças do mesmo Legado, quando se achavam quase -perdid[a][sic] [, a Irmandade,] nas mãos dos devedores Irmãos[?]; [...] Destes 12 homens pode ser Fiscal das Cobranças o mesmo Reverendo Professor Régio de Latinidade Gabriel José Pereira de Sampaio[462].

Benfeitor, negociador, Juiz por cinco vezes, professor de Latinidade, Fiscal das Cobranças. Quanto mais se vasculha na documentação, mais informações da vida do futuro Comissário do Santo Ofício aparecem à tona. Se sua inquirição foi em *patria commua*, fazendo com que pouquíssimos dados fossem apanhados sobre sua vida, a procura das atividades fora da Inquisição ajudou a traçar alguns pontos interessantes sobre o Eclesiástico. Principalmente se forem tomadas como pontos-chaves de interpretação para compreender sua vida social em prol, ou independente da Inquisição de Portugal.

Se até agora só se observou depoimentos sobre as ações de Gabriel José Pereira de Sampaio, em 20 de novembro de 1807 chegava ao Conselho Ultramarino um requerimento partindo de seu próprio punho, pedindo inúmeras mercês por todos os seus serviços prestados. Dentre elas, a que mais chama atenção, ao mesmo tempo que é a garantia-chave da "formação" da memória do próprio Páraco: um Hábito da Ordem de Cristo[463].

Parece que tudo começou em Recife, no ano de 1807, quando o Padre Gabriel Sampaio levou toda a sua documentação para ser copiada e atestada veracidade para ser remetido ao Conselho Ultramarino e tentar conseguir suas mercês, quais eram: Hábito da Ordem de Cristo, dobro de seu ordenado como Professor Régio de Latinidade e a sucessão de Páraco da Vila de Penedo.

Seguindo a cronologia, parte-se de 1802, quando os primeiros depoimentos a favor de Gabriel Sampaio são coletados para satisfazer os requerimentos de "qualidades e bons costumes". Quatro pessoas deram suas avaliações, sendo elas José Gregório da Cruz, Capitão Mor Vitalício das Ordenanças da Vila de Penedo; José de Sobral Pinto, Capitão Agregado às Ordenanças e atual Juiz dos Órfãos de Penedo; Antonio Luiz Dantas

---

[462] AHU. Al. Av. Doc. 462, fl. 2-3.

[463] AHU. Al. Av. Doc. 465.

de Barros Leite, Cavaleiro Fidalgo da Casa de "Sua Alteza Real", Coronel do Regimento de Milícias da Vila de Penedo; e André de Lemos Ribeiro, Capitão-mor Reformado da Vila de Penedo[464]. Seus depoimentos foram a favor das ações do Padre Gabriel, sempre invocando seu zelo para o bem comum de todos: "fosse pobre, fosse rico". Sempre tinha cuidado com os enfermos, administração dos sacramentos, cuidado nas missas, entre as aulas que dava como professor de Gramática.

José de Sobral Pinto foi quem deu informações mais interessantes. Alegava que o Padre Gabriel atuou com muita determinação no momento da epidemia de bexigas que assolou a Vila de Penedo, e que tinha "feito avultadas despesas na Irmandade de S.S [Santíssimo Sacramento], Ordem 3ª e Igreja de São Gonçalo Garcia, sendo em uma Ministro e nas outras Juiz"[465]. Membro de três Confrarias importantes. E pertencia ao alto escalão de cada uma.

Como fiscal na arrecadação, em 1802, Gabriel Sampaio enviava para Pernambuco requerimento para continuar com tal atividade, visto seu trabalho estar apenas começando. Ganhou a confirmação e um elogio do Juiz Ordinário, que escreveu sobre a pontualidade e o caráter "exato" que tinha durante as arrecadações do empréstimo que tomou da Fazenda Real. Naquele mesmo ano, recebeu a visita de um Reverendo de Pernambuco e relatou a ocasião do cuidado do patrimônio da Capela[466].

Em 1803, as dinâmicas do Padre Gabriel esquentaram um pouco. Sendo necessário levar os livros da Irmandade para serem copiados os termos e as ações documentadas sobre seu "bom zelo" e "bons cuidados" (afinal, queria as mercês), o Eclesiástico bateu-se dentro de sua própria Irmandade. O Escrivão não queria deixar os livros saírem da Instituição, pois estavam aos seus cuidados e seus teores eram importantes e particulares. O Padre Gabriel Sampaio tomou uma atitude bem enérgica, alegando tirania e despotismo do Escrivão dos Livros da Irmandade. A partir de suas poderosas conexões, conseguiu fazer com que o Ouvidor-geral das Alagoas intimasse o Escrivão e o prendesse em Cadeia Pública. Após o acesso aos livros causadores do conflito, o Escrivão foi solto com a advertência a respeito de seu ato de desobediência[467].

---

[464] Nota-se essa relação entre homens brancos, "nobres" e irmãos da mesma Irmandade. Nesse caso, enquanto o Padre Gabriel Sampaio não era agente do Santo Ofício, André de Lemos Ribeiro já era Familiar fazia décadas.

[465] AHU. Al. Av. Doc. 465, fls. 35-42.

[466] AHU. Al. Av. Doc. 465, fls. 30-34.

[467] AHU. Al. Av. Doc. 465, fls. 26-29.

Uma vez entregues os Livros ao Ouvidor e ao seu Escrivão, alguns termos foram copiados, para se compreenderem, na época, as atividades do Padre Gabriel. Do ano de 1798 havia páginas relativas à ocupação do lugar de Juiz da Irmandade e administrador do Hospital. O ano de 1801 foi marcado pelo que se pode considerar como um conflito dentro da Instituição, quando foi estabelecido que nos bilhetes de votos para as eleições fossem assinados os nomes das pessoas, para evitar "desacatos", "insolências" e bilhetes "injuriosos"[468] que vinham sendo recorrentes. Mas como aquelas cópias podem ajudar a esclarecer aspectos da vida do Padre Gabriel?

Ora, em 1805 temos alguns indícios sobre seu comportamento dentro da Instituição. O Eclesiástico enviou uma carta ao Rei de Portugal, afirmando ter sido Juiz da Irmandade por sete vezes seguidas e que tinha recolhido 20 mil cruzados para a Irmandade, do empréstimo que tinha tomado da Fazenda Real de Pernambuco para acudir as administrações da Instituição e do Hospital. Interessante é sua frase citada: "defeituosa administração de uns pobres pardos". Em 1805, o príncipe regente (Dom João VI) mantinha o religioso no cargo, por conta de seu "zelo" e indicava que não havia perigo de a Irmandade ser retaliada (cobradas suas dívidas).

Volta-se a 1807, quando o Padre Gabriel estava em Recife juntando toda documentação referenciada. Além das posições de engrandecimento da conquista e, consequentemente, da Monarquia, o religioso voltava ao assunto de cunho depreciativo à administração da Irmandade. Dizia que como Fiscal da Cobrança da Fazenda Real, tinha atuado muito bem, mas que todo mundo que devia algum tipo de pagamento tinha falecido, e que a Irmandade era administrada por "Pardos, iliteratos, pobres, e sem legítima autoridade para aquela administração", recaindo, em suas palavras, em "mãos ambiciosas"[469].

Abrindo um pequeno espaço de avaliação volta-se ao assunto da prisão do Escrivão e do depoimento dado pelo Procurador Francisco Manoel Martins Ramos, onde o religioso entrou em conflito com muitas pessoas da Instituição. Levando em consideração que a Mesa da Irmandade se compunha de brancos e pardos, é de se imaginar que o Religioso não era tão prestativo com seus companheiros de administração. Poderia ser com os enfermos, com os fiéis da Igreja etc. Mas em relação à administração da Irmandade, a situação tinha seus recortes de classe.

[468] AHU. Al. Av. Doc. 465, fls. 18-25.

[469] AHU. Al. Av. Doc. 465, fls. 1-14v.

Não se pode afirmar que o Escrivão preso era pardo, mesmo que tal ação tenha sido bem imediata e enérgica. Mas é interessante ver que o Padre afirmava das falhas da administração da Irmandade de São Gonçalo Garcia como sempre culpa dos "pardos". Se o Procurador não deixou a informação evidente, o Padre decidiu escancarar tais "más qualidades" ao Rei de Portugal. Ser Ministro de uma Irmandade do Santíssimo Sacramento (para brancos), além de uma Ordem Terceira (Juiz), já indicaria essa opção do Padre Gabriel sobre as ideias de superioridade de qualidades. E tal colocação se torna mais importante nesse período do século XIX. Se o Santo Ofício era importante para limpar o "sangue judeu" de muitas linhagens nos séculos XVII até o decreto de Pombal no XVIII, pode-se imaginar a "mulatisse" como um motivo-chave nos Trópicos, principalmente, para o Padre Gabriel: reforço de sua condição branca (natural da Bahia, maior cidade negra do Brasil)[470].

Em 1807, a documentação referente a sua petição, atravessou o Atlântico, indo parar nos Tribunais de Portugal. Os pedidos continuavam os mesmos: receber o dobro do ordenado de Professor, o Hábito da Ordem de Cristo e a sucessão no cargo de Pároco da Vila de Penedo. Usava como argumentações jurídicas a seu favor o fato de ter inúmeros serviços pela Coroa e que, apesar disso, não possuía nenhuma mercê registrada, portanto necessitava daquela graça do Rei.

Nesse ínterim documental, aparece um depoimento de um Desembargador da Relação e Casa do Porto com exercício na Cidade da Bahia. Curiosamente assinou o documento estando na Vila das Alagoas. O Magistrado era José dos Santos Pinheiro de Matos, Cavaleiro Professo da Ordem de Cristo, conhecedor da vida dos pais e do próprio Gabriel de Sampaio, informando sua boa condição e elogiando suas atividades em prol do Rei de Portugal. Não se sabe se tal depoimento existe por conta da posição do Magistrado ou se foi por algum motivo particular[471].

Para mudança de ares, em agosto, o próprio Padre foi até Lisboa, pedir audiência ao Rei de Portugal. Escreveu um documento imenso de caráter estritamente vassalo, com expressões de humildade e inferioridade em relação ao seu Monarca[472]. Atitude que não se sabe se surtiu efeito para ter

[470] Na denúncia que travou contra os Familiares José Gomes Ribeiro e Manoel Gomes Ribeiro, por concubinato, escreveu que uma das mulheres tinha "casta de parda". Seria interessante verificar até que ponto o Padre Gabriel, em ações da Inquisição, diferenciava seu linguajar de acordo com a pessoa que pretendia expor.

[471] AHU. Al. Av. Doc. 465, fls. 45-60.

[472] Para quem tem dificuldade em juntar as vidas cronológicas de pessoas diferentes, aí vai um aviso: o Procurador da Irmandade de São Gonçalo Garcia, Francisco Manoel Martins Ramos, estava em Lisboa naquele momento para pedir a criação de uma Mesa Administrativa para o Hospital da Irmandade em Penedo, sendo ele a testemunha

um encontro com o Rei, mas que fez a mercê ser garantida. No despacho do Conselho Ultramarino, encontra-se um discurso pitoresco:

> Parece ao Conselho conformar-se com as Respostas do Conselheiro Fiscal das Mercês, e do Desembargador Procurador da Fazenda pela exorbitância das pretenções[?] do Suplicante entendendo porém o Conselho, que o único serviço do Suplicante, ***que merece alguma atenção*** é o Donativo voluntário de duzentos e quarenta mil réis, importância do seu Ordenado de um ano, que ele cedeu a favor da Fazenda Real, parece ao mesmo Tribunal, que este ***serviço extraordinário*** do Suplicante ficará muito exuberantemente Remunera-lo, se Vossa Alteza Real se dignar conceder-lhe graça, sem[?] exemplo, do Hábito da Ordem de Christo com a Tença de doze mil réis, assentada em Almoxarifado não proibido: Vossa Alteza Real porém resolverá o que for Servido. Lisboa 20 de novembro de 1807[473].

Parecer esse do Conselho Ultramarino que foi consultado por Dom João VI, assinado no Palácio de Mafra, em 22 de novembro de 1807. Nessa mesma época, terminando em 1808, o Padre Gabriel ganhava o Hábito de Comissário do Santo Ofício da Inquisição, mas teria que esperar até o ano seguinte para ter finalizado o processo da Ordem de Cristo, e receber a Mercê em 25 de fevereiro de 1809[474].

Querer o Padre Gabriel ser Comissário do Santo Ofício tinha mais a ver com zelo religioso ou com "limpeza de sangue"? Ou, de maneira simplória, seu desejo era apenas "tornar-se elite"? Observando sua pequena e riquíssima trajetória, é-se tentado a pender a balança para perseguição religiosa. Mas sem contextos alargados demais (Penedo: vila de mulatos, metida ao sertão etc.). Afinal, administrava um Hospital, cuidava dos enfermos, conduzia os sacramentos, dava as missas, participava de procissões religiosas convocadas pela Câmara[475], enterrava os irmãos mortos, geria os sepultamentos, tornou-se Juiz de uma Irmandade Religiosa, Juiz de uma Ordem Terceira, Ministro de uma Confraria e Capelão da própria São Gonçalo Garcia. Afora do Hábito da Ordem de Cristo e de Comissário do Santo Ofício, exigia o dobro de ordenado como Professor Régio de Gramática Latina e ser o próximo Pároco-geral da Vila de Penedo, porque o atual naquele momento era tão enfermo que estava prestes a falecer.

---

do processo do Padre Gabriel para Comissário do Santo Ofício, que foi pedido em *patria commua* exatamente porque o Padre se encontrava em Lisboa e tendo seu braço direito lá assentado para dar depoimento. A desculpa que o Eclesiástico deu da locomoção do Santo Ofício para Penedo pode ser óbvia: tinha inimigos demais.

[473] AHU. Al. Av. Doc. 465, fls. 43. Itálico-negrito-sublinhados meus.

[474] AHU. Al. Av. Doc. 465, fls. 62-63.

[475] AHU. Al. Av. Doc. 465, fl. 45, *passim*.

As atividades dentro das Irmandades e Ordens Terceiras sempre demonstram um pedaço não conclusivo, mas altamente representativo da dinâmica social de uma pessoa (qualquer pessoa) dentro da estrutura da sociedade: "manifestação da fé, posição defensiva, face à autoridade da Igreja, refúgio na vida e segurança face à morte, gosto da ostentação e prova manifesta de uma posição social, as Confrarias foram tudo isso ao mesmo tempo"[476].

Da mesma maneira, com o passar do tempo — recortando para a Misericórdia de Lisboa —, as Confrarias começavam a se fechar mais entre seus membros, impedindo, sistematicamente, a presença nas procissões de toda a sociedade, que "[...] longe de se envolver nos rituais e participar a ponto de se apropriar simbolicamente da Confraria, passa a ser chamado a presenciar espetáculos de forte cariz demonstrativo, destinados a representar e construir a hegemonia de seus protagonistas"[477]. Em uma sociedade colonial, fortemente moldada pelo modo de produção escravista colonial, com supraestruturas sociais como a pureza de sangue, as Confrarias eram utilizadas como meio "[...] importante na construção da ideia de comunidade, uma vez que nos encontramos perante sociedades onde a desigualdade era uma realidade"[478].

***

Dessa maneira, viu-se os Agentes do Santo Ofício inseridos em instituições que garantiam, a partir de suas normas e estatutos, prestígios, honras, isenções e atribuições que aumentavam seus poderes de mando, simbólicos e aberturas de vias para novas alianças sociais. Os regimentos Militares, as Câmaras Municipais e as Confrarias religiosas não eram espaços individualizados, mas que aglutinavam diferentes corpos sociais, criando, mantendo e reproduzindo hierarquias antigas e novas.

Nos espaços "alagoanos", os Familiares e os Comissários do Santo Ofício já tinham "construído" sua vida nessas instituições antes mesmo de galgarem o posto da Inquisição. Não se arrisca dizer que uma Instituição influenciou a outra — a Inquisição com Câmara, Militares e Irmandades ou vice-versa —, mas se propõe a imaginar que, uma vez habilitado pelo Tribunal, em outros acontecimentos históricos tais títulos poderiam não ser

[476] RENOU-., 1991, pp. 397-398.

[477] SÁ-, 2013, p. 101-103.

[478] SÁ-, 2013, p. 101-103.

um subordinado ao outro, mas mesclados de acordo com os interesses da situação. Tais hipóteses, por enquanto, ficarão no campo das ideias, necessitando de pesquisas, principalmente, em ações inquisitoriais. É importante salientar — e o exemplo de André de Lemos Ribeiro é ótimo para isso — que nada era perpétuo, apenas o ofício da Inquisição. Logo, além de "construção", deve-se pensar a todo o momento em dinâmicas históricas nas vidas desses agentes do Santo Ofício.

Sobre o poder "repressivo", encara-se que todas essas instituições agregavam maiores valores e prerrogativas aos agentes da Inquisição, fazendo com que seus "afazeres" pudessem ser alargados e aumentados. Nesse caso, os regimentos Militares davam aos agentes um poder de mando no âmbito "civil", das ordens expedidas, dos emolumentos que recebiam e da perseguição aos crimes seculares. A Câmara Municipal dava o poder da fiscalidade (a econômica é bem interessante) e alianças com os oficiais de justiça (ouvidores e juízes). Já as Irmandades não teriam um "poder repressivo", mas dependendo da posição do agente dentro da Instituição (Juiz, Procurador, Irmão, Padre Comissário), suas ações sociais poderiam ser mescladas e atuadas com a perseguição religiosa e da moral que era dada pelo Tribunal Inquisitorial.

Dentro de todas essas instituições, outra observação pode ser feita, não mais sobre o "poder repressivo", mas acerca da ideia de representação na sociedade. Afinal, nos três espaços, havia a prerrogativa institucionalizada e costumeira de se mostrar. Os Militares no ato de andarem fardados e nos momentos de cotejos públicos. Os oficiais da Câmara em dias de procissões como a de *Corpus Christi* vestindo suas melhores roupas. E as Confrarias nessa mesma procissão, usufruindo de seu hábito, além das outras atividades não cíclicas, mas regulares da Ordem/Irmandade, como os cotejos fúnebres e festas particulares. Nesses três pontos, atento para a conjunção entre atividade pública e roupas. Lembrando que os Familiares e Comissários também tinham essas atividades em sua "agenda", a saber: a Procissão do dia de São Pedro Mártir (patrono da Inquisição) e o uso de seu Hábito do Santo Ofício e Medalha.

CAPÍTULO 5

OS PODERES DE MANDO ALÉM DA INQUISIÇÃO

Quando em 1669 o jurista português Manuel Álvares Pegas dissertava sobre o direito filipino e sua aplicabilidade na sociedade portuguesa, chegou a seguinte opinião: "nem é novo, nem contrário aos termos da razão, que um e o mesmo homem, sob diferentes aspectos, use de direitos diferentes"[479].

Apropria-se de tal raciocínio para se fazer alguns remanejamentos teóricos. A saber: trabalhar este capítulo como um espaço no qual os Familiares e os Comissários do Santo Ofício não exerceram em demasia seus direitos e prerrogativas que o título lhes impunha no âmbito do poder. Sabe-se que era quase obrigatório ter uma ocupação e/ou um ofício para poder se candidatar a agente da Inquisição. Uma vez já habilitado, suas ocupações bases não foram deixadas de lado, subministradas ou inferiorizadas pelo novo cargo, que se tornou, antes de tudo, um complemento. Encontrar as atividades desses vários Estados dentro de uma só pessoa é o intuito deste capítulo, que representa um ponto-chave no estudo dos habilitados pelo Santo Ofício, demonstrando que os próprios se preocupavam com as dinâmicas locais em que eram moradores e que em várias ocorrências se valeram de direitos diferentes para exercer seus poderes de classe no Brasil colonial.

5.1 Religião

Um Eclesiástico atuava de diversas maneiras. Tanto no sentido espiritual quanto no material. Na política e na perseguição inquisitorial. E até mesmo pegando em armas para defender a monarquia[480]. A vida do Clero (regular e secular) na América foi tão morosa quanto elétrica. Dividir suas atividades e categorizá-las pode ser um erro tremendo, mas necessário para melhor se compreender um trabalho que está se propondo. No tópico atual, escolheu-se apenas um documento, relacionado a Antonio Correa da Paz, primeiro Comissário do Santo Ofício em "Alagoas Colonial" de que

---

[479] PEGAS, Manuel Alvares. **Commentária ad Ordinatones Regni Portugalliae.** Ulysipone, 1669-1703, 12 tomos +2, 1669, XI, ad 2, 35, cap. 265, n. 21. *Apud:* HESPANHA, 2003, p. 82.

[480] HOORNAERT, 2008. BOXER, 2007. ROLIM, 2010. MOTT, 1992. LENK, 2013, p. 42.

se tem notícia. Foi o único caso de um Eclesiástico discursando sobre um assunto que se pode enquadrar numa tipologia essencialmente religiosa, pois apareceram assuntos sobre aldeamentos, catequização e evangelização de indígenas. Outros Comissários do Santo Ofício irão aparecer no decorrer deste capítulo, mas sempre em ações diferentes: disputas de terras e conflitos ou alianças com Ouvidores.

Posterior a 1699, o Padre Antônio Correa da Paz enviava uma reclamação ao Rei de Portugal. Pedia sua "clemência e piedade". Demandava algo inusitado, tornar-se Administrador dos Índios Aldeados da Aldeia do distrito da Vila das Alagoas, donde morava[481]. Solicitação incomum, porque os clérigos do Hábito de São Pedro, por serem seculares, não tinham em suas prerrogativas a catequização própria do Clero Regular, como os jesuítas e franciscanos. Não se sabe até que ponto essa junção de jurisdição era algo comum em "Alagoas Colonial", visto que em Penedo, mais ou menos na mesma época, um Clérigo do Hábito de São Pedro também se enveredou nos caminhos catequizadores nos espaços das Minas de Salitre.

A motivação do Padre Antônio Correa da Paz, nesse caso, não era estritamente religiosa, mas igualmente material. O Comissário do Santo Ofício não pedia para ser administrador apenas por causa de um fervor de fé católica e zelo religioso de garantir ao seu rebanho de almas os ensinamentos da moral cristã. O Eclesiástico estava entrando em conflito com o atual Missionário daqueles indígenas, um religioso Franciscano chamado Frei Damião das Chagas. Tal agente catequizador estaria, nas palavras de Antônio Correa, a requerer por seus interesses particulares sobre as terras da Aldeia, pretendendo assenhorear-se delas para promover seus próprios intentos, utilizando os indígenas contra o Padre Comissário[482].

Ao contrário de Antônio Correa da Paz, que enviou um documento ao Conselho Ultramarino, o Missionário Damião das Chagas foi mais incisivo, mandando seu depoimento para a própria Inquisição analisar[483]. O que indica dois pontos iniciais: **1)** conhecimento de uma "divisão de poderes" e jurisdições entre as instituições e, o mais importante, **2)** saber que Antônio Correa da Paz se exibia publicamente como Comissário da Inquisição. O discurso do Missionário baseou-se muito mais na questão

[481] AHU. Pe. Av. Doc. 1809, fl. 1.

[482] AHU. Pe. Av. Doc. 1809, fl. 1. Sobre aldeamentos indígenas, ver: MELLO, 2009, em especial, pp. 25-48, 241-317. ALMEIDA, 2014, pp. 435-437, 438-439. GORENDER, 1978, p. 128, 473, 482-486. HOORNAERT, 2008, pp. 126-132. SÁ, 2010, p. 267.

[483] ANTT. TSO. Mç. 16, Doc. nº 11.

do poder repressivo e na vontade gananciosa de Correa da Paz em obter aquelas terras para utilizar a seu bel-prazer econômico. Esse assunto da "história da terra" será esmiuçado mais adiante (Tópico 5.3).

Antonio Correa da Paz dizia-se dono das terras, e que as mesmas pertenciam a sua família desde "tempos imemoriais", dadas por boa vontade para se criarem a Aldeia dos índios, que a receberiam para "sua cultura do seu sustento livre de todo o foro ou penção", alegando a "domesticação" dos mesmos e propagandeando-os como pessoas sempre prontas para os serviços e ordens dos Governadores de Pernambuco, porque os foram durante "as guerras dos Palmares", quando o Governador na época, Caetano de Melo Castro, fez com que os indígenas fossem colocados em um lugar chamado Paraiba[?] Mirim, nas terras do Palmar, para ali pararem os "ímpetos, e insultos que os negros faziam". Mesmo após as guerras, o Eclesiástico dizia que ele e seus predecessores (família) tiveram o "zelo de sustentar nas suas terras" aqueles indígenas, tratados como "rebanho de almas cristãs", escrevendo para sensibilizar o monarca que continuava convocando "novos índios para a antiga aldeia das Alagoas", dando lá os sustentos necessários até aquele presente momento, "domesticando-os", evitando "alterações"[484].

Sabe-se que o aldeamento indígena também servia para prover de mão de obra escrava, empreendimentos dos luso-brasileiros no mundo açucareiro, nos cuidados de plantações de subsistência e até mesmo no tanger de gado[485]. Sabemos que os Correa da Paz-Araújo tinham esse trato. Soma-se utilizá-los como força armada (ou de batalha) contra possíveis ataques de remanescentes palmarinos, que ajudaria a fazer o Rei pensar em como o religioso cuidaria para que o Monarca fosse sempre a autoridade máxima, ao mesmo tempo que resguardaria a segurança de sua conquista[486]. Os aldeamentos, apesar de seu caráter estritamente religioso, serviam aos propósitos dos conquistadores-colonizadores, visto que os indígenas tinham perícias como pisteiros e arqueiros, fosse em ataques ou em defesas de povoações[487].

O Comissário do Santo Ofício pedia ao monarca de Portugal, em consonância com o Bispo de Pernambuco, a saída do Missionário Franciscano e a promoção de ser ele mesmo o Pároco[488] da Aldeia dos Índios. A mercê deveria ser passada e o Bispo de Pernambuco, Francisco de Castro,

---

484 AHU. Pe. Av. Doc. 1809, fl. 1.

485 ALMEIDA, 2014, p. 436.

486 BOXER. 2007, pp. 61-62.

487 RUSSELL-WOOD, 2010, p. 197.

488 A palavra Missionário foi riscada do documento: "Missionário".

iria nomear o suplicante (Antônio Correa) naquele cargo da "dita Aldeia". Entretanto consentiu que o período de Antônio Correa da Paz como missionário deveria ser breve, pois em seguida o Bispo iria enviar para suas terras outro missionário (não diz a ordem), e que o novo missionário fosse "único e capaz de continuar neste exercício, sendo merecedor dele por seu préstimo, de bom procedimento; com a ordinária e côngrua costumada"[489].

Ou seja, o Comissário do Santo Ofício não cobrava nenhum foro ou pensão pelas terras, na verdade, comportava-se como um "Senhor", ou como um Rei: exigindo atributos e virtudes que fizessem, no limite, o futuro missionário não entrar em conflito com o Comissário, dando-lhe benefícios (côngrua e ordinário) para evitar algum tipo de maquinação do religioso sobre as terras do agente do Santo Ofício[490].

Mas tudo se resumiria apenas em poder? Em economia, em ganhos políticos e controle de suas "terras imemoriais" passadas de geração em geração? Um poder ligado unicamente ao pertencimento de terras? É interessante ressaltar que ser um Comissário do Santo Ofício ajudou o Padre Antônio Correa da Paz em seus afazeres religiosos e na maneira de como poderia utilizar o discurso missionário para variados fins. Observe-se, ainda, que as estruturas missionárias de catequização e evangelização — a doutrina, ou "domesticação", como diz no documento — obedeciam aos parâmetros do Concílio de Trento[491], ou seja, a Inquisição estava intrinsecamente ligada às atividades "missionárias" de Antônio Correa[492]. Pois seu ofício "santo" era perseguir ações que adivinham de práticas ameríndias, podendo ser cometidas em aldeamentos passíveis de punição. Uma vez aceito padre e agente da Inquisição, o Padre Comissário deveria vigiar aqueles que idolatrassem outros deuses, fizessem rituais mágicos (feitiçaria)[493], fossem bígamos, tivessem relações homoeróticas etc.[494].

Essas colocações ajudam a entender como a conquista americana foi palco de atividades que deram razão à ação da Inquisição em solos tropicais. Tais "criminalizações" não foram criadas na América, apesar de poderem ter sido reinventadas, adaptadas e modificadas. Os indígenas na América "[...] provinham de uma sociedade perfeita, uma sociedade criada segundo

489 AHU. Pe. Av. Doc. 1809, fl. 1v.

490 Tal prática foi comum no Rio de Janeiro, dentro do seio das famílias da nobreza da terra, o que nos leva a pensar acerca desse "comportamento" para "Alagoas Colonial", cf. FRAGOSO, 2014a, p. 211.

491 SÁ, 2010, p. 280. AGNOLIN, 2009, pp. 215-219.

492 MENDONÇA, 2010, pp. 15-16. No nosso caso, hipotetiza-se que Antonio Correa da Paz tentava aglutinar essas duas "jurisdições de repressão".

493 VAINFAS; SANTOS, 2014, pp. 495-498. CRUZ, 2013, pp. 97-106, 193-198.

494 RESENDE, 2013, pp. 356-358.

as leis naturais concebidas pelo Criador". Nas interpretações religiosas dos europeus, teriam "involuído", caindo em "decadência" e cunhando hábitos considerados abomináveis à tradição cristã, prova de que, na América, de acordo com as primeiras crônicas, "depois da vitória do cristianismo na Europa, os demônios teriam voado em grande quantidade para o Novo Mundo, procurando refúgio e novas almas para atormentar". Nesse ínterim, "a fome, a nudez, a falta de pudor e de regras das sociedades americanas seriam obras da miséria promovida pelo Diabo", dando combustível para que os missionários imaginassem, e vivessem essa "realidade", que na América havia "[...] duas Igrejas: uma boa e católica e outra diabólica"[495].

Pensar isso no âmbito Inquisitorial-religioso permite traçar as diferentes posições sociais de Antonio Correa da Paz, preocupado em demasiado com suas terras e seu prestígio de poder material, ao mesmo tempo que era um oficial da Inquisição, sendo passível de controlar e punir os possíveis desviantes em suas jurisdições. Dominava os indígenas, impedindo-os de transgredirem as normas católicas, e evitava os próprios colonos brancos (ou africanos escravos ou livres) que se servissem das práticas originárias.

Apesar das atividades excessivas do Comissário só poderem ser mais bem compreendidas com a leitura dos próximos tópicos, pode-se já colocar neste parágrafo que em 1726 os inquisidores de Lisboa começaram a "advert[ir] o reitor do colégio dos jesuítas de Olinda [...], que não confiasse as missões a serem feitas nas Alagoas ao velho comissário, 'por não ser conveniente'"[496]. Mas isso não freou o Comissário "alagoano", pois em 1732 foi ele o encarregado de remeter a Lisboa a denúncia do Padre Antonio Neves, pelo crime de solicitação[497].

Em um efeito bola de neve, do Tribunal de Lisboa até o centro de Pernambuco, notícias sobre as atitudes do "velho comissário" não mais despertavam confiança, possivelmente por conta de suas ações que extrapolavam alguns limites do poder que detinha. De 1674 (quando se tornou Familiar) até 1732 (caso do Padre solicitante), foram 58 anos de atuação religiosa. O que lhe rendeu poder, riqueza material e aliados políticos. A Inquisição não era tudo para o Comissário do Santo Ofício, mas, claramente, servia-lhe como um bom instrumento de poder físico e discurso moral para justificar possíveis ações. Pode ter pagado o preço pelos excessos, mas nunca deixou de contribuir para o Tribunal da Inquisição.

---

495 Todas as citações do parágrafo foram retiradas de RAMINELLI, 2013, pp. 40-42.

496 FEITLER, 2007, p. 125.

497 FEITLER, 2007, p. 207. Sobre o Padre Antônio Neves, MOTT, 1992, pp. 16-17.

5.2 Mercância

Encontrar atividades econômicas em um sentido estrito do termo é difícil e complicado para os dias atuais, principalmente por conta da raridade da documentação, sua dispersão e falta de sistematicidade[498].

Outros indícios que encontramos sobre os Mercadores "alagoanos", como se pode ver no Capítulo 2, foi que Severino Correa da Paz tinha negócios na praça central de Pernambuco antes mesmo do período da Guerra dos Mascates (1710)[499]. A dúvida que fica é: como Severino Correa da Paz conseguiu somas vultosas para bancar negócios agropastoris dos Araújo e em décadas construir um domínio econômico de respeito?

Não se pretende repetir as análises sobre as estratégias mercantis que já foram tão bem expostas em outros estudos[500]. O que se pode resumir é: utilizando as estratégias de comprar barato e vender caro, a partir de condicionantes como viagens e peripécias da vida americana, somando os créditos, pode-se hipotetizar como os Correa da Paz arrumavam parte da renda para bancar os primitivos gados e, provavelmente, o tabaco da família Araújo até se tornarem proprietários de Engenho de fazer Açúcar[501]. Partir-se-á, assim, de uma interpretação da economia enquanto ação inserida dentro de uma totalidade da vida americana: "[...] na história econômica, certas variáveis não podem ser medidas por falta de fontes e, principalmente, porque fatos políticos, sociais, etc., não quantificáveis, intervêm como variáveis determinantes"[502].

A partir de rastros discursivos, pode-se alargar um pouco mais da história econômica dos Correa da Paz-Araújo. Já se sabe que Antonio Correa da Paz se tornou Familiar em 1678 por conta do falecimento de seu pai, Severino Correa da Paz. Um dos entrevistados para a inquirição, Domingos Muniz[?] da Fonseca, morador da Alagoa do Sul, homem casado e de 47 anos, disse ter conhecido Severino e Catarina, sendo que o patriarca teria falecido *em Portugal*. Essa informação ajuda a demonstrar o tamanho da esfera mercantil de Severino Correa da Paz, que não seria um simples Mercador das bandas sul da Capitania de Pernambuco. Sua fortuna poderia ter sido criada por decorrência de dois fatores.

---

[498] DEL PRIORE, 1997, pp. 276-330.

[499] Esses indicativos puderam ser confirmados a partir da pesquisa hercúlea de George Félix de Souza em sua obra sobre os Comerciantes no Recife, SOUZA, 2012, pp. 292-299.

[500] SOUZA, 2012, pp. 150-153.

[501] SOUZA, 2012, p. 155.

[502] CARDOSO, 2002, p. 49.

1. Recife e Olinda já eram localidades bem estabilizadas nos anos 60 do Seiscentos, com suas categorias sociais bem delimitadas (Senhores de Engenho e Comerciantes). Nesse pós-guerra holandesa, "Alagoas" aparecia como uma "periferia" promissora por conta do aumento produtivo de gado e tabaco[503]. Ter iniciado seus tratos mercantis fazendo comércio sobre produtos de necessidade ímpar na manutenção da dominação colonial — tabaco para os cofres da monarquia e compra de escravos e o gado para subsistência interna, principalmente Militar — pode ter ajudado Severino em sua primeira estratégia de aumento de cabedal.
2. O segundo fator necessita de mais pesquisas, mas é uma ideia que se pode levar em consideração. Após se casar e estabelecer-se na Vila das Alagoas, Severino Correa da Paz aproveitou-se de duas oportunidades de conseguir terras: a recuperação dos Engenhos de Açúcar e lavouras de cana no pós-guerra holandesa, e as inúmeras concessões de Sesmarias dadas pelo Rei de Portugal, por conta da sistemática destruição e ocupação dos Mocambos de Palmares[504].

Ao observar os naturais da terra fugindo ou dispendendo suas riquezas para combater os palmarinos, Severino Correa da Paz pode ter se aproveitado para adentrar e fazer valer seus talentos mercantis, produzindo e vendendo produtos que eram de interesses das autoridades e da população local. Seu lucro, nesses dois casos, foi revertido em bens imóveis, visto que Catarina de Araújo tinha um Engenho e deu uma Sesmaria como dote de casamento de sua filha para que fosse construído outro.

Deparar com a documentação que há caracteres "econômicos" é como fazer o teste psicológico do copo com metade de água. Se disser que está meio cheio, você é considerado otimista, se disser que está meio vazio, você seria pessimista. O mesmo acontece nesse documento. De todos os Familiares do Santo Ofício pesquisados, o único que se pode encontrar alguma documentação de cunho econômico foi José Lins do Vabo, em sociedade com Bartholomeu Fernandes, falecido em 1806[505]. Pequeno recorte cronológico. Apenas para o ano de 1806. Considera-se, para os padrões alagoanos, um copo meio cheio.

---

503 Sobre essa dinâmica, conferir MACHADO-, 2020.

504 Sobre as concessões de terra, conferir MACHADO-, 2020. MARQUES-, 2016.

505 Fazendo com que essa fosse a origem do documento (o falecimento) que hoje está depositado no Arquivo do IHGAL. A documentação é feita de folhas soltas, começando a partir da página 8, o que indica estar incompleta, mas as páginas seguintes são contínuas, até chegar a um final, havendo outra ruptura, terminando com o fechamento do documento.

Bartholomeu Fernandes e José Lins do Vabo tinham negócios na Cidade da Bahia, de onde vinham seus produtos. A documentação foi produzida na Vila de Porto Calvo, o que presume que as negociações se davam na vila natal de José Vabo, pois, em certos momentos, algumas pessoas eram tratadas como "desta vila". A título de ilustração, José Lins do Vabo, considerado Tenente, em sua habilitação para o Santo Ofício, de 1790, não informava cargo algum. Todavia, havia outro José Lins do Vabo residente naquelas cercanias, no termo de Porto de Pedras, Vila de Porto Calvo, morando no Engenho de Açúcar Mato Grosso, casado (e depois viúvo em 1795) de D. Ana Victoria Lins[506].

A encruzilhada da hipótese de se estar lidando na documentação de Bartholomeu Fernandes com o José Lins do Vabo Familiar do Santo Ofício seria a sua ocupação de Comerciante e o cargo de Tenente Coronel (e, faço lembrar, era casado com D. Maria Moura Nigramontes[?]). Ou seja, crê-se, até que se prove o contrário (que não vai afetar os argumentos principais destas linhas), que o José Lins do Vabo trabalhado nessa documentação é o mesmo que se tornou agente do Santo Ofício em 1790, por conta de sua atividade de Comerciante e do estabelecimento nas terras do pai, Gonçalo Lins do Vabo, que era Tenente Coronel, o que reforça a posição de hereditariedade do cargo.

O José Lins do Vabo viúvo (vamos chamá-lo dessa maneira) pode fazer parte do mesmo tronco de parentesco, mas, certamente, tratava-se de uma pessoa diferente e sem vestígios de ser o mesmo que está em sociedade com Bartholomeu Fernandes, visto que em nenhum momento se identificou como Militar ou homem de negócio.

Estabelecidos os personagens, passa-se à análise do comércio. As Mercadorias que conseguiam na Bahia eram de três tipos: tecidos variados (pano, linho, seda), passando por utensílios (pregos, enxadas), consumo (vinho, sal e carne) e dinheiro (débito). O carregamento dava-se via jangada e terrestre, com pagamentos feitos aos "negros da Bahia", com "jangada que trouxe a fazenda da praia a esta vila", "carreta de carro", "jangada que trouxeram a carne da praia", e "carros para carrear a dita carne para a vila"[507]. Chegava-se a Porto Calvo via fluvial e, depois, continuavam via terrestre, demonstrando aquilo que seria um dos principais meios de comunicação do "nordeste" brasileiro: os rios, principalmente os pequenos[508].

---

[506] APA. GC. Cx. 0957. Auto de Inventário de D. Maria Victoria Lins a mando de José Lins do Vabo.

[507] IHGAL. 00078-02-03-13. FERNANDES, Bartholomeu. Balanço das contas da sociedade com José Lins do Cabo [sic]. (...). 2 ago. 1806, fls. 1-3.

[508] DIÉGUES JÚNIOR, 2006, pp. 45, 113. MELLO, 2002, pp. 179-220. Sobre a dinâmica dos habitantes de Porto Calvo, Alagoas e Penedo com o Porto da Bahia, ver, MACHADO-, 2020. CARREIRA, 1983, p. 290. Informação

O comércio de tecidos e gêneros merece atenção nessa transição do século XVIII para o XIX[509]. Só aos finais do século XVII é que o monarca autorizaria a parada de navios da Carreira da Índia, mas só no que concernia ao abastecimento e esperar por melhores condições de viagem[510]. Saber se os habitantes de Porto Calvo, Alagoas e Rio de São Francisco tinham, ou não, comércio, e se auferiam de produtos da Índia, não é possível saber com convicção, mas pensa-se que uma primeira consulta aos testamentos seria de grande valia[511]. Principalmente, por conta dos diversos significados desses produtos têxteis que podem ser de luxo (como a seda, propriamente chinesa) e que em espaços portugueses adquiriam até mesmo significados religiosos e profanos[512], sendo hipótese o comércio de tecidos e outros utensílios entre José Lins do Vabo com diversos Eclesiásticos de Porto Calvo, sendo um produto que garantia bons lucros[513].

O comércio do Vinho e do Sal pode ser advindo das características do monopólio comercial que Portugal impunha às suas conquistas[514]. Infelizmente não se tem as denominações do produto, para saber, por exemplo, se o Vinho era do Porto e o Sal de Setúbal. Tudo indica que sim, mas, em um império mercantil marcado desde seus primórdios pelo contrabando[515], muito se tem que desconfiar. Apesar disso, sua incidência foi mínima, pois o grosso do trato advinha de carnes, utensílios e tecidos (muito mais tecidos). De certeza, tem-se apenas a proveniência das carnes, que vinham do Ceará(!).

Interessante observar essa dinâmica, pois Alagoas, Sergipe, Bahia, e a região do Rio de São Francisco (Penedo e seus termos), eram produtoras de gado e tinham suas dinâmicas comerciais sobre tal item de consumo. As carnes foram comercializadas com pessoas "comuns" e Militares, o que indicaria o uso delas para alimentação pessoal e/ou abastecimento de tropa. Não se encontrou intercâmbio de carne com Eclesiásticos, mas em compensação, tem-se comércio de Vinho com um dos Párocos.

Geral da Capitania de Pernambuco. In: **Anais da Biblioteca Nacional do Rio de Janeiro**. Rio de Janeiro: Biblioteca Nacional, Volume XXVIII, 1906, p. 462.

509 Em uma temporalidade e espacialidade maior, conferir GODINHO, 1981, vol. I, pp. 147, 169, 195-196, 234-235. GODINHO, 1981, vol. II, p. 31. GODINHO, 1990, pp. 100, 440. AZEVEDO, 1973, pp. 405-407, 413-416. SERRÃO, 1992, pp. 89-97.

510 PEDREIRA, 2010, pp. 68-69.

511 Sobre o comércio indo-brasileiro, ver ANTUNES, 2010, p. 389, 393-394.

512 SOBRAL, 2010, p. 415, 423.

513 VENÂNCIO; FURTADO, 2000, p. 98.

514 ANTUNES, 2010, pp. 393-394. NOVAIS, 2006, p. 188.

515 Sobre contrabando no século XVIII e início do XIX, NOVAIS, pp. 178-183, 186-187.

Em seguida, aparecem as transações do "Senhor Tenente José Lins do Vabo em conta pagar[?] ao falecido Bartholomeu Fernandes". Os produtos foram os mesmos citados nos primeiros fólios, mas divididos de acordo com as pessoas. O que importa é o rastreamento de quem eram tais moradores e o que eles (no geral) pediam. Portanto, avisa-se, desde já, o caráter social utilizado na análise do documento econômico. Muitos moradores não foram identificados, tendo apenas a anotação: "pelo que mandou buscar e consta de seu escrito[?]"; tais "pessoas" não foram computadas. Os preços foram generalizados, pois muitos fatores influenciavam, como quantidade e qualidade, principalmente dos Tecidos e dos bens de Consumo. Preferiu-se não esmiuçar tudo, mas apenas dar um norte quantitativo para se ter ideia de que alguns moradores compravam mais (e/ou do melhor) enquanto outros não. O interessante é observar que muitas pessoas tinham negócios com José Lins do Vabo[516].

Quadro 9 – Rede de comércio, produtos e média monetária de José Lins do Vabo (1806)

Morador	Mercadorias	Preço
Amaro Quintam[?]	Tecidos variados	11$790
Antonio da Silva	Tecidos variados	4$800
Manuel Amorim	Tecidos variados	7$800
Mestre de Açúcar Pedro José	Não consta	10$000
Mestre João Gunga[?]	Não consta	8$680
Jerônimo Roiz Quaresma	Tecidos variados	2$880
Francisco Caetano	Tecidos variados	1$890
Capitão Mor Antonio José de Lima	Tecidos variados	13$600
João Francisco	Não consta	7$000
Henrique de Tal	Não consta	1$280
Pedro Escravo de Dona Maria Amarona[?]	Tecidos variados	3$360
Antonio Manuel	Tecidos variados	6$040
Reverendo Padre José Ferreira de Figueiredo	Tecidos variados e Consumo	79$960

[516] IHGAL. 00078-02-03-13. FERNANDES, Bartholomeu. Balanço das contas da sociedade com José Lins do Cabo [sic]. (...). 2 ago. 1806, fl. 3v-8v.

Manuel Gomes de Barros	Tecidos variados	4$000
Mestre José da Cunha	Não consta	5$020
Mestre de Açúcar Manuel José	Tecidos variados	7$520
Sargento Mor Francisco Ribeiro David de Gusmão	Consumo	14$520
Miguel Acioli	Consumo	15$360
Capitão-mor Antonio José de Lima	Consumo	19$200
Mestre José Vieira[?]	Consumo	1$920
João Roiz de Moura	Consumo	96$000
João de Barros	Consumo	3$840
Luiz V[asconcelos][?] de Almeida Lins	Consumo	11$520
Antonio Alvares[?]	Tecidos variados	2$720
Francisco Nogueira	Tecidos variados	1$920
Manuel da Cruz	Não consta	29$880
Reverendo Padre José Ferreira de Figueiredo	Utensílios	10$240
João Antonio Baptista	Utensílios	10$240
Manuel de Barros[?]	Consumo e utensílios	33$280
Amaro Ferreira dos Santos	Não consta	13$520
Felix José	Tecidos variados	20$000
Vicente Ferreira de Lima	Não consta	2$400
Joaquim Gregório	Não consta	1$400
Forreiro José do Monte	Tecidos variados	4$880
Ignácio José Salgado	Consumo	7$680
José Ignácio	Consumo	1$920
Manuel Gomes	Consumo	5$760
Senhora Dona Ignácia	Tecidos variados	0$640
Francisco Manuel	Tecidos variados	5$200

José Patrício dos Santos	Não consta	7$500
João Soares Sapateiro	Não consta	1$920
Reverendo Vigário desta Vila [de Porto Calvo]	Não consta	5$880
Procurador[?] de Gonçalo da Rocha	Consumo	0$480
Manuel Feliciano	Não consta	12$000
Pelo Escravo Gonçalo	Tecidos variados	10$580
Procurador[?] Manuel Pedro	Tecidos variados e Consumo	37$480
João de Amorim	Tecidos variados	6$380
Senhor Luiz José de Almeida	Utensílios	3$840
José Francisco	Tecidos variados	10$080
Manuel Lopes	Consumo	4$640
Ordem do Reverendo Frei Antonio da Sagrada Familia	Não consta	6$400
Manuel de Tal	Não consta	4$640
"Pagou para sua Ordem"	Dízimos, desobriga, com vários anos de atraso	31$480
Ao Pedreiro	Tecidos variados, Consumo	7$900

Fonte: IHGAL. 00078-02-03-13. FERNANDES, Bartholomeu. Balanço das contas da sociedade com José Lins do Cabo [sic]. (...) 2 ago. 1806

Pessoas diferenciadas é verdade, o que faz com que o cenário do cotidiano mercantil do Familiar do Santo Ofício Comerciante seja rico. Criar hipóteses sobre uma clientela comercial bem estabilizada é tentador, mas não muito seguro. Pensa-se, nesse momento, em ações mercantis mais informais e não tão estruturadas. É sempre bom citar essas relações informais, mas só quando a documentação permite fazer tais avaliações.

O que se pretende é colocar à tona o relacionamento com vários indivíduos: Militares, artífices, pessoas comuns, mulheres, escravos designados para o serviço e procuradores de outras pessoas. Alguns quase não fazem muitas compras, pagando uma média de 1$000-4$000 réis, outros ficavam oscilando entre 6$000-12$000 réis, enquanto poucos ultrapassavam a casa dos 20$000 réis. Importante salientar que não havia "padrão" de produtos para os preços. Nos clientes que gastam acima de 20$000 réis existem compras de Tecidos, utensílios e consumo, alguns em exclusivo, outros misturados. O mesmo vale para os outros compradores. O que indica, para esse caso, a não tentativa de classificar a clientela, e sim pensar todos em um triplo conjunto: **a)** variedade de classes freguesas; **b)** variedade nos preços exigidos; **c)** variedade dos produtos, não havendo nenhum tipo de exclusividade.

Houve uma sessão de débito, própria para "dinheiro", que José Lins do Vabo devia a várias pessoas. Diferentemente do quadro anteriormente apresentado, escolheu-se as atividades mais "sociais" possíveis e não mais econômicas. No intuito de mapear melhor a dinâmica do cotidiano do Familiar do Santo Ofício[517].

Quadro 10 – Atividades econômicas do cotidiano de José Lins do Vabo (1806)

Morador	Atividade	Pagamento
Gonçalo de Amarante	Não consta	0$640
Homem do Açude	Não consta	0$320
Reverendo Vigário	Não consta	8$000
Senhora Dona Izabel	Não consta	0$640
Gonçalo do Amarante	Pagamento de uma diligência, incluindo conta, letrado e porteiro	1$020
Não consta	Compra de uma bolsa	0$320
Não consta	Dinheiro para um mandado	0$060
Inácio	De uma diligência	1$200
Ordem de Dona Maria do Junco	Dinheiro	0$800
Alferes Manuel de Jesus de Gusmão	Dinheiro	0$440
Não consta	Pagamento para o conserto de uma colher	0$320
D. Inácia	Pagamento a um negro	1$920

Fonte: IHGAL. 00078-02-03-13. FERNANDES, Bartholomeu. Balanço das contas da sociedade com José Lins do Cabo [sic]. (...) 2 ago. 1806

517 IHGAL. 00078-02-03-13. FERNANDES, Bartholomeu. Balanço das contas da sociedade com José Lins do Cabo [sic]. (...). 2 ago. 1806, fls. 9-9v.

Nesse momento se pode já imaginar acordos mais firmes de poder, uma vez que José Lins do Vabo devia dinheiro para pessoas; quantias que não foram utilizadas em atividades de cunho mercantil. Sendo algumas de cunho administrativo, jurídico, serviços manufatureiros (imagina-se que a colher fosse de algum metal), e serviços de ganho (pagamento a um escravo negro). As relações ajudam a pensar no sentido que José Lins do Vabo poderia comercializar seus produtos trocando por outros gêneros que não deviam ser necessariamente dinheiro.

Apesar de ser Comerciante, pegava dinheiro emprestado de outros (muito pouco, por sinal), para pagar alguns serviços. Outros claramente ele deixaria "na conta", como o conserto da colher. Muitos títulos, muitos prestígios, pouco dinheiro em moeda, em pleno Porto Calvo açucareiro no início do século XIX. Ao final, foi dado um total do fim da sociedade, com a repartição de seus lucros. Feita em Porto Calvo, com pagamento de selo, na data de 15 de fevereiro de 1814[518].

Por fim, pretende-se complexificar a posição de José Lins do Vabo enquanto comerciante: ao contrário de sua posição de morador em um Engenho de Açúcar, Militar e Oficial do Santo Ofício, a rede mercantil de José Lins do Vabo não obedecia, a princípio, a exclusividade de servir à elite da classe dominante local. Poderia conservar sua aura de "homem bom" ou "Nobreza da Terra" em outros momentos, mas caminhava igualmente nas classes populares quando o assunto era o mercado.

As atividades de mercancia, apesar de poderem ser lidas em separado das de cunho social, não sobrevivem se as desgarrarem das ações sociais e das concepções de vida que permeavam esses indivíduos na América. O que ajuda a "concluir" que, mesmo que os cargos de Santo Ofício e Militares não fossem condicionantes ou necessários para exercerem as atividades mercantis, essas últimas são sim fatores indispensáveis para sobrevivência material e manutenção das práticas de poder e de mando nos territórios de "Alagoas Colonial". Como já é sabido, para ser agente da Inquisição, era necessário grande cabedal para custear os deslocamentos nas denúncias e prisões. Logo, os tratos mercantis tornavam-se indispensáveis para a manutenção da ação repressiva Inquisitorial na América portuguesa.

---

518 IHGAL. 00078-02-03-13. FERNANDES, Bartholomeu. Balanço das contas da sociedade com José Lins do Cabo [sic]. (...). 2 ago. 1806, fl. 10-10v.

5.3 Disputas de terras e bens

Nos dias atuais, quando pensamos em conflitos envolvendo terras, a primeira imagem que nos vem é a da truculência material e do uso e abuso de privilégios adquiridos pelos conflitantes. O uso da força, da violência e de pactos políticos para angariar pretextos que levassem até a consagração de seus interesses são situações sempre repetidas. Plantar mentiras e calúnias, forjar provas e acusar seus desafetos de todo tipo de crime medonho, sempre ajuda a criar um cenário perfeito para exercer o poder proprietário em um conflito social.

No Brasil Colonial, a situação não era tão diferente, apesar de resguardamos todas as particularidades, para evitarmos cair no erro do anacronismo. Entretanto veremos que, quando os conflitos por terras e bens envolviam agentes da Inquisição, a situação não fugia desse padrão descrito supramencionado[519]. Na busca por esse estabelecimento em terra nova, desenvolveram-se verdadeiros esquemas de compra e venda de terras entre parentes, estratégias dribladoras de dívidas para não irem a pregão, alianças entre senhores de terras e Mercadores sem áreas rurais, casamentos entre estirpes de prestígio para evitar a perda de espaços, entradas nas Câmaras Municipais, participações em Ordens Terceiras, Irmandades, Santa Casa de Misericórdia, pactos administrativos e jurídicos com os Magistrados locais, como Ouvidores, Juízes e Desembargadores da Relação da Bahia[520].

Os Correa da Paz-Araújo, apesar de parecer inicialmente uma simples conjugação de mulheres donas de terra e gado e homens reinóis Comerciantes, escondem, em suas atividades sociais uma construção interessante do tipo romantizado do português aventureiro, que chega a uma localidade desconhecida e ali traça seu caminho até acumular um vulto enorme de prestígio e tradição familiar. O aspecto interessante da família é exatamente a junção do uso do distintivo do Santo Ofício aliado a posse de terras e Engenhos: Poder policial mais Poder socioeconômico. Estabeleceram-se na Vila das Alagoas, provavelmente, no final da ocupação holandesa e após sua expulsão. Entre 1633 (chegada dos pais de Catarina de Araújo) e 1722 muitos casamentos foram selados; falecimentos, habilitações para cargos do Santo Ofício e fundações de Engenhos de Açúcar também marcaram a trajetória da matriz parental. Além disso, efetivaram-se compras de terras e aumentaram, consideravelmente, suas

---

519 FERLINI, 2010, pp. 211-231. SCHWARTZ, 1988, pp. 233-237.

520 SCHWARTZ, 2011, pp. 151-153, 272-273. RUSSEL-WOOD, 1981.

fontes de poder agrário. Uma hora essa expansão e conquista iriam entrar na esfera de outro súdito, causando um princípio de atrito.

E foi em 1723 que Catarina de Araújo solicitou ao Ouvidor-geral das Alagoas a demarcação de terras para conservação de seu Engenho e lavouras. A ação já havia sido solicitada antes, sem resolução desde 1709, quando "Alagoas" não tinha um Ouvidor, tendo a provisão sido dada pelo próprio Rei de Portugal. Em sua petição, Catarina alegava que havia terras não demarcadas com matas que serviriam para dita sesmaria (supostamente dela). A matriarca usava, como argumento justificativo, a vontade de evitar contendas e prejuízo de seu Engenho Real; por isso, queria incorporar as duas léguas que não pertenciam a ninguém, para que não fossem "públicas" e, consequentemente, exploradas de maneira desenfreada por todos. Seu pedido considerava, ainda, a primeira etapa de solicitação, já que se referia ao Ouvidor de Pernambuco como executor da contenda[521].

Provavelmente, Catarina de Araújo pretendia preservar e adquirir mais terras em consideração a uma sesmaria concedida pelo então Governador-geral do Brasil, Luiz César de Menezes, entre 1705 e 1709, ao Padre (Comissário do Santo Ofício) Domingos de Araújo Lima e ao seu irmão, Capitão (Familiar do Santo Ofício) João de Araújo Lima, "moradores no termo da Vila das Alagoas". Ambos requereram "todas as sobras de terras que se acharem entre o Capitão José Ferreira Franco e Catarina de Araújo **Dona viúva** e pela cabeceira com a sesmaria".

Ao que tudo indica, adquiriram aqueles espaços, tendo o Alvará sido registrado em Livro de Sesmaria. Interessante que os agentes da Inquisição em questão não desejavam entrar em conflito com nenhum dos dois anteriormente citados (o Capitão José e a viúva Catarina), pois a doação deveria ser feita "não prejudicando a terceiro e não excedendo à porção de uma légua de largo e três de comprido"[522]. Acontece que, anos antes, em 1699, os irmãos haviam recebido respostas negativas a respeito da concessão de terras. Foi em 10 de outubro daquele ano que tentaram trazer para si a posse de uma sesmaria de "uma légua de terra de comprido e meia de largo nos rios Saluy e Parahiba nas Alagôas, entre as terras do Alferes Pedro Gonçalves Ribeiro e a viúva Catharina de Araújo Donna". É possível que tenham partido da argumentação comum, fundamentando-se na apresentação de terras como devolutas, mas, logo em

[521] AHU. Al. Av. Doc. 23, fl. 2v-4.

[522] **Documentos Históricos**, volume 59. Typographia Baptista de Souza. Rio de Janeiro, 1943, pp. 62-63. Destaques meus.

seguida, descobriu-se que a informação não era verídica, o que invalidou e anulou o requerimento dos dois irmãos[523]. Em 1º de abril de 1700, alcançaram o despacho final que dizia: "Esta data de sesmarias de terras, acima não tem effeito, por se não acharem as que os supplicantes pedirão nella e por esta razão não terá vigor algum"[524]. É provável que por conta da tentativa de 1699 e do sucesso de 1705, Catarina de Araújo começou a prestar mais atenção nas suas léguas de terra.

São indícios que, inegavelmente, permitem-nos dois vieses de interpretação. No primeiro, vê-se que Catarina de Araújo não se manifestou em contrário por conta de relações entre os requerentes e seu filho, o Padre Comissário do Santo Ofício Antonio Correa da Paz. Podiam ter amizades ou inimizades, mas ao que parece não houve nenhuma reação adversa a essa doação de sesmaria, o que possibilita pensar que, talvez, ela tenha sido feita de acordo com os trâmites burocráticos, não cabendo a Catarina de Araújo nenhuma manobra de invalidação ou disputa. Outra interpretação latente aparece se for considerada a hipótese da existência de algum tipo de rancor pessoal entre os envolvidos. Em outras palavras, não se tira de vista que a Dona viúva Catarina de Araújo possa ter remoído, individualmente, a perda daquela extensão de terra, partindo daquele momento para a investida em tentar estabelecer com mais concretude seus limites para aumento e consolidação de posse de patrimônio.

Todos esses pleitos entrelaçados acabaram culminando em reclamações, como a de 1723, quando Catarina de Araújo e seu filho, Comissário do Santo Ofício Antonio Correa da Paz, receberam uma reclamação do Capitão-mor dos Índios da Aldeia de Santo Amaro, Miguel Correa Dantas. Desde já, diga-se, a característica da família como pessoas "poderosas" ficava explícita no começo do documento acusatório representante da causa dos indígenas. Segundo relatos relativos ao embate jurídico, as terras circunvizinhas ao Aldeamento de Santo Amaro foram adquiridas pela mãe e o filho a partir de uma compra feita a Antonio de Andrade, procurador dos herdeiros da Capitania[525]. Em outra averiguação de que aquela família gozava de posição estratégica vantajosa pode ser vista na afirmação da carta dos indígenas, onde se falava que no decorrer do

---

[523] Documentação histórica pernambucana. **Sesmarias.** Vol. 4. Recife: Secretária de Educação e cultura/ Biblioteca Pública, 1959, p. 113.

[524] Documentação histórica pernambucana. **Sesmarias.** Vol. 1. 1954, p. 65.

[525] "Memorial (...)". **Revista do Instituto Archeológico e Geográphico Alagoano.** Número 4, julho de 1874. Maceió, Typographia do Jornal das Alagoas, 1874, pp. 96-98.

tempo sempre receberam pareceres favoráveis no âmbito da justiça e da administração, "por serem poderosos".

Desde antes de 1700, os indígenas haviam reclamado dos Correa da Paz, tendo recebido em 9 de fevereiro parecer favorável do Ouvidor encarregado naquele ano de fazer os autos, Manoel da Costa Ribeiro. Por provisão, o Magistrado afirmava-se favorável à queixa dos indígenas aldeados e, por isso, mandou que estes tivessem a incorporação da meia-légua de terra; ordem selada e posta em prática pelo Juiz Ordinário da Vila das Alagoas em 29 de outubro de 1700. Tal meia-légua foi conservada até aquele presente (1723), mas Catarina de Araújo e o Padre Antônio Correa da Paz continuavam causando "vexações" à Aldeia de Santo Amaro e a seus habitantes, liberando, por exemplo, seus gados de maneira inconsequente, destruindo as lavouras e os mantimentos dos aldeados, causando-lhes falta de sustento e uma vida miserável[526].

De novo os indígenas lançavam-se à resolução do conflito, mas dessa vez contaram com a atuação precisa do Ouvidor-geral da Comarca das Alagoas, Carlos Pereira Pinto, que lhes restituiu, novamente, a meia-légua de terra. O revés fez com que o Padre Antônio Correa da Paz fosse atrás de todo tipo de manobra jurídica "com embargos de obrepção**[sic]** e subrepção**[sic]**", buscando até mesmo a Relação da Bahia para reaver a meia-légua de terra.

As ações daquela família estavam todas relacionadas aos argumentos principais estabelecidos nas queixas: "por ser poderoso" e os indígenas "muito pobres". O tom racista-paternalista também fazia parte do Capitão que era responsável pelos indígenas aldeados:

> [...] neles muitos pobres, em servencia que não tem que gastar, e são faltos de inteligência para se levantar demandas, e com amparo de Vossa Majestade, como seus leais vassalos que sempre foram, e nunca faltaram nas campanhas, recorrem à Vossa Majestade como pai de todos os seus vassalos [...][527].

O Capitão Miguel Correa Dantas pedia para o Rei a restituição da meia-légua, que fizesse com que Catarina de Araújo e seu filho Padre não "inquieta[ssem]" mais a Aldeia de Santo Amaro com "injustas demandas", pois os indígenas eram também fiéis vassalos do Rei de Portugal. Tratava-se da utilização da prática discursiva que elegia o direito do Dom como ponto fundamental de argumentação jurídica legítima e consistente[528].

---

[526] AHU. Alagoas Avulsos. Doc. 38, fls. 11-11v.

[527] AHU. Alagoas Avulsos. Doc. 38, fls. 11-11v.

[528] AHU. Alagoas Avulsos. Doc. 38, fls. 11-11v.

Dos detalhes dos pleitos referentes a 1700, sabe-se que a Aldeia de Santo Amaro, por meio do seu Missionário, o filho da Província de Santo Antonio do Brasil, Frei Manoel da Encarnação, escreveram carta ao Governador de Pernambuco sobre as más ações de Catarina de Araújo e de seu filho, Antônio Correa da Paz, ressaltando que isso vinha de muito antes, desde Gaspar de Araújo[529] e daquele ato de compra de terras; foi quando aquela família começou a impor suas vontades sobre a meia-légua de terra pertencente aos indígenas, principalmente, por conta das lutas contra os negros de Palmares e outras atividades.

Ironicamente, se utilizarmos o recorte temporal proposto, pode ser que identifiquemos o Missionário encarregado de tais queixas e o nome sugerido por Antônio Correa da Paz em 1699, como sendo a mesma pessoa. Outrora foi colocado que naquele ano, o Comissário indicou pessoa específica para ficar no lugar de um religioso que estava "inquietando" os indígenas (tópico 5.I). Visando ao exercício do poder, Antônio Correa da Paz talvez tenha escolhido, justamente, alguém que mais tarde se oporia a ele. Daquele momento determinado, voltando ao início do pleito de 1700, o Padre Comissário do Santo Ofício saiu vitorioso, até porque era já visto como pessoa poderosa, "aparentado ainda com os mesmos juízes que derão[sic] sentença contra os Índios"[530]. Quando o Conselho Ultramarino avaliou o Memorial, em junho de 1700, não tomou partido completo pelos indígenas, mas antes pediu que eles provassem a compra da data de terras[531]. Ver-se-á adiante que era exatamente esse o problema dos moradores da Aldeia de Santo Amaro: burocracia, falta de contatos no âmbito da justiça e o suposto parentesco dos Correia da Paz-Araújo com os juízes locais.

Tomando partido pelos indígenas de Santo Amaro, o Governador de Pernambuco, Dom Manoel Rolim de Moura, enviou uma ordem em 1724. A reabertura ou reconsideração do problema baseava-se na consideração dos autos do Ouvidor de Pernambuco que havia concedido a dita meia-légua de terra à Aldeia em 1700. Naquele momento, decidiu atribuir ao Ouvidor da Comarca de Alagoas a exaustiva tarefa de tomar conhe-

[529] Gaspar de Araújo era um Capitão importante naqueles espaços, visto que em 1680 foi Juiz da Câmara da Vila das Alagoas. Antes disso, tinha lutado nas batalhas contra Palmares, IHGAL. **Documentos**. 00007-01-02 2º Livro de Vereações da Câmara de Alagoas do Sul, vários fólios.

[530] "Memorial (...)". **Revista do Instituto Archeológico e Geográphico Alagoano**. Volume I. Numero 4, julho de 1874. Maceió, Typographia do Jornal das Alagoas, 1874, pp. 96-98. Na transcrição da Revista, a data estava como 1703, mas, confrontando os dados com o documento do AHU de Pernambuco (- AHU. Pe. Av. Doc. 1812), vê-se que o Memorial foi escrito provavelmente nos finais de 1699, pois a carta foi recebida pelo Conselho Ultramarino em fevereiro de 1700.

[531] AHU. Pe. Av. Doc. 1812, fls. 1-4.

cimento total e conclusivo a respeito da situação dos embates — desde suas origens até os dias atuais. As informações deveriam ser passadas ao Governador (ver mais adiante)[532].

No ano seguinte, em 1725, a viúva Catarina de Araújo articulava uma manobra de troca de matrimônio entre seus filhos, o Padre Comissário do Santo Ofício Antonio Correa Paz e sua filha, Mariana de Araújo, casada com o Familiar Antonio de Araújo Barbosa. Essa manobra jurídica foi bem explicitada no Capítulo 2. O que cabe relembrar é o modo como a família Correa da Paz-Araújo lidava de forma especial com seus negócios na agricultura. Observando atentamente as ocupações dos pais de Catarina (Lavradores) e de seu marido e cunhado (Comerciantes reinóis), entende-se mais ou menos como a matriarca conseguiu desenvolver uma cultura de negócios ligada aos tratos do açúcar, do gado e do tabaco dentro dos espaços da Vila das Alagoas em um período de quase 100 anos.

Ao que tudo indica, os Correa da Paz-Araújo não davam provas de que estariam em algum momento de má administração. Ao contrário, demostravam por meio de suas ações que pretendiam alargar, cada vez mais, seus negócios. Somam-se os distintivos de poder que colocavam à mostra, principalmente, quando o nome de Antonio Correa da Paz apareceu na cópia trasladada da escritura de doação de Catarina para o filho Padre. No início, registrou-se como um "Comissário do Santo Ofício", ao final era "Familiar do Santo Ofício". Mas o que se indaga não é esse erro básico que nada tem a ver com o estudo, e sim com um pedaço da documentação bem marcante: "Antonio Correa Paes, Comissário do Santo Ofício, para o seu patrimônio livre, isento sem serem [?] peçam alguma assim e da maneira que comprou e possuía salvo dízimo". Utilizou-se o seu "cargo" de Sacerdote da Hóstia de São Pedro, mas é muito mais interessante complementar esses discursos do dízimo e de suas isenções em junção com seu trabalho no Santo Ofício. A família Correa da Paz gostava de suas titulações inquisitoriais. E tal observação é importante para se compreender o poder simbólico, não apenas na sua estrutura formadora, mas também na sua tentativa de propagação a todas as outras, mesmo que fossem em vão ou que não tenham a priori relacionamento algum.

No final da carta trasladada (original de 1712), quem assinou por Catarina de Araújo foi seu sobrinho, o Capitão de Cavalos, Manoel Correa da Araújo, cargo em suas mãos fazia um ano (desde março de 1711)[533]. Não

---

532 AHU. Al. Av. Doc. 38, fl. 1.

533 ANTT. Ch. Re. D. João V. Ofícios e Mercês. Liv. 35. Mf. 1498, fl. 262.

se tem notícia sobre de quem ele era filho, mas sua presença ali já serve para adicionar um novo espaço de influência na Família Correa da Paz: as Milícias[534]. Quem registrava o documento em Cartório, por sua vez, era Julião Gutierrez: "[...] o escrevi, assino e rogo de minha tia Catarina de Araújo"[535].

Caso tal documento não fosse destrinchado, corria-se o risco de interpretar os Correa da Paz-Araújo como apenas uma estirpe de agentes da Inquisição, mas agora o leque se abre e observa-se suas relações de parentesco com juízes da Câmara da Vila das Alagoas, amizades com juízes ordinários, "bons procedimentos" para conseguir o atendimento aos seus interesses no Tribunal da Relação da Bahia. Seus tentáculos atingindo, ainda, postos Militares e de justiça, que faziam somar o poder policial inquisitorial com o poder policial secular-civil. Porém esse poder pouco a pouco desmoronava no primeiro quartel do século XVIII, visto que a Vila das Alagoas atravessava um intenso momento de mudanças institucionais, como a instauração da Ouvidoria, o aumento demográfico e o enriquecimento de novas famílias; todos esses pontos, certamente, tiveram impacto sob a Câmara, e outros cargos de poder (como os Militares e Eclesiásticos)[536]. Levando, assim, até mesmo as relações sociais locais sofrerem uma rotatividade fatal ou pelo menos problemática para o mando de famílias como a dos Correa da Paz-Araújo.

Em 1726, o Padre Antonio Correa Paz entrou em entreveros para assegurar sua posse de terra e o Engenho de fazer açúcar. O depoimento do Padre se tornará uma incógnita, visto o mal estado do documento, que se encontra apagado. Contudo dentro do mesmo conjunto há o depoimento de Domingos da Costa, Capitão de uma Companhia de Infantaria da Ordenança do Regimento dos Henriques, junto com mais oficiais, todos eles moradores no Distrito da Vila das Alagoas, exatamente no sítio de Santo Amaro, propriedade do Padre Comissário do Santo Ofício. O depoimento é deveras rico, principalmente para se apanhar observações acerca de alianças de poder, "zelo local", ou simplesmente o cuidado de um religioso com seu "amor ao próximo".

---

[534] AHU. Al. Av. Doc. 33, fls. 1-6. Em especial páginas 3-4v.

[535] AHU. Al. Av. Doc. 33, fl. 4. Será esse mesmo Julião Gutierrez que, na administração do Ouvidor João Vilela do Amaral, foi empregado por ele, tornando-se seu "parcial"? Esse nome foi constantemente associado, em acusações sérias, a ações irregulares, onde teria atuado como escrivão da correição, a mando do próprio Vilelatendo, ainda, seu cargo -entrado em choque com o de outra pessoa. Justamente por conta da relativa ausência dos Correa da Paz-Araújo, na época da administração do Ouvidor é necessário e importante observar outro ramo (Jurídico) familiar de Catarina em suas ações políticas para conseguir satisfazer seus interesses. Agradeço a Karolline Campos por essa observação no documento do Arquivo Histórico Ultramarino, que passou despercebida por mim em uma primeira pesquisa.

[536] Trabalhei essa dinâmica de conflito intraclasse senhorial em uma obra que está para sair.

O Militar e seus oficiais diziam que moravam com suas famílias em casas, com mulheres e filhos e lavouras de terras. O nome do sítio Santo Amaro seria por conta da Capela do "dito Santo", que fazia parte das terras do Reverendo Padre "Comissário do Santo Ofício", que tinha em seu patrimônio um Engenho de fazer Açúcar. Estavam lá há cinco anos, "com toda a caridade e liberal vontade, todo bem agasalhado nas ditas terras do dito seu Sítio (...)". De suas lavouras, tratavam especialmente de "roças, farinha e tabaco", para se sustentarem e proverem suas vestimentas, pagando o dízimo à Fazenda Real do Rei e não ao Padre.

Nas questões Militares, graças a tal situação de estabilização, os milicianos conseguiam fazer todas as suas "obrigações Militares, fazendo guardar e sentinelas a cadeia todas as vezes que nos toca nesta Vila das Alagoas, cabeça da Comarca [...]". E tudo isso sem atacar de maneira alguma, causando-lhe "nenhuma moléstia" às suas criações de gado, lavouras e Engenho de Açúcar. Tudo aquilo graças às "liberdades" e aos esforços "caritativos e libera[is]" do dito Reverendo Padre[537]. Não custa nada informar que o Antonio Correa da Paz morava em espaços que ficavam perto do que antes foram de negros palmarinos, nas regiões, com presença de mocambos e grupos de escravos fugidos. E é importante lembrar-se da vontade da Coroa de que as despesas Militares de proteção fossem empreendidas pelos próprios colonos locais[538]. Esse discurso do Militar é ímpar porque mexe com todo tipo de frase para sensibilizar o Monarca. Se isso era verdade, não se sabe, mas os efeitos representavam a possibilidades de impactos coerentes.

Em 23 de março de 1726, uma carta chegava ao Conselho Ultramarino encomendada pelo Governador de Pernambuco ao Ouvidor das Alagoas, em 1724. Em sua pesquisa *in loco*, o Ouvidor-geral, Carlos Pereira Pinto, demonstrava ter tido acesso a todo o histórico jurídico do espaço disputado — apresentava desde a história da concessão e posse das terras por Gabriel e Diogo Soares até os pleitos instaurados dantes e depois da chegada da família Correa da Paz-Araújo.

Em 1672 foi que Antônio de Andrade, procurador dos herdeiros de Diogo Soares, vendeu as terras para Gaspar de Araújo, irmão de Catarina de Araújo e, entre tal data e 1677, Catarina comprou as terras para si. Após tais transações é que se começa uma fase mais ou menos despótica de Catarina de Araújo, que começou a invadir e tomar conta de espaços pertencentes

---

537 AHU. Al. Av. Doc. 34, fl. 7.

538 MAGALHÃES, 1998b, p. 28.

à Aldeia, iniciando seus primeiros atritos. Tais conflitos geraram vários autos jurídicos até 1686, a maioria a favor de Catarina de Araújo. Entre 1696 e 1697 houve uma transação amigável de terras entre Catarina de Araújo e o Capitão dos Índios, onde as terras de Santo Amaro ficariam com os indígenas enquanto Catarina receberia novas terras mais perto de Palmares, junto com o Rio Paraíba.

O desrespeito do acórdão selado, então, por parte da família do Santo Ofício, foi o que deu nova vida à disputa em 1700. O Padre Antonio Correa da Paz recebeu a meia-légua de terra alegando que lá não havia moradores nem currais, contando ser uma área que ficava perto de Palmares. Naquele mesmo ano surgiu um Alvará do Rei dando a meia-légua de terra para os indígenas, que contava em cerca de 100 casais — estes seriam repartidos, igualmente, para povoar e lavrar os espaços junto com seus missionários. As aldeias ficariam situadas à vontade dos indígenas, e não dos Donatários e Sesmeiros, com suas Igrejas e espaços para criar animais. A decisão levou o Padre Antonio Correa da Paz ao Tribunal da Relação da Bahia para exigir a posse da meia-légua de terra, usando uma ordem de um Ouvidor (de Pernambuco). Nesse ínterim de confusão relativo à posse daquelas terras, tem-se a consulta do Ouvidor-geral das Alagoas, responsável por vistoriar as terras da Aldeia de Santo Amaro. Uma vez lá, o magistrado afirmava ter encontrado um verdadeiro núcleo urbano: o que demonstraria organização e necessidade da existência da aldeia em tal localidade[539].

E completava com a descrição das terras do Padre Antonio Correa da Paz e de sua mãe Catarina de Araújo:

> [...] mais abaixo, perto do mesmo rio, tem os suplicados [Antonio e Catarina] um engenho feito de novo com duas moendas **[sic]**, uma de água e outra de bestas, com melhores e mais bem fábrica, dos que há em todo este Distrito, com boas terras plena, para os canaviais, matos em abundância, e não menos até pastos, em distância de mais de meia légua da dita Aldeia, sem que lhe seja necessário entrarem na dita demarcação dos suplicantes [os Índios], na qual pegado na mesma Aldeia, tem umas casas suficientes, em que vive nos arredores dela dois ou três currais de que se queixam os suplicantes, podendo os fazer nas suas terras, sem dano deles[540].

A partir da averiguação social, histórica, jurídica e documental da situação dos indígenas, o Ouvidor-geral das Alagoas, Carlos Pereira Pinto, em respeito às argumentações judiciais e às suspeições latentes relativas

[539] AHU. Al. Av. Doc. 38, fl. 7.

[540] AHU. Al. Av. Doc. 38, fls. 7-7v.

ao processo de compra protagonizado pelos Correa da Paz-Araújo, acabou pendendo para os indígenas aldeados.

Continuando seu depoimento, o Ouvidor-geral traçou um perfil de Gaspar de Araújo como um malfeitor e usurpador de terras. Afirma que o Araújo em questão escondeu os detalhes das primeiras provisões, que ressaltavam a proibição de fazer currais de gado nas terras de Santo Amaro. Acabou ocultando as informações porque se tratava de "cláusula" que não era de seu interesse, manipulando discursos para enquadrar a situação sempre a seu favor, o que causou repulsa do Magistrado Régio em Alagoas.

O Ouvidor viu incompatibilidades e comprometimento nos autos jurídicos (aqueles entre 1677 até 1697) em favor de Catarina e Antônio. Escreveu que foram feitos por "Juiz Leigo, sem ser assinado por Assessor Letrado e contradizendo o Direito". A partir disso, assumiu uma posição a favor dos indígenas, pois dizia que eles não tinham conhecimento do direito, por "serem ignorantes", e que todos estavam em desvantagem, pois a outra parte era "rica, tão inteligente procurador, e poderoso, como é o Reverendo Suplicado [Antônio Correa da Paz]". O Padre e Catarina, nas palavras do Ouvidor, simulavam discursos, escondiam documentos, reformulavam as falas e sempre explicavam a situação a favor de seus interesses. O Ouvidor-geral das Alagoas mandou que a posse da meia-légua de terra fosse direcionada aos indígenas, porque vinham sendo perseguidos e sofrendo repressões do Padre e de sua mãe, que deveriam, a propósito, arcar com as consequências[541].

Em 19 de Julho de 1726, o Governador de Pernambuco, que tinha recebido ordem do Rei de Portugal, selou a contenda e estabeleceu que a meia-légua de terra pertencesse aos indígenas e ao seu Capitão, Miguel Correa Dantas[542].

Nesses casos, é importante conferir os mais variados discursos travados nos atritos. No conflito em questão, não é difícil perceber o cargo do Santo Ofício não sendo utilizado de forma arbitrária e repressora, mas sim de maneira simbólica, tentando, implicitamente, demonstrar seu poder de mando. O que acabou não garantindo êxito para os Correa da Paz-Araújo. Apesar disso, tais ações não significariam algum tipo de decréscimo de seu poder.

E engana-se aquele que supôs que os imbróglios da família Correa da Paz-Araújo teriam encerrado ali. Em 1776, Antônio de Araújo Barbosa, filho

[541] AHU. Al. Av. Doc. 38, fls. 3-10.

[542] AHU. Al. Av. Doc. 38, fl. 1.

do Familiar do Santo Ofício Antônio de Araújo Barbosa, que fora casado com Mariana de Araújo, irmã de Antônio Correa da Paz, logo, sobrinho desse último, entrava em disputa por um Engenho chamado Terra Nova, pertencente ao seu tio, o Comissário Padre Antônio Correa da Paz[543].

O conflito agora seria interno. Família ambiciosa esses Correa da Paz-Araújo. Tudo começou com o falecimento do Padre Antônio Correa da Paz, que, por incrível que pareça, ocorreu antes da morte de sua mãe, Catarina. Após o falecimento de Catarina de Araújo, o Engenho Terra Nova ficou na posse de suas filhas: Violante de Araújo, Anna de Araújo, Beatriz de Araújo e Mariana de Araújo, sendo todas tias e a última a mãe de Antônio de Araújo Barbosa (o suplicante). A inventariante dos bens foi Beatriz de Araújo e após o falecimento de Violante de Araújo, o lugar de único herdeiro universal e testamenteiro coube ao Antônio de Araújo Barbosa. Beatriz de Araújo ignorou a nova posição do sobrinho, herdada de Violante, tomando para si a posse dos bens e "por ambição e mau conselho tentou anular o testamento da dita sua irmã Violante de Araújo".

Por conta disso, iniciou-se conflito direto interno: Beatriz de Araújo investia contra o filho de sua irmã, Mariana de Araújo, que recebeu uma sentença a seu favor na Ouvidoria das Alagoas. Não contente, Beatriz foi até o Tribunal da Relação da Bahia e lá recebeu uma segunda sentença contra seus interesses. Perdeu uma terceira vez nos embargos que pôs na Chancelaria. Mas, antes de chegarem as ditas sentenças, Beatriz de Araújo vendeu[?] o Engenho a um afilhado seu e criado na mesma casa; tratava-se de um filho de pais humildes, chamado Antônio Maria de Amorim. A venda foi anulada, pois era contra o que estava nas ordenações (Livro 4º, título 70, parágrafo 3)[544]: da impossibilidade de movimentações de bens litigiosos.

Após todos os pleitos e confusões dali geradas, Beatriz faleceu, deixando o Engenho nas mãos e sob posse do tal Antônio Maria de Amorim. O filho de Mariana de Araújo, sentindo-se injustiçado, buscou conselho e colaboração violenta ativa de "senhores da Bahia". Apesar disso, o mais novo "senhor de engenho" recusava-se a desistir dos resultados que lhes eram benéficos advindos das ações ilegítimas de sua protetora, Beatriz de Araújo.

O suplicante conseguiu rever e afirmar aquele processo de transferência de propriedade como anulável pela forma da lei vigente. Utilizou-se, para isso, de seu conhecimento acerca do direito, alegando irregularidades e a necessi-

543 AHU. Al. Av. Doc. 209, fl. 1.

544 AHU. Al. Av. Doc. 209, fls. 1-2v.

dade de anulação, previstas pelas Ordenações Filipinas. Depois de alcançar despacho em seu favor, Antônio de Araújo Barbosa tentou tomar a posse do que lhe pertencia por direito. Sua estratégia de um lado, rendeu a transferência de volta à família de alguns bens moveis; de outro, acarretou a fuga de Antônio Maria de Amorim para o sertão — na verdade, sua evasão devia-se, sobretudo, à execução de diversas dívidas. Porém, antes de partir, o protegido de Beatriz de Araújo tratou de complicar ainda mais a vida de Antônio de Araújo Barbosa[545].

Antônio Maria de Amorim efetivou uma troca, confusa e incoerente — o bem litigioso sofria sua segunda alteração de proprietário ilegítima —, com o Coronel Matheus de Casado de Lima. Em outras palavras, Antônio de Araújo Barbosa teria que superar decisões jurídicas derivadas de outro concorrente à posse das terras, pois o Engenho pelo qual lutava para readquirir agora tinha novo dono[546].

Aproveitando-se da ausência do Ouvidor-geral das Alagoas — que partia para Correição em Penedo — e conhecendo sua amizade com o Coronel Matheus Casado de Lima, Antônio de Araújo Barbosa alcançou despacho que lhe era favorável com o Juiz Ordinário local e um Tabelião da vila. Contudo o Coronel Matheus Casado de Lima também estava munido de um despacho para impedir a posse do sobrinho do Comissário do Santo Ofício. O Coronel apresentou-se com um papel assinado pelo próprio Ouvidor-geral das Alagoas[547].

Antônio de Araújo demonstrava sua frustração ao dizer que o Coronel era homem opulento e poderoso da vila, e "muito especial do Doutor Ouvidor pelo muito que depende com ele, conseguiu apossar-se do Engenho com um simples despacho". Chegando ali, após 23 anos de disputas e estando já com idade de "setenta e tantos anos", "pobríssimo em fazenda" para mandar custear mais ações judiciais, pedia a Real Complacência do Rei para lhe ajudar naquela contenda, dando-lhe o Engenho, seus bens, seus escravos e pedindo para prender o Coronel Matheus Casado de Lima por ser um desobediente das Leis Régias e subornador de Oficiais, junto com um seu aliado, Francisco da Silva Morais, que acabou recebendo bens móveis que deveriam ser de posse de Antônio de Araújo Barbosa. Ao final da contenda e da consideração de seu requerimento, o filho de Mariana de Araújo, prejudicado pela tia, Beatriz de Araújo, não conseguiu de volta seu Engenho.

---

545 AHU. Al. Av. Doc. 209, fls. 1-2v.

546 AHU. Al. Av. Doc. 209, fls. 1-2v.

547 AHU. Al. Av. Doc. 209, fls. 1-2v.

O parecer a sua causa dizia: "Parece quer se não faz atendível, e muito principalmente por estes meios, o presente requerimento do Suplicante"[548].

O caso de Antônio de Araújo Barbosa ilustra uma situação bem diferente daquelas pessoas que chegaram em "Alagoas" sem títulos, que conseguiram terras, que compraram outras, que construíram mais de um Engenho, que se casaram com Comerciantes reinóis, que tiveram vários Familiares do Santo Ofício na linhagem. Comissário, Padres, Militares, plantações de Tabaco, currais de Gado; atravessaram os holandeses, os palmarinos e chegaram ao primeiro quarto do século XVIII como "pessoas poderosas e ricas", apesar de um ou outro depoimento também os colocarem como maliciosos nos caminhos do Direito e da propriedade.

Mas o caso não se encerrava ali. Em 1803, o Comissário do Santo Ofício, Agostinho Rabelo de Almeida, sobrinho de Antônio de Araújo Barbosa (logo, sobrinho-neto de Antônio Correa da Paz) entrava em disputa de bens que lhe deviam. Armou um ataque contra o Coronel José de Barros Pimentel[549], herdeiro do falecido Coronel Matheus Casado de Lima. Antônio de Araújo Barbosa [filho] tinha falecido, Matheus Casado de Lima morreu, e a disputa ficou a cargo de um sobrinho e um herdeiro. Em uma terra onde a cultura do açúcar e as grandes propriedades eram o sinônimo de poder e de mando político e social, coube a Agostinho Rabelo de Almeida reaver muitos bens que sua família tinha perdido.

Em janeiro de 1803, Agostinho Rabelo de Almeida foi atrás dos meios jurídicos para conseguir tudo aquilo que lhe deviam. Era um credor do falecido Coronel Matheus Casado de Lima, que acumulava dívidas vultosas de muitas vendas que o Padre Comissário do Santo Ofício tinha lhe feito em anos anteriores. Junto com o Escrivão da Provedoria Ricardo Benedito de Castro Azevedo, fez uma análise do Inventário do falecido Coronel, para saber quais bens poderiam ser lançados para forçar o acerto de contas entre o Militar e o Comissário. Após uma pesquisa minuciosa, o Escrivão constatou que o Coronel Matheus Casado de Lima devia nada mais nada menos do que Sete Contos, Oitocentos e Cinquenta e Nove Mil e Quinhentos e Nove Réis (7:859$509)[550]. Sem muitas dramatizações barrocas, foram feitas as escolhas dos bens para compor o pagamento ao Padre Comissário do Santo Ofício, como se vê no quadro a seguir:

---

[548] AHU. Al. Av. Doc. 209, fls. 1-2v.

[549] Levando em consideração a localidade e a data (Vila das Alagoas, início do XIX), é-se propício a imaginar que o Coronel José de Barros Pimentel poderia ser parente de Anna Sofia/Amália do Rosário Acioli, futura esposa do futuro Familiar do Santo Ofício, João de Bastos.

[550] AHU. Al. Av. Doc. 346, fls. 3-8.

Quadro 11 – Itens lançados no Inventário do Coronel Matheus Casado de Lima (1803)

Bens	Quantidade	Composição	Valor
Imóveis	2	Uma morada de casas de sobrado de pedra e cal; Uma casa de estrebaria.	2:030$000
Utensílios	12	Bacia de arame, colheres de prata, tachos, tabuleiros de cobre etc.	90$200
Animais	72	Bois mansos, bestas de rodas e vacas parideiras.	344$000
Produtos	3	Safra de Varreiro[?] etc.	36$000
Escravos(as)	49	Criolos, mulatos, angolas, congo, cabra.	3:855$000
Filhos(as) de Escravos(as)	21	*Idem.*	1:184$000
Total			7:539$200[1]

1 – Não conta com o dinheiro que é pago para o Testamenteiro.

Fonte: AHU. Al. Av. Doc. 346

E era apenas o começo. Mesmo antes de morrer, salvo engano, Antônio de Araújo Barbosa deixou o Engenho Terra Nova. Estava na hora de reaver o Engenho e, mesmo após décadas, Agostinho Rabelo de Almeida levava adiante a "justiça" proclamada pelo seu tio. Ao que tudo indica, um acordo foi feito, e o Engenho não iria para Agostinho: as dívidas seriam pagas com lançamentos feitos nos bens das melhores espécies que houvesse na Fazenda do Tenente José de Barros Pimentel e de Plácido Pereira Rego. O acordo foi assinado por ambos em 1798 e, em 1803, Agostinho Rabelo de Almeida executou seu pagamento. E com a ajuda do Escrivão da Provedoria, tratou de fazer o inventário dos bens que estava prestes a receber[551]:

[551] AHU. Alagoas Avulsos. Doc. 346, fls. 9-10.

Quadro 12 – Itens lançados na parte do Testamento de José de Barros Pimentel (1803)

Bens	Quantidade	Composição	Valor
Escravos	29	Criolo, angola, congo, cabra, gentio.	2:257$000
Animais	41	Bois mansos, bestas de roda.	476$000
Utensílios	6	Colheres, resfriadeira[?] etc. Todos de prata.	454$560
Total			3:187560[1]

1 – Não conta com dinheiro pago ao Testamenteiro.

Fonte: AHU. Al. Av. Doc. 346

O Padre Agostinho Rabelo de Almeida enviou duas cartas simultâneas. Uma ao Rei de Portugal e outra ao Governo Interino da Capitania de Pernambuco. Para o monarca, identificava-se como um simples "Padre". Para o Governo, como "Comissário do Santo Ofício". Clara demonstração de que sabia como se expressar para diferentes corpos sociais. Alegava estar velho, com 74 anos, e com dívidas(!), dizia que, como um bom cristão, queria morrer em paz e tranquilidade, sem deixar contas a pagar para as pessoas que o fizeram sociedades. Pedia esses lançamentos de bens contra os inventários do Coronel Matheus Casado de Lima e de seu herdeiro, José de Barros Pimentel, que, como era de esperar, fez de tudo para não dar a Agostinho o que ele dizia merecer, pois era rico e poderoso, fazendo pouco caso da Justiça local, "confiando na sua riqueza e despotismos", tendo pagado alguns montantes. Porém José de Barros Pimentel ficou devendo 1:765$184 réis, "além de três escravas, e vinte e uma cabeças de gado que nunca quis entregar". Em março de 1803, foi dado sinal positivo para Agostinho receber os bens que Barros Pimentel devia, mandando informar ao Ouvidor-geral da Comarca das Alagoas[552]. "Encerrava-se" a "saga" da família Correa da Paz-Araújo sobre seus conflitos por terras, engenhos, bens móveis, imóveis e honra do nome da casa.

Alguns anos antes, em aproximadamente 1792, era a vez do Tenente Coronel Gonçalo Luís do Vabo pedir provisão para demarcação de suas terras, onde estava situado o Engenho de Açúcar Pixexe, em Porto Calvo[553]. Sabe-se que tal Engenho pertencia à família antes dos Vabo receberem suas cartas de Familiares do Santo Ofício, em 1790. No entanto, dizia em seu discurso que "para evitar confusões e outras desordens", queria tombar aquelas terras de

[552] AHU. Al. Av. Doc. 346, fls. 1-2.

[553] AHU. Pe. Av. Doc. 12619, fl. 1.

seu Engenho. Pedia a provisão do Rei de Portugal, para que fosse mandado ao Ouvidor ou Ministro de Letras qualificado mais próximo tomar tal ação (tombamento e demarcação). Os despachos no documento indicam que tudo ocorreu de acordo com o protocolo, sem nenhuma desordem[554].

Dentre os anos de 1640 e 1803, mais ou menos, os Correa da Paz-Araújo (então na pessoa de Rebelo Almeida) passaram quase dois séculos inteiros em posses, disputas e acordos de terras, pelo menos até onde se pode ter acesso de registro documental. Uma família criada sob a égide de várias instituições de poder: terra, justiça, inquisição, comércio e milícia.

Catarina de Araújo fazia questão de identificar e sobressaltar que seu filho, Antonio Correa da Paz, era Comissário do Santo Ofício, logo, pertencente àquele núcleo familiar poderoso e rico. Agostinho Rabelo dizia-se Comissário do Santo Ofício com todas as letras. A pompa reinava nas tintas de ambos: Reverendo Padre do Hábito da Hóstia de São Pedro Comissário do Santo Ofício (Antonio), e Reverendo Padre Comissário do Santo Ofício (Agostinho). Apesar disso — da riqueza e força desses dois personagens de períodos diferentes para a família Correa da Paz-Araújo —, sabe-se que independentemente de seus ofícios e da trajetória construída pela família, houve perdas consideráveis quando colocaram à prova suas posições sociais nos trâmites jurídicos e políticos locais. Criados no poder, os Correa da Paz--Araújo-Almeida não sabiam o que era estar fora das dinâmicas da sociedade.

Os agentes do Santo Ofício não se confiavam apenas na Inquisição, usando-a como distintivo simbólico e que para certos momentos não tinha muito poder efetivo. Poderia ser utilizado como demonstração de força, mas o que contaria mesmo para alguns conflitos eram os relacionamentos com pessoas que detinham outros tipos de poderes. Nesse âmbito, as alianças e embates com Magistrados locais e Magistrados Régios assumem características substanciais capazes de esboçar que a administração local também explica em muito a formação e o "ordenamento social", sendo dessa feita constantemente influenciada por esses diálogos.

5.4 Conflitos e relacionamento com Ouvidores

Desde que a parte sul da Capitania de Pernambuco tornou-se, em 1712, a Comarca das Alagoas, a figura do Ouvidor da Comarca acabou se

[554] AHU. Pe. Av. Doc. 12619, fl. 1-3. O documento está claramente incompleto, visto que o fólio 3 está rasgado, enquanto o fólio 2 está intacto, não havendo um verso para o fólio 2.

tornando central em várias dinâmicas políticas locais. Os Ouvidores eram agentes designados pela Monarquia portuguesa na administração da justiça e do que, na época, chamava-se de "bem comum" e "ordem". Para melhor compreensão do encaixe de tais personagens nas conquistas ultramarinas americanas, é necessário ressaltar alguns pormenores fundamentais. Há, para o caso da observação desses agentes em solo "alagoano", duas hipóteses desenvolvidas e, consequentemente, já comprovadas por Antônio Caetano e Lanuza Pedrosa: **1)** identificou-se o enriquecimento de ouvidores nos locais de atuação que levaram, inclusive, em alguns casos, à uma promoção[555]. Além disso, **2)** é possível perceber o estabelecimento no local daqueles indivíduos, seguido de assentamento familiar, quando adentravam nas redes mercantis locais, familiares e nas estruturas da agricultura.

Neste capítulo, dar-se-á atenção a três Ouvidores que atuaram em Alagoas. Todos eles entraram em acordos ou entreveros com agentes da Inquisição, valendo a pena observamos com maior acuidade não apenas o oficial do Santo Ofício usufruindo do Direito, mas se relacionando com seus Magistrados.

5.4.1 João Vilela do Amaral e Manoel de Almeida Matoso

João Vilela do Amaral foi nomeado em 1717 para "Alagoas" e, em 1720, já era perceptível que conseguira causar grande desconforto para uma parcela da população de Porto Calvo e Penedo. As acusações contra o magistrado giravam em torno de seus excessos nas vilas onde fincava sua correição. A situação pioraria em 1721, pois um novo Ouvidor deveria se estabelecer na Comarca, e João Vilela do Amaral impediu-o de tomar posse. Após começar a exercer seu cargo, Manoel de Almeida Matoso igualmente se mostrou tão conflituoso quanto seu antecessor, inclusive mandando prendê-lo. A situação perdurará até 1725-1727, quando ambos os Ouvidores serão inocentados de suas acusações[556].

Na documentação desse conflito, um certo nome se identifica com considerável frequência. O Padre Domingos de Araújo Lima era apontado como "parcial" de João Vilela do Amaral, e considerado inimigo por Manuel de Almeida Matoso e outros agentes "alagoanos". Para Dom Raphael Bluteau, ser "parcial" significava: "Aquele que se arrima a uma das partes". Agir em

[555] Contudo não há uma unidade sobre essa ocorrência da "promoção", pois alguns não eram promovidos. Agradeço a Antonio Caetano pela informação.

[556] PEDROSA, 2010. CAETANO, 2012. MENDONÇA,2021.

parcialidade era estar dentro de um "Bando. Rancho. Empenho em seguir as partes de alguém"[557]. Antonio de Moraes Silva, em 1789, ratificava tal ideia: "parcial: adjetivo. Que é parte integrante de qualquer todo. Que segue algum partido. Que julga com afeição de partes, e aceitação de pessoas[558].

A participação do Padre no pleito recebe atenção problemática, sobretudo, devido a três fatores: **1)** pelo fato de que o Padre Domingos de Araújo Lima ocupava posição de poder importante na comarca como Comissário do Santo Ofício (1709) antes mesmo de existir qualquer Ouvidor na Vila das Alagoas (1712); **2)** todo Ouvidor deveria ser Juiz do Fisco Real, dos Confiscados pelo Santo Ofício e Conservador dos Familiares do Santo Ofício[559]; e **3)** Ouvidor Manuel de Almeida Matoso também era Familiar do Santo Ofício[560].

Tudo começou em 1721, quando Manuel de Almeida Matoso começou a agir contra João Vilela do Amaral. No intuito de tirar a residência pendente de seu antecessor para poder exercer seu cargo, passou a enumerar os crimes que ele tinha cometido, entre eles, um de caráter comum: o desvio de dinheiro dos cofres dos defuntos e ausentes, montante que dava "[...] ocasião a lucrativas irregularidades, como o adiamento das remessas de heranças, desviadas para negócios particulares"[561]. Se a apropriação fosse própria, não seria menos crime, contudo, é certo que a usurpação do dinheiro dos outros realizando-se para beneficiar amigos próximos irritava em demasia Manuel de Almeida Matoso. Na lista de nomes dos agraciados com o dinheiro alheio estava o Padre Domingos de Araújo Lima. Em 23 de abril de 1722, passou-se uma determinada quantia ao Comissário do Santo Ofício: três mil cruzados dos ausentes[562].

Segundo Manuel Matoso, além de envolver outros problemas familiares para aumentar o conflito, o Padre Domingos de Araújo Lima foi até a Cidade[?] da Bahia ajudar a conduzir a diligência que seria tirada do Ouvidor João Vilela, escolhendo procedimentos e contatos[?], "e outros mais para o não culpar", e fez com que na devassa fosse acreditada como "menos verdadeira" as suas reclamações, julgadas de "má opinião". A partir dali o suplicante enviava ao Monarca o "escrito dos três mil cruzados dos ausentes" que ele mesmo

---

557 BLUTEAU, vol. VI, p. 263.

558 SILVA, 1789, vol. II, p. 397.

559 Informação Geral da Capitania de Pernambuco. In: **Anais da Biblioteca Nacional do Rio de Janeiro**. Rio de Janeiro: Biblioteca Nacional, Volume XXVIII, 1906, p. 459.

560 CAETANO, 2012.

561 MELLO, 2012, p. 239.

562 AHU. Al. Av. Doc. 21, fl. 12.

tinha mandado executar do Padre Domingos de Araújo Lima, entre outras ações sobre diferentes pessoas. Naquele ensejo, Manuel de Almeida Matoso requereu autorização régia para "reperguntar" as mesmas testemunhas sobre as atividades de João Vilela do Amaral, podendo, assim, "averiguar a verdade"[563]. Na Cidade da Bahia, convém mencionar que não foi atrás de contatos e amizades, mas diretamente ao Tribunal da Relação[564].

Sobre a indicação de que o Padre Domingos era um "parcial" de grande amizade com o Ouvidor João Vilela do Amaral, arrisca-se problematizar a possibilidade de o Comissário do Santo Ofício ter sido sim a maior arma política do Magistrado, uma vez que as acusações, não só as advindas do ouvidor reclamante, direcionavam-se para ambos, na maioria das vezes. Em todas elas o Padre apresenta-se como articulador das amizades criadas com João Vilela do Amaral para falsificação e manipulação do máximo possível dos testemunhos em seu favor. Contavam, ainda, com a parceria de um dos Escrivães do processo, Felipe Rodrigues (encarregado novo que assumiu com o falecimento de seu antecessor): "particular amigo dos suplicantes", pois tinha sido Escrivão das Correições passadas do Ouvidor Vilela do Amaral, pondo-se em demasiado contra Manuel de Almeida Matoso. Recebera "dádivas e dinheiro" do Ouvidor e do Padre, que usava para subornar as testemunhas, fazendo-as jurarem contra Manuel de Almeida Matoso, desmentindo as suas acusações. Sobre os "vícios dos livros autos", o Ouvidor Matoso indicava de forma incisiva:

> Se ação na dita vila e com o dito João Vilela tiveram a proteção do dito escrivão e ministro da residência, lhe não seria dificultoso emendar e viciar os livros autos, nos termos e neles tinham feito menos jurídicos dos quais deu o suplicante conta a Vossa Majestade, e o mesmo puderam ter feito com o atual escrivão que Felipe Rodrigues, pela particular amizade que tem com os suplicados, principalmente com o Padre Domingos de Araújo Lima o qual continuamente vai a sua casa e lhe deixa resolver o Cartório e tirar dele os autos que quer[?][565].

Não é possível comprovar se a acusação era verdadeira ou falsa. Mas, nas palavras de Antonio Caetano, esse tipo documento é importante para medir o "termômetro sócio-político daqueles espaços"[566]. Ou seja, não sendo verídico o suborno, pelo menos é certo afirmar que o Ouvidor-geral tinha uma relação muito próxima com o Padre Domingos, usando-o quase como

563 AHU. Al. Av. Doc. 21, fl. 12v-14.

564 Apesar do mau estado de conservação, encontrou-se documentação sobre o Padre Domingos de Araújo Lima contra o Ouvidor Manoel de Almeida Matoso na Bahia, APEB. SC. TRB. Cód. 505-1 (1724-1726), fls. 29v-30, 49-51.

565 AHU. Al. Av. Doc. 21, fl. 16.

566 CAETANO, 2012, p. 153.

um braço direito. Quem sabe um testa de ferro, visto que o mesmo Padre foi até a Cidade da Bahia. Tais sugestões interpretativas advêm da percepção que tais aproximações podiam ser bastante comuns, independentemente de terem se aliado contra um indivíduo externo ao grupo ou não. A pergunta que fica é: por que o Padre Domingos de Araújo Lima?

João Vilela do Amaral escreveu um documento "de defesa" contra as acusações que recebia da Câmara da Vila de Porto Calvo e daqueles que tramavam sua queda, em 15 de abril de 1720. De tantos tópicos, um é o mais importante para o caso estudado: a composição dos Eclesiásticos na Comarca das Alagoas como um todo. O Ouvidor Vilela do Amaral não economizou palavras e escreveu furiosamente no papel com sua pena: para o Magistrado, havia "infinitos" religiosos "cristãos novos", "leprosos", "condenados a morte de forca por sentença da Relação [da Bahia]" e "iletrados", que, simplesmente, "não sabiam a gramática". Sem contar "infinitos de ordens sacras, epístola, evangelho e missa de idade de 15 a 20 anos dispensando o hábito em todos esses casos".

Aqueles sérios apontamentos se justificavam, em suas palavras, pela "persuasão" do Escrivão da Câmara Eclesiástica de Olinda, que passava certidões falsas, ao preço de 100 a 200 mil réis, causando "estado geral [de] queixa e escândalo", cometendo todos "sacrilégios indispensáveis, mais que por sua santidade". E para completar a acusação, o Magistrado João Vilela do Amaral dizia ser muito fácil entrar "nesse Estado" ações heréticas, vista a liberdade que havia e que se mostrava "capaz de admitir"[567]. Tais acusações reapareceram em 3 de maio de 1720, em decorrência de sua correição em Porto Calvo; alegava-se ligações comprometedoras entre os Eclesiásticos "em sua maioria parentes", sendo fácil exercer as atividades, tendo apenas que pagar os "duzentos, quatrocentos e quinhentos mil réis". Mas as revelações não paravam por aí, pois o Ouvidor acusava grande parcela da população de Porto Calvo de viver em concubinato e bigamia; sob auxílio desses religiosos suspeitos desfaziam-se de matrimônios sob falsos pretextos, "para casarem os bamgoés[?] com as concubinas que são casadas"[568].

---

567 AHU. Al. Av. Doc. 21, fl. 34v.

568 AHU. Al. Av. Doc. 21, fl. 37v-38. Em sua correição em Penedo, João Vilela do Amaral atuou contra pessoas que, de acordo com o Ouvidor, viviam em concubinato. Como um Padre, chamado Manoel Lopes de Araújo, acusado de viver com uma mulher chamada Maria Vieira, que era casada. Os que se revoltaram contra as ações de Vilela devolveram na mesma moeda, acusando o Ouvidor de viver amancebado com várias mulheres da vila nos períodos que ficava de correição, CAETANO, 2012, pp. 164-167. AHU. Al. Av. Doc. 22, fl. 7, 18v, 21v, 27, 32v, 34, 38v, 40, 42-43. Agradeço a Karolline Campos pelas indicações dos fólios no documento original.

Não se pode afirmar essa relação dos cristãos-novos com o Clero em Porto Calvo, mas ao que tudo indica, "o defeito de sangue seria, aliás, 'muito vulgar' em Olinda, entenda-se, entre o Clero da cidade"[569]. Podendo essa acusação tanto ser um ato intempestivo do Ouvidor como uma possibilidade ínfima de ser verdade não para todo um Clero, mas uma parcela dele, um ótimo indício para futuras investigações. Como hipótese prévia, pode-se pensar a ausência de "porto calvenses" às habilitações do Santo Ofício entre 1706-1765 como um indicativo dessas possíveis "manchas de sangue". Afinal, o primeiro Senhor de Engenho-Familiar era natural do Reino, mas o segundo natural de Porto Calvo. Esse último (e aí está o indício) foi, justamente, quem teve indícios estranhos nas inquirições de pessoas que não sabiam se seus entes familiares mais velhos eram parentes de pardos e cristãos-novos.

Se não podemos aferir quem era ou não cristão-novo em Porto Calvo, pelo menos sabemos que parte das acusações de Vilela só se concretizou em denúncias uma década depois, quando dois Padres de Porto Calvo foram acusados, presos e sentenciados pelo Santo Ofício. O primeiro, o Padre Francisco Soares Chaves, que fugiu para Paraíba e lá se casou com Ana Fragosa, tendo filhos. O segundo, o Padre Antonio Esteves, o Velho, acusado do crime de solicitação dentro da vila[570].

Visto isso, é quase certa a preferência do Ouvidor pelo Padre Domingos de Araújo Lima. Tratava-se de um homem letrado, comprovado Comissário do Santo Ofício, sem vestígio de sangue de Cristão novo, não era leproso, nem condenado à morte de forca, ou seja, tornou-se pessoa "ideal" para evitar desvios de ordens religiosas de alto escalão. Uma vez sendo Conservador dos Familiares do Santo Ofício, ficava fácil "empregar" Padre Domingos em suas correições como um homem de confiança.

O contrário poderia ser verdadeiro. Ou seja, pode ter acontecido de Domingos ter ido até o Ouvidor Vilela. Afinal, os Eclesiásticos, reforçados pelo Concílio de Trento, tinham poderes de exercer justiça em pleitos relativos aos desvios morais da população que deveriam administrar. Nas Ordenações Filipinas, o Rei D. Filipe dava total apoio de sua justiça secular às ações que tocavam "o Santo Ofício da Inquisição". Soma-se a isso, o fato de que todos os oficiais de justiça ajudavam em determinadas execuções de ordens como auxiliar dos oficiais do Tribunal na perseguição dos acusados e julgados do crime de heresia. Na "Hospitalidade", ordenava que os oficiais

[569] MELLO, 2000, p. 55.

[570] MOTT, 1992, pp. 14-17.

de justiça recebessem em suas jurisdições "benignamente" os oficiais da Inquisição (Inquisidor-mor, Inquisidores e Oficiais), "e os tenham sob nossa custódia e encomenda, e lhes deem todo favor e ajuda, para seguramente executarem seus ofícios"[571]. As informações ajudam a endossar as primeiras interpretações de Mott, que afirmou que "no caso de Alagoas, patenteia-se a participação da justiça civil na captura e prisão dos bígamos, demonstrando íntima colaboração entre a cruz e a espada"[572]. Porém Mott, baseando-se apenas nos casos dos bígamos, atenta que houve um "absoluto silêncio" dos oficiais da Inquisição "alagoanos" em relação a esses processos, sendo as diligências e inquirições feitas pelos Comissários de Recife e Olinda[573].

Dessas linhas de interseções jurisdicionais, entende-se e justifica-se a "amizade" entre os oficiais em análise. Diga-se, ainda, que outros pecados que assumiam o lugar de crimes como o concubinato, a feitiçaria e os adúlteros (entre outros) também estavam na alçada da justiça secular, o caso virava de foro misto (*mixti fori*)[574]. Podendo ser controlado e repreendido tanto pela justiça secular como a Eclesiástica. Com a entrada do Concílio de Trento, houve uma "intensificação da perseguição de uma série de delitos ligados à vida sexual, familiar e afectiva das populações"[575]. Em observação acerca da "preocupação[576]" de João Vilela do Amaral com a índole dos indivíduos — não só dos Eclesiásticos da região, mas, sobretudo, da população que a ele estava subordinada —, mais uma vez a aproximação entre magistrado e comissário do Santo Ofício assume características lógicas e legítimas que podem ter proporcionado outras situações determinadas.

Manuel de Almeida Matoso, em um possível ato de desespero[577] e cansado de todo seu descrédito — o Conselho Ultramarino escreveu que suas acusações não tinham "nem pé nem cabeça" —, mandou prender seu antecessor. As acusações já são reconhecidas, mas as denominações não. O Ouvidor João Vilela estava sendo condenado por ser apontado

---

[571] Título VI: "Como se cumprirão os mandados dos Inquisidores". Segundo Livro das Ordenações Filipinas. In: **Ordenações Filipinas. Livros II e II.** Lisboa: Fundação Calouste Gulbenkian, 1985, p. 426.

[572] MOTT, 2012, pp. 40. CARVALHO, 2011, pp. 50-51.

[573] MOTT, 2012, pp. 40-41.

[574] Título IX: "Dos casos mixti-fori". In: **Ordenações Filipinas. Livros II e II.** Lisboa: Fundação Calouste Gulbenkian, 1985, pp. 428-429.

[575] CARVALHO, 2011, p. 52.

[576] Da Carta dos Oficiais da Câmara da Vila de Penedo, evidenciam-se as fortes investidas de João Vilela do Amaral no combate aos desvios "sexuais" da comunidade como um todo. Proliferaram, em sua época, condenações por concubinato, atingindo homens e mulheres considerados importantes, escravos e escravas, onde ninguém era poupado, v. MENDONÇA, 2018.

[577] CAETANO, 2012, p. 131.

como responsável pelo crime de tomar o dinheiro dos defuntos e ausentes, tendo se aliado com um Religioso de Santo Antônio, Frei Manoel da Ressureição, um Eclesiástico de "escandalosa vida". Mais um para se juntar ao Padre Domingos de Araújo Lima. Para Almeida Matoso, "todos revoltosos e perturbados da quietação da Justiça e Sossego daquele povo fazendo sátiras contra o dito Ouvidor". Ridicularizar o Ouvidor já era muito grave, mas Almeida Matoso conspirava que ambos os Religiosos induziam a população "que por meios extraordinários formassem queixas dele e mandem adislustrar[sic] o seu procedimento"[578].

Em janeiro de 1725, uma petição do Padre Domingos de Araújo Lima alcançou os Conselheiros do Rei responsáveis por cuidar do assunto. Apesar do registro, não há informações sobre o que dizia a tal petição[579]. O que se pode apanhar de imediato é que o Padre *de fato* era desafeto de Manoel de Almeida Matoso. Não foi à toa que, junto com o Cônego Gomes Vilela (irmão de João Vilela[580]), pediram, em 1725, o sequestro de bens que se achavam na Alfândega e na Casa da Moeda, pertencentes a Manoel Matoso. O objetivo era pagar 10 mil cruzados, pondo em parte a que pertencia a João Vilela do Amaral como pensão de sua "injusta prisão". Como já foi visto nestas linhas, pode-se desenvolver a hipótese que a execução de 3 mil cruzados feitos pelo ex-Ouvidor ao Padre pode ter levado o religioso a exigir esse sequestro de 10 mil, possivelmente, pensando em voltar a ter dali seu antigo cabedal[581].

Mas essa não foi a única execução feita ao Padre Domingos de Araújo Lima. Ao que tudo indica, enquanto foi Ouvidor das Alagoas, Manoel de Almeida Matoso mandou e desmandou. Foi rechaçado pela população local que defendia o antigo Ouvidor João Vilela do Amaral. Em um dos itens de queixas, informavam que, além do "ódio" pregado ao seu "inimigo capital" (Vilela), o Magistrado (Matoso) até se dirigiu aos seus "parciais", sendo um deles o Padre Domingos, que teve uma execução contra seus bens, sendo o patrimônio de casas que foram para Praça [Pública], incluindo os "cobres de seu Engenho, que lhe mandou arrancar estando moendo", e que essas ações

578 AHU. Al. Av. Doc. 27, fl. 1. "[documento] 110". In: **Documentos Históricos**, vol. 99. – Rio de Janeiro: Biblioteca Nacional, 1953, p. 190.

579 Prova disso é o documento 30 do conjunto "Alagoas Avulsos", no AHU. De apenas um fólio, diz apenas o seguinte: "Sua Majestade é servido que vendo-se no Conselho a petição inclusa do Padre Domingos de Araújo Lima, e mais papéis a ela junto se lhe consulte logo o que parecer. Deus Guarde a Vossa Majestade. Paço, 30 de Janeiro de 1725. [sinal público]. Diogo de Mendonça Corte Real. Sr. João Teles da Silva. AHU. Al. Av. Doc. 30, fl. 1.

580 AHU. Al. Av. Doc. 27, fl. 2.

581 AHU. Al. Av. Doc. 40, fls, 6-6v.

(ou retaliações) fez o Padre perder "muitos mil cruzados"[582]. Para quem se lembra dos capítulos anteriores, o Padre Domingos tinha um Engenho de fazer açúcar e era uma pessoa de muitas posses e considerado abastado. Esse assunto do seu engenho foi um dos pontos citados por Domingos de Araújo Lima em sua reclamação no Tribunal da Relação da Bahia.

Observa-se o Padre Domingos de Araújo como um protagonista social, com desejos próprios e ações que visavam seus interesses, não como um personagem única e exclusivamente a serviço do Ouvidor Vilela do Amaral. Dentre investidas que partiram do Comissário do Santo Ofício (e que evidenciam o ponto exposto), tem-se o conflito com Bento da Rocha Barbosa Maurício Vanderlei.

Segundo Diogo de Albuquerque Melo, Bento da Rocha Barbosa Maurício Vanderlei dizia sobre Vilela e Domingos de Araújo que "se conjuraram contra ele [Bento] e com efeitos fizeram expulsar da tal ocupação [Capitão-mor da Vila das Alagoas] para o que lhe maquinaram falsos, e aleivosos testemunhos". O próprio ex-Capitão, Bento Vanderlei, chamava-os (Vilela e Domingos) "meus inimigos". O ex-Capitão acabou sendo remunerado com o posto de Coronel do Regimento de Cavalaria da Capitania do Rio de São Francisco e, depois de um ano com a patente concedida, foi alvo por uma segunda vez do "ódio e inimizade" do Eclesiástico, que emitiu queixas e exigiu a expulsão mais uma vez de Bento da Rocha Vanderlei, para poder dar espaço a Francisco Casado Lima, cunhado do Padre Domingos de Araújo Lima, que tinha maquinado tudo (Francisco, não Domingos). Missão cumprida, mas não esquecida por Bento da Rocha, que exigiu do Rei a volta de sua patente de Coronel. O Governador de Pernambuco na época, Duarte Sodré Pereira Tibau, concedeu a patente para o suplicante em 1730[583]. Vale lembrar que Bento da Rocha Vanderlei, igualmente, era desafeto do Ouvidor João Vilela do Amaral, elucidando esse ato de "despotismo" do Padre Domingos.

Motivações pessoais, "familiares", eclesiásticas e econômicas. Todas elas somadas a possíveis pretensões inquisitoriais, em maior ou menor peso dependendo da situação e da conjuntura. Padre Domingos de Araújo Lima mostrava ser um senhor (estaria nos seus 60 e poucos anos) que articulava sua dinâmica social, arrumando dinheiro, aliando-se a Magistrados régios e utilizando de sátiras para fazer as pessoas prestarem queixas contra o Ouvidor das Alagoas. Se nos tópicos passados vimos Antônio Correa da Paz

582 AHU. Al. Av. Doc. 46, fl. 13-13v.

583 AHU. Al. Av. Doc. 60, fls. 1-5.

como um Comissário enraizado nas problemáticas de suas terras, Domingos de Araújo Lima, em contrário, assumia lugar de um agente da Inquisição que atuava ativamente nos espaços mais urbanos e dilatados da Comarca.

5.4.2 José Mendonça de Matos Moreira

Saindo do primeiro quarto de século, parte-se para 1801, período em que tiraram a residência do 14º Ouvidor das Alagoas, estabelecido na localidade por 19 anos: de 1779 até 1798. José Mendonça de Matos Moreira era natural de Portugal, que exerceu o lugar de Juiz de Fora em Odemira, recebeu um Brasão de Armas e, das mãos da Rainha Maria I, o Hábito da Ordem de Cristo. Foi escolhido Ouvidor das Alagoas e, depois, selecionado para o Desembargo da Bahia. Teve vários filhos em Alagoas (ilegítimos), comprou engenhos, dotou vários, prontificou-se a ser o Conservador das Matas de Alagoas em 1790, escreveu verdadeiros tratados sobre as matas alagoanas e, em termos açucareiro-familiares, disseminou sua prole nos mais altos escalões aristocráticos da Província das Alagoas, no campo do direito ou da agricultura. Idealizou, ainda, a construção da Casa de Aposentadoria de Penedo, tendo sido iniciador da cultura do Algodão em Alagoas e homem religioso, filantropo patrocinador de alguns eventos piedosos. Morreu solteiro, mas amontoado de herdeiros, e enterrado envolto com seu Hábito da Ordem de Cristo, em 1826[584].

Por outro lado, em todo o seu mandato, recebeu reclamações de vários grupos sociais das três vilas da Comarca. Reclamaram de suas correições, acusando-o de ser rígido, causando desespero e prantos a diversas famílias locais. Tais queixas não representaram a curto prazo nenhum tipo de punição ao Ouvidor, mas causava desconforto entre a população[585].

A conduta e atividades de José Mendonça, foram observadas e analisadas no ato da tirada de sua "residência", por Manuel Joaquim Pereira de Matos Castelo-Branco — o 15º Ouvidor-geral da Comarca das Alagoas, que foi escolhido em 1 de fevereiro de 1798[586] —, que se utilizou do número impressionante de 140 testemunhas[587]. Pode-se dizer, agora, que dentre

---

[584] DIÉGUES JÚNIOR, 2012, pp. 46-48, 59-60, 265-273. LINDOSO, 2005, pp. 73-101. CORREIA, 2011, pp. 12-20.

[585] PEDROSA, 2012, pp. 186-187, 197-206. AHU. Alagoas Avulsos. Doc. 326, fls. 87-90.

[586] António Horta Correia informou a data como 1 de dezembro de 1798. Ao que tudo indica, a Carta do final da residência foi passada nessa data, mas o Ouvidor já tinha sido escolhido em "[...] primeiro de Fevereiro de mil setecentos e noventa e oito [...]". AHU. Al. Av. Doc. 326, fl. 1.

[587] CORREIA, 2011, pp. 18-19.

elas estavam duas pessoas que pouco tempo depois se habilitaram ao Santo Ofício: Joaquim Tavares de Basto e João de Bastos, Comerciantes portugueses, moradores na Vila das Alagoas. Além disso, lista-se o Padre Agostinho Rabelo de Almeida, que se identificou como Comissário do Santo Ofício.

Dos entrevistados que aqui nos interessam mais, Agostinho Rabelo de Almeida foi o primeiro a depor, sendo a testemunha de número 40. Identificou-se como "Reverendo Padre Agostinho Rabelo de Almeida Comissário Geral do Santo Ofício". Grande título. Grande prestígio. "Comissário Geral". Denominação nova para o espaço alagoano vistas as exposições até agora. Sua idade de 70 anos não o impedia de participar das dinâmicas sociais e políticas da localidade onde estava assentado. Seu testemunho, e da maioria, é tão genérico que se acha propício pensar que o Ouvidor Castelo-Branco fazia perguntas e a pessoa apenas respondia "sim" ou "não". O Padre do Santo Ofício afirmava que sabia "pelo ver" que o Desembargador Mendonça havia cumprido com todas as suas obrigações, que era de muito boa vida e costumes, prático em expedir os despachos, "limpo de mãos", afável com as pessoas e que nunca tivera partes em negociações[588].

João de Bastos e Joaquim de Bastos foram entrevistados no mesmo dia, pensa-se que no mesmo horário, sendo o primeiro a testemunha de número 90 e o irmão de número 91. João de Bastos, de quem não dispomos muitas informações, em 1798, era solteiro[589], morador na Vila das Alagoas, vivia de seu negócio, com idade de 30 anos. Joaquim de Bastos também se apresentava como sendo solteiro, morador na mesma vila, homem de negócio e com idade de 25 anos. A aproximação de seus depoimentos perpassava, inclusive, o registro de expressões semelhantes quando dos dados passados sobre o Padre do Santo Ofício — sabiam pelo "ver presenciar" os bons costumes do Desembargador, seus despachos sem demora, ser "afável com as partes", "limpo de mãos" e que não fazia negociação alguma. Sempre atuando de forma "desinteressada"[590].

Compreender o método de escolha do Ouvidor responsável é arriscado. Eram denúncias que envolviam crimes morais sobre sexualidade (mancebia e concubinato), mercado (negociações de madeira), judicial (favorecimento de partes), e relações de amizade nos campos Militares, administrativos, religiosos e comerciais. Identifica-se, diante desse contexto,

[588] AHU. Al. Av. Doc. 326, fl. 52.

[589] Vale lembrar que na sua habilitação do Santo Ofício, anos mais tarde, já estaria casado.

[590] AHU. Al. Av. Doc. 326, fl. 68v.

que os entrevistados foram exatamente religiosos, Comerciantes, Militares, agentes administrativos etc. Mesmo focando em apenas três testemunhos para análise e exposição, todos os envolvidos precisaram ser checados. Daí, a impossibilidade de verificar um padrão ou um "objetivo" na escolha dos depoentes se dá exatamente pela quantidade e qualidade das reclamações. Segundo as acusações, deparamo-nos com a sociedade inteira envolvida, em todas as "estruturas" "atacadas" pelo Desembargador Mendonça. Porém é impossível descobrir se as testemunhas foram chamadas pelo Ouvidor Castelo-Branco, ou se elas se identificaram de livre e espontânea vontade.

Diante dessas duas possibilidades principais, cabem algumas problematizações coerentes e reveladoras. Se a primeira opção prevalecer, têm-se pessoas que defenderam o Desembargador Mendonça como se não quisessem se intrometer no assunto, apenas respondendo o óbvio ou o que o Ouvidor Castelo-Branco queria ouvir. Se a segunda opção for a mais sensata, estar-se-á presenciando um verdadeiro esquema dos acordos e pactos de poder pessoais, pois vários indivíduos teriam procurado a Casa de Aposentadoria do Ouvidor, na Vila das Alagoas, para prestar depoimento "em solidariedade" ao ex-Ouvidor. Incluindo um Comissário do Santo Ofício agradecido pelos atos de filantropia de José Mendonça em relação às suas obras religiosas, e dois Comerciantes que poderiam ou não ter relacionamento de negócio com o atual Desembargador.

Apesar de não serem tão profundos no sentido microanalítico, avalia-se positivamente (para o trabalho, não para o momento histórico) esses vestígios documentais e tais alianças entre agentes da Inquisição com magistrados Régios. No caso de Domingos de Araújo Lima, pode-se pensar em um pequeno relacionamento de cunho inquisitorial. Já nos de Agostinho, João e Joaquim, não se tem nesse momento outra opção, era posição política.

***

Percorrer o quinto capítulo nos levou a visualizar que as atividades dos agentes do Santo Ofício, mesmo fora de suas jurisdições inquisitoriais, continuavam desenvolvendo-os como exercitadores do poder de mando. Afinal, as relações sociais a partir dos embates e lutas entre grupos e pessoas acabam fornecendo subsídios para a inteligibilidade dos acontecimentos históricos[591]. Nesse caso, as relações de poder estão inseridas em um contexto

---

591 FOUCAULT, 2010, pp. 5, 175-177. MARX; ENGELS, 2007, p. 45.

histórico, cognoscível a partir das relações de produção, trabalho, jurídicas, religiosas, étnicas, morais etc. Estudadas no âmbito dos acontecimentos e de suas relações, propagações e rupturas no decorrer do tempo.

No decorrer da análise do capítulo, foi-se observando essa relação "capilar" do exercício de poder entre as pessoas, destrinchando suas motivações, desejos e objetivos[592]. Dentro dessa proposta, o que poderia ser considerado o peso do título de agente do Santo Ofício foi perdendo força no sentido de não ser uma atividade exclusivista, mas que se relacionava com outras atitudes no cotidiano colonial, algumas vezes com maior força, outras nem tanto. Todavia, a inserção desse indivíduo dentro de um grupo, ou, no limite, de um conjunto de interesses sociais, morais e econômicos[593] serviu para compreender até que ponto um "agente da Inquisição" se comporta (ou comportava) após receber seu Hábito (ou antes)[594]. Recriando, dialeticamente, o que seria o mais próximo possível de um "perfil" dos Familiares e Comissários da Inquisição "alagoanos".

[592] FOUCAULT, 2010, p. 6, 130-131, 135, 179-191.

[593] THOMPSON, 1981, pp. 189-195.

[594] "Não me parece possível elaborar uma 'microfísica do poder' desvinculada de uma teoria do Estado". COUTINHO, 2010, p. 11. Tal afirmação de Carlos Nelson Coutinho (que está "elogiando" a passagem de Foucault de um arqueólogo do saber para um genealogista do poder) ajuda a pensar essa sociedade colonial. Os conceitos de "microfísica do poder", aplicados a territórios americanos, não devem perder de vista um todo maior como as políticas de Estado sobre "mercantilismo", "religião católica tridentina", "mercês políticas", "sesmarias", "impostos", "pureza de sangue", entre tantas outras.

CONSIDERAÇÕES FINAIS

Antonio da Silva Maciel era pardo, morador na freguesia do Rosário da Vila de Penedo. Foi acusado por desacato ao sacramento em 1777[595]. Ao que tudo indica, em uma Mesa de Comunhão que aconteceu no Convento dos Franciscanos da Vila de Penedo, o pardo Antonio, ao invés de ingerir a "sagrada forma", tirou-a da boca e a guardou em uma Algibeira, causando escândalo depois de descoberto e sendo imediatamente preso e enviado para Olinda.

Quatro testemunhas foram chamadas: dois clérigos Franciscanos, o Capitão-mor André de Lemos Ribeiro e o Alferes dos Pardos, Antônio José dos Santos, que também atuava como Oficial de Alfaiate. Foi esse último quem percebeu a ação do pardo Antônio da Silva Maciel e tratou de denunciá-lo. Durante o depoimento em Olinda, Maciel negava todas as acusações, alegando conhecer todas as testemunhas. Entretanto dizia que o Alferes dos pardos não era um homem "verdadeiro". Ainda sobre Antônio dos Santos, é interessante observar a posição do Comissário do Santo Ofício de Olinda, encarregado do processo: o Alferes pardo é sempre tratado como "preto" por ele.

Outra diligência para apurar o "crime" foi realizada em 1778. Ali se destacava como testemunha José Ferreiras, preto da Costa da Mina, cativo da viúva Anna Ritas, moradora na Vila de Penedo, com idade (o escravo) de 23 anos. Confirmava que o pardo sentenciado estava na Igreja no momento, mas que não tinha visto seu "crime" de guardar a "sagrada partícula" da Comunhão, e que quem havia feito isso tinha sido Alferes pardo, denunciante. O depoimento de José Ferreiras foi usado (ou intimado) pelo Santo Ofício para desmentir as afirmações de Antonio da Silva Maciel, que dizia não ter ido naquela missa naquele dia. Contudo não se conseguiu provar que a hóstia não tinha sido consagrada, pois tal acusação tinha partido apenas do Alferes dos Pardos (eram necessárias, para isso, mais testemunhas). Uma nova Comissão foi passada em 1790, ao que tudo indica, sem ter tido sucesso[596].

Relembremos a "Introdução". Utilizar um caso da Inquisição ajuda a elucidar os diversos pontos trabalhados nesta pesquisa. Nesse aspecto, estar-se-á no final da década de 1770, época de já consolidação dos agentes

---

[595] ANTT. TSO. IL. Proc. Processo de António da Silva Maciel. Disponível em http://digitarq.dgarq.gov.pt/details?id=2302967. Acessado em 13/11/2015.

[596] Esses parágrafos iniciais foram retirados, com leves modificações de meu artigo, MACHADO, 2014, pp. 49-50.

do Santo Ofício em território de "Alagoas Colonial", assim como de baixa das atividades da Inquisição, sem mais autos de fé e sem estatutos da limpeza de sangue entre cristãos-novos e cristãos-velhos[597]. Todavia, a perseguição e as reprimendas aconteciam nos territórios da América portuguesa e os agentes que se habilitaram naqueles idos do século faziam valer suas insígnias e seu ofício de agente da Inquisição e conservador da religião católica.

A partir disso, observa-se, desde já, uma articulação e atuação entre os Familiares e os Comissários de "Alagoas Colonial", visto que André de Lemos Ribeiro, Capitão-mor, Comerciante e Familiar do Santo Ofício, participava tanto da missa (atividades católicas e do cotidiano, vide Capítulo 4) como foi chamado para ser testemunha do caso do pardo Maciel. Em outra vila, o Comissário encarregado de fazer a conexão com Olinda (o Bispado), era o Comissário Agostinho Rabelo de Almeida, que recebeu as denúncias e os testemunhos, tendo como homem de confiança, em Penedo, André de Lemos Ribeiro.

Chegando nesta ocasião, abre-se, mesmo que em uma "conclusão", um caminho de investigação que não pode ser contemplado neste trabalho, que é a articulação e correspondência dos oficiais da Inquisição em "Alagoas Colonial". Observando-os atuando de maneira "individual" nos diversos espaços sociais de suas vilas, não se deve pensar que os agentes do Santo Ofício não se comunicavam de maneira "oficial". Afinal, como bem demonstrado para Minas Gerais, os agentes do Santo Ofício, mesmo preocupados com a distinção social e o mostrar-se na sociedade, ainda eram oficiais da Inquisição e "[...], enquanto tais, cumpriam uma série de funções"[598].

A existência de uma categoria de Agentes da Inquisição se daria pelo fato de que o Tribunal da Inquisição existiu e que as perseguições aconteceram nos espaços "alagoanos". As denúncias corriam soltas nas três principais vilas e até em suas freguesias distantes. Convém lembrar que o último Familiar do Santo Ofício da América portuguesa pediu sua carta na Vila de Anadia, em 1820, o que indica a vontade de estabelecer tentáculos do Tribunal nos espaços da Capitania das Alagoas (já independente de Pernambuco desde 1817) e o objetivo de se distinguir socialmente, chamar certa atenção de quem lá habitava. A categoria, grosso modo, resumia-se pela conexão entre os agentes e as instâncias maiores de poder, como pelo regimento que deveriam seguir.

---

597 Isso foi ao final da administração de Pombal, pois, como bem salientou Novinsky, "durante o governo de Pombal, realizaram-se em Portugal, 61 autos de fé e receberam pena de morte na fogueira 139 pessoas", NOVINSKY, 2005, p. XX.

598 RODRIGUES, 2010, p. 201.

Mas, alerta-se desde já: a conjunção de agentes do Santo Ofício em "Alagoas Colonial" deve estar inserida dentro de um corpo maior que chegaria até o Bispado de Olinda, abarcando toda a Capitania de Pernambuco. Todavia, como se pode observar nas denúncias e nos processos de pedido de habilitação, as atitudes partiam das regiões das "Alagoas" para o centro de Pernambuco e depois para Lisboa. Os agentes da Inquisição sabiam atuar com autonomia em locais da Comarca das Alagoas, apesar de, em última instância, devessem prestar esclarecimentos ao Bispado, mas esse último não deve ser pensado como ponto inicial da ação inquisitorial em terras "alagoanas", e sim como destino final.

A possibilidade de não existência de uma categoria de agentes do Santo Ofício em "Alagoas Colonial" obedece a outros prismas de análise. Como foram apontados, todos os personagens sociais deste trabalho deveriam ter um ofício (ou mais ofícios) para ter cabedal e bancar o processo de habilitação ao cargo e mantê-lo, do próprio bolso, as diligências e tarefas que lhe eram atribuídas. A partir destas páginas, observaram-se como, mesmo habilitados, os agentes não deixavam de exercer outras ocupações ou de se denominarem a partir delas: Capitão-mor, Senhor de Engenho, Mercador, Juiz de Irmandade, Pároco, Padre, Vereador, Professor de Gramática Latina, dentre outros.

Logo, o cargo de agente da Inquisição era um distintivo de poder e social *a mais* dentro de um conjunto de indivíduos. O cargo de agente da Inquisição não era o único e/ou principal para demonstrar a importância social do agente dentro de uma sociedade, como se apenas sendo Familiar ou Comissário do Santo Ofício pudesse "enobrecer" sua condição social prévia. Ou seja, uma vez habilitado, o homem não se agarrava ao seu hábito e a sua medalha da Inquisição, mas inseria-o em uma "prévia" condição de "homem nobre" que arrogava para si, muitas vezes subordinando o ofício da Inquisição às suas anteriores ocupações e quiçá novas, adquiridas pós-recebimento da carta, como inserção de alguma Confraria, cargo na Câmara Municipal ou posto Militar.

Em suma: o que não existe é uma categoria "exclusiva" de agente do Santo Ofício, como se fosse a única permitida e exercida uma vez habilitado. Pode-se, portanto, utilizar os termos "Agentes do Santo Ofício", "Oficiais da Inquisição", "Categoria de Agentes do Santo Ofício" para o conjunto dos homens instalados nas vilas de "Alagoas Colonial". O que se deve ter em mente é que os oficiais estavam diluídos na sociedade, inseridos em outros espaços e outras relações de poder que comportavam diferentes categorias.

A partir dessa ótica, pretendo colocar como *mais importante* não a existência de uma "Classe do Santo Ofício", e sim que os membros da classe senhorial, visando aferir distinções de "dominante", valiam-se de títulos novos dentro dos esquemas de poderes no interior de sua classe.

Da mesma maneira, os estudos da ação inquisitorial são muito lacunares para os espaços de "Alagoas Colonial". Ter essa existência de "Categoria de Agentes do Santo Ofício" ajuda a compreender os momentos que eles não se manifestaram, que não tomaram as rédeas da situação, ou entraram em conflitos com o Tribunal. Auxilia o entendimento de como os "crimes" eram denunciados, perseguidos, tratados, averiguados e relacionados. Se as ocorrências se davam de formas rápidas, lentas, burocráticas, improvisadas, autônomas ou dependentes de instâncias superiores. Ter uma "relação" dos agentes "alagoanos" da Inquisição é um ótimo arcabouço de dados empíricos para se compreender, sistematicamente, a ação do Tribunal em terras "alagoanas", de tal modo como se davam as comunicações entre a população que denunciava, os "praticantes" que se entregavam, e os agentes que — por eles mesmos — perseguiam e atuavam. Não que, necessariamente, os futuros estudos da Inquisição têm que partir dos agentes do Santo Ofício, mas que, para melhor complexificar a pesquisa, ter uma ideia da quantidade, sem perder de vista sua dispersão geográfica e temporal e, de um *modus operandi* desses homens, contribui para tornar as hipóteses mais ricas e as relações mais bem esmiuçadas.

Por último, convém responder: quem foram os agentes da Inquisição e a quem representavam? Acerca dos Familiares e Comissários do Santo Ofício, é interessante pensar em uma *proteção de classe*[599], na qual um agente teria como característica uma espécie de "apoio" dentro de sua categoria (Militares, Mercadores etc.) e seu grupo (família, amizades etc.), tanto de pessoas a favor do habilitado, como do próprio em defesa e auxílio de seus companheiros de ofício. A promoção dentro do "grupo" aumentaria a distinção social que os outros viam nele, alargando o respeito do agente do Santo Ofício em suas atividades. Seria uma condecoração reconhecida por todas as microesferas de poder da sociedade, recaindo sobre todos[600].

Um agente da Inquisição não precisava prender ou julgar ninguém para demonstrar o poder inquisitorial, pois todos já sabiam que seu poder advinha das prerrogativas de exercer mando e punições. Mesmo que suas

[599] Proteção de classe advinda de sua consciência de classe. Sem me alongar no assunto, deixo aqui a leitura de LUKÁCS, 2018.

[600] BOURDIEU, 2012a, pp. 1-2, 14-15.

atribuições não deixassem o oficial do Santo Ofício agir de maneira punitiva, os desvios dos próprios Familiares, utilizando-se do hábito e de seu poder, emitia na mentalidade coletiva local o senso comum de que o agente de cadeia mais baixa tinha poderes inquisitoriais[601].

Nessa linha de raciocínio, a *proteção de classe* passava, por conseguinte, no campo do Modo de Produção Escravista Colonial e de seus aspectos superestruturais, como a miscigenação étnico-racial e cultural com as etnias africanas, indígenas e da nação judaica. A limpeza de sangue era um fator *sine qua non* para manter e tentar enrijecer os estigmas atribuídos a essas "raças infectas" e aos seus descendentes, visando garantir seu domínio pelo medo e pela ação. Protegiam, além de seus cabedais e sua posição dentro das relações de trabalho e dos meios de produção material da conquista, sua "raça pura" de cristão-velho, sem "máculas" de alguma descendência na família de alguém que tenha sido judeu ou mouro, alargando, na América, esse estigma para os negros africanos, indígenas e mulatos.

Da mesma maneira, contribuíam para fechar os raios de ação dessas "raças indesejadas", no mundo da política e em outros espaços culturais e religiosos, como certas Confrarias, Câmaras Municipais, regimentos Militares e posições em procissões. Mas essa atitude de *proteção de classe* não se constituiu de forma "passiva", apenas utilizada dentro dos parâmetros dos regimentos do Santo Ofício e dos estatutos da limpeza de sangue. Antes de tudo, era uma justificativa para classificar e perseguir essas "raças impuras e de infecta nação", vendo nelas possíveis hereges e pessoas que carregavam em seu sangue as mais "diabólicas" tramas para minar e acabar com a "pureza" da religião católica, sendo detentores de uma capacidade para criar desordem e abalar a harmonia da sociedade portuguesa branca e cristã católica. Caberia, portanto, aos agentes do "Santo Ofício", impedir as "desordens", por meio do medo e da repressão.

Em pleno 1820, o que os Familiares e Comissários queriam era que tudo o que fosse sólido permanecesse mais sólido, na terra e no ar. Para tais ambições e manutenção da "ordem", as categorias dominantes de mando "alagoanas" utilizavam dos mecanismos da Inquisição para propor um excludente "uni-vos".

---

601 RODRIGUES, 2007, pp. 63-90.

REFERÊNCIAS DOCUMENTAIS E BIBLIOGRÁFICAS

ACIOLI, Vera Lúcia Costa. **Jurisdição e conflitos**: aspectos da administração colonial, Pernambuco – século XVII. Recife: Editora Universitária da UFPE, 1997.

AGNOLIN, Adone. "O governo missionário das almas indígenas: missão jesuítica e ritualidade indígena (séc. XVI-XVII)". *In*: MELLO E SOUZA, Laura de; FURTADO, Júnia Ferreira; BICALHO, Maria Fernanda (org.). **O governo dos povos**. São Paulo: Alameda, 2009.

ALDEN, Dauril. "Charles R. Boxer e The Church Militant". *In*: SCHWARTZ, Stuart; MYRUP, Erik. **O Brasil no império marítimo português**. Bauru, SP: Edusc, 2009.

ALGRANTI, Leila Mezan. "Famílias e vida doméstica". *In*: SOUZA, Laura de Mello e (coord.). **História da vida privada no Brasil**: Cotidiano e vida privada na América portuguesa. Direção de Fernando A. Novais. São Paulo: Companhia das Letras, 1997.

ALMEIDA, Luiz Sávio de. **Memorial biográfico de Vicente de Paula, capitão de todas as matas**: guerrilha e sociedade alternativa na mata alagoana. Maceió: Edufal, 2008.

ALMEIDA, Marcos Antonio. "A Irmandade de São Gonçalo Garcia em Pernambuco: a apoteose dos Homens Pardos em Recife (1745)". *In*: ALMEIDA, Suely Creusa Cordeiro de; SILVA, Gian Carlo de Melo; RIBEIRO, Marília de Azambuja (org.). **Cultura e sociabilidades no mundo atlântico**. Recife: Ed. Universitária da UFPE, 2012.

ALMEIDA, Maria Regina Celestino. "Cataquese, aldeamentos e missionação". *In*: FRAGOSO, João; GOUVÊA, Maria de Fátima. **O Brasil Colonial**: volume 1 (ca. 1443- ca.1580). Rio de Janeiro: Civilização Brasileira, 2014.

ALTHUSSER, Louis. **Ideologia e Aparelhos Ideológicos do Estado**. Lisboa Editorial: Presença, 1974.

ANDERSON, Perry. **Linhagens do Estado absolutista**. São Paulo: Brasiliense, 2004.

ANTUNES, Luís Frederico Dias. "Têxteis e metais preciosos: novos vínculos do comércio indo-brasileiro (1808-1820)". *In*: FRAGOSO, João; BICALHO, Maria Fernanda Baptista; GOUVÊA, Maria de Fátima (org.). **O Antigo Regime nos**

Trópicos: a dinâmica imperial portuguesa (séculos XVI-XVIII). Rio de Janeiro: Civilização Brasileira, 2010.

ARAÚJO, Emanuel. "A arte da sedução: sexualidade feminina na Colônia". *In*: DEL PRIORE, Mary (org.); PINKSY, Carla Bassanezi (coord. de textos). **História das mulheres no Brasil**. São Paulo: Contexto, 2013.

ARIÈS, Philippe. "A História das mentalidades". *In*: LE GOFF, Jacques; CHARTIER, Roger; REVEL, Jacques. (dir.) **A Nova História**. Coimbra: Almedina, 1990.

AZEVEDO, João Lúcio de. Épocas de Portugal económico. Esboços de História. Lisboa: Livraria Clássica Editora, 1973.

BANDEIRA, Luiz Alberto Moniz. **O feudo** – a casa da torre de Garcia D'ávila: da conquista dos Sertões à independência do Brasil. Rio de Janeiro: Civilização Brasileira, 2000.

BARROS, Francisco Reinaldo Amorim de. **ABC das Alagoas**: dicionário Histórico e Geográfico de Alagoas. 2 Tomos. Brasília: Senado Federal, 2005.

BETHENCOURT, Francisco. **História das inquisições**: Portugal, Espanha e Itália. Lisboa: Círculo de Leitores, 1994.

BETHENCOURT, Francisco. "A Inquisição". *In*: BETHENCOURT, Francisco; CHAUDHURI, Kirti. **História da Expansão portuguesa vol I**. A formação do Império (1415-1570). Lisboa: Círculo de Leitores, 1998a.

BETHENCOURT, Francisco. "Configurações Políticas e Poderes Locais". *In*: BETHENCOURT, Francisco; CURTO, Diogo Ramada (dir.). **A expansão marítima portuguesa, 1400-1800**. Lisboa: Edições 70, 2010.

BETHENCOURT, Francisco. "A Inquisição revisitada". *In*: GARRIDO, Álvaro; COSTA, Leonor Freire; DUARTE, Luís Miguel (org.). **Economia, Instituições e Império**. Estudos em homenagem a Joaquim Romero Magalhães. Coimbra: Almedina, 2012.

BLOCH, Marc. **História e historiadores**. Lisboa: Teorema, 1998.

BLOCH, Marc. **Apologia da história ou O ofício de historiador**. Rio de Janeiro: Jorge Zahar Ed., 2001.

BOSCHI, Caio. "A religiosidade laica". *In*: BETHENCOURT, Francisco; CHAUDHURI, Kirti (dir.). **História da Expansão Portuguesa vol. II**: Do Índico ao Atlântico (1570-1697). Lisboa: Círculo dos Leitores, 1998a.

BOSCHI, Caio. "Episcopado e Inquisição". *In*: BETHENCOURT, Francisco; CHAUDHURI, Kirti (dir.). **História da Expansão Portuguesa vol. III**: O Brasil na Balança do Império (1697-1808). Lisboa: Temas e Debates, 1998b.

BOSCHI, Caio. "Ordens religiosas, Clero Secular e missionação no Brasil". *In*: BETHENCOURT, Francisco; CHAUDHURI, Kirti (dir.). **História da Expansão Portuguesa vol. III**: O Brasil na Balança do Império (1697-1808). Lisboa: Temas e Debates, 1998c.

BOSCHI, Caio. "Sociabilidade religiosa laica: as Irmandades". *In*: BETHENCOURT, Francisco; CHAUDHURI, Kirti (dir.). **História da Expansão Portuguesa vol. III**: O Brasil na Balança do Império (1697-1808). Lisboa: Temas e Debates, 1998d.

BOSI, Alfredo. "Antonil ou As lágrimas da mercadoria". In: BOSI, Alfredo. **Dialética da colonização.** – São Paulo: Companhia das Letras, 1992.

BOURDIEU. Pierre. "A ilusão biográfica". *In*: FERREIRA, Marieta de Moraes; AMADO, Janaína (org.). **Usos e abusos da história oral**. Rio de Janeiro: Fundação Getúlio Vargas, 1996.

BOURDIEU, Pierre. "Sobre o poder simbólico". *In*: BOURDIEU, Pierre. **O poder simbólico**. 16. ed. Rio de Janeiro: Bertrand Brasil, 2012a.

BOURDIEU, Pierre. "A génese dos conceitos de habitus e de campo". *In*: BOURDIEU, Pierre. **O poder simbólico**. 16. ed. Rio de Janeiro: Bertrand Brasil, 2012b.

BOURDIEU, Pierre. "Condição de Classe e Posição de Classe". *In*: BOURDIEU, Pierre. **A economia das trocas simbólicas**. São Paulo: Perspectiva, 2013.

BOXER, Charles. **A mulher na expansão ultramarina Ibérica (1415-1815)**. Alguns factos, ideias e personalidades. Lisboa: Livros Horizontes, 1977.

BOXER, Charles. **O império marítimo Português**. 1415-1825. São Paulo: Companhia das Letras, 2002.

BOXER, Charles R. **A Igreja militante e a expansão ibérica**: 1440-1770. São Paulo: Companhia das Letras, 2007.

BRAUDEL, Fernand. **O mediterrâneo e o mundo mediterrânico na época de Filipe II**. Vol. II. Lisboa: Martins Fontes, 1984.

CABRAL, João Francisco Dias. "Exquisa Rapida A'cerca da fundação de alguns templos da villa de Santa Maria Magdalena da Lagóa do Sul, agora cidade das Alagóas". **Revista do Instituto Archeológico e Geographico Alagoano**, v. II, n. 11, 1879.

CAETANO, Antonio Filipe Pereira. "'Existe uma Alagoas Colonial?' Notas preliminares sobre os conceitos de uma Conquista Ultramarina". **Revista Crítica Histórica**, ano I, n. 1, jun. 2010.

CAETANO, Antonio. "'Por ser público, notório e ouvir dizer...': Queixas e súplicas de uma conquista colonial contra seu Ouvidor (Vila de Penedo, 1722)". *In*: CAETANO, Antonio Filipe Pereira (org.). **Alagoas Colonial**: Construindo Economias, Tecendo Redes de Poder e Fundando Administrações (Séculos XVII-XVIII). Recife: Editora Universitária UFPE, 2012.

CAETANO, Antonio Filipe Pereira. "Poder, Administração e Construções de Identidade Coloniais em Alagoas (Séculos XVII-XVIII)". **Revista Ultramares**, v. 1, n. 2, ago.-dez. 2012.

CAETANO, Antonio Filipe Pereira. "Em busca de um lugar nas conquistas ultramarinas: Trajetória e Luta de Manoel de Almeida Matoso pelo Ofício de Ouvidor da Comarca das Alagoas (Século XVIII)". *In*: ALMEIDA, Suely Creusa Cordeiro de; SILVA, Gian Carlo de Melo; SILVA, Kalina Vanderlei; SOUZA, George Felix Cabral de. (org.) **Políticas e estratégias administrativas no mundo Atlântico.** Recife: Ed. Universitária da UFPE, 2012.

CALAINHO, Daniela Buono. **Agentes da fé**: Familiares da Inquisição portuguesa no Brasil colonial. Bauru: Edusc, 2006.

CALAINHO, Daniela Buono. "Pelo reto ministério do Santo Ofício: falsos agentes inquisitoriais no Brasil colonial". *In*: VAINFAS, Ronaldo; FEITLER, Bruno; LAGE, Lana (org.). **A Inquisição em xeque**: temas, controvérsias e estudos de caso. Rio de Janeiro: Eduerj, 2006.

CAMPOS, Laura de Souza. **Penedo na história religiosa das Alagoas**. Maceió: Ramalho Editores, 1953.

CARDOSO, Ciro Flamarion; BRIGNOLI, Héctor Pérez. **Os métodos da história.** 6. ed. Rio de Janeiro: Edições Graal, 2002.

CARREIRA, António. **As Companhias Pombalinas**. 2. ed. Lisboa: Editorial Presença, 1983.

CARNEIRO, Maria Luiza Tucci Carneiro. **Preconceito racial em Portugal e Brasil colônia**: os cristãos-novos e o mito da pureza de sangue. São Paulo: Perspectiva, 2005.

CARVALHO, Joaquim Ramos de. "Confessar e devassar: a Igreja e a vida privada na Época Moderna". *In*: MONTEIRO, Nuno Gonçalo (coord.); MATTOSO, José (dir.). **História da vida privada em Portugal**: A idade moderna. Lisboa: Temas e Debates, Círculo de Leitores, 2011.

CAVALLI, Alessandro. "Estratificação social". *In*: BOBBIO, Norberto; MATTEUCCI, Nicola; PASQUINO, Gianfranco (org.). **Dicionário de Política**. Vol. I. Brasília: Editora Universidade de Brasília; São Paulo: Imprensa Oficial do Estado, 2000a.

CAVALLI, Alessandro. "Mobilidade Social". *In*: BOBBIO, Norberto; MATTEUCCI, Nicola; PASQUINO, Gianfranco (org.). **Dicionário de Política**. Vol. II. Brasília: Editora Universidade de Brasília; São Paulo: Imprensa Oficial do Estado, 2000b.

CHAVES, Cláudia Maria das Graças. "Mercado e costumes: um estudo das reformas da legislação da Câmara de Mariana – século XVIII". *In*: GONÇALVES, Andréa Lisly; CHAVES, Cláudia Maria das Graças; VENÂNCIO, Renato Pinto. **Administrando Impérios**: Portugal e Brasil nos Séculos XVIII e XIX. Belo Horizonte: Fino Traço, 2012.

CIPPOLA, Carlo M. **Introdução ao estudo da História Económica**. Lisboa: Edições 70, 1993.

CORREIA, António Horta. **Os Mendonças das Alagoas**: Ensaio Genealógico Luso-brasileiro. Lisboa: Artlandia Books, 2011.

COUTINHO, Carlos Nelson. **O estruturalismo e a miséria da razão**. 2. ed. São Paulo: Expressão Popular, 2010.

CRUZ, Carlos Henrique A. **Inquéritos nativos**: os pajés frente à Inquisição. Dissertação (Mestrado em História) – Universidade Federal Fluminense, Rio de Janeiro, 2013.

CUNHA, Mafalda Soares da; MONTEIRO, Nuno Gonçalo. "Velhas formas: a casa e a comunidade na mobilização política". *In*: MONTEIRO, Nuno Gonçalo (coord.); MATTOSO, José (dir.). **História da vida privada em Portugal**: A idade moderna. Lisboa: Temas e Debates, Círculo de Leitores, 2011.

CUNHA, Mafalda Soares da; MONTEIRO, Nuno Gonçalo. "As grandes casas". *In*: MONTEIRO, Nuno Gonçalo (coord.); MATTOSO, José (dir.). **História da vida privada em Portugal**: A idade moderna. Lisboa: Temas e Debates, Círculo de Leitores, 2011.

CUNHA, Mafalda Soares. "A Europa que atravessa o Atlântico (1500-1625)". *In*: FRAGOSO, João; GOUVÊA, Maria de Fátima. **O Brasil Colonial**: volume 1 (ca. 1443- ca.1580). Rio de Janeiro: Civilização Brasileira, 2014.

CURVELO, Arthur. "Os conselhos da Comarca: Constituição e Especificidades Administrativas das Câmaras Municipais da Comarca das Alagoas (séculos XVII-XVIII)". *In*. CAETANO, Antonio Filipe Pereira (org.). **Alagoas e o império colonial português**: ensaios sobre poder e administração (séculos XVII – XVIII). Maceió: Cepal, 2010.

CURVELO, Arthur. **O senado da Câmara de Alagoas do Sul**: Governança e Poder Local no Sul de Pernambuco (1654-1732). Dissertação (Mestrado em História) – Programa de Pós-Graduação em História, Universidade Federal de Pernambuco, Recife, 2014.

DEL PRIORE, Mary. "Ritos da vida privada". *In*: SOUZA, Laura de Mello e (coord.); Fernando A. Novais (dir.). **História da vida privada no Brasil**: Cotidiano e vida privada na América portuguesa. São Paulo: Companhia das Letras, 1997.

DEL PRIORE, Mary. "História do Cotidiano e da Vida Privada". *In*: CARDOSO, Ciro Flamarion; VAINFAS, Ronaldo. **Domínios da História**. 2. ed. Rio de Janeiro: Elsevier, 2011.

DEL PRIORE, Mary. "Magia e medicina na colônia: o corpo feminino". *In*: DEL PRIORE, Mary (org.); PINKSY, Carla Bassanezi (coord. de textos). **História das mulheres no Brasil**. São Paulo: Contexto, 2013.

DETIENNE, Marcel. **Comparar o incomparável**. Aparecida, SP: Ideias e Letras, 2004.

DIÉGUES JR., Manuel. **O banguê nas alagoas**: traços da influência do sistema econômico do engenho de açúcar na vida e na cultura regional. Maceió: Edufal, 2006.

DORIA, Francisco Antonio. "Sangue Converso no Brasil Colônia, I". Disponível em: http://www.arquivojudaicope.org.br/arquivos/bancodearquivos. Acesso em: 20/05/2015.

DUBY, Georges. **As três ordens ou o imaginário do feudalismo**. Lisboa: Editorial Estampa, 1982.

DUBY, Georges. "Poder privado, poder público". *In*: DUBY, Georges (org.). **História da vida privada, vol. 2**: da Europa feudal à Renascença. São Paulo: Companhia das Letras, 1990.

ELIAS, Norbert. **A sociedade de corte**: Investigação sobre a sociologia da realeza e da aristocracia de corte. Rio de Janeiro: Jorge Zahar Ed., 2001.

ELIAS, Norbert. **O processo civilizador, vol. I**: uma história dos costumes. 2. ed. Rio de Janeiro: Zahar, 2011.

FARIA, Sheila de Castro. **A colônia brasileira**: economia e diversidade. São Paulo: Moderna, 1997.

FARIA, Sheila de Castro. **A colônia em Movimento**. Rio de Janeiro: Nova Fronteira, 1998.

FARIA, Sheila de Castro. "História da Família e Demografia Histórica". *In*: CARDOSO, Ciro Flamarion; VAINFAS, Ronaldo. **Domínios da História**. 2. ed. Rio de Janeiro: Elsevier, 2011.

FEITLER, Bruno. **Nas malhas da consciência**: Igreja e Inquisição no Brasil: Nordeste 1640-1750. São Paulo: Alameda: Phoebus, 2007.

FEITLER, Bruno; SOUZA, Evergton Sales. "Estudo introdutório". *In*: VIDE, Sebastião Monteiro da. **Constituições Primeiras do Arcebispado da Bahia**. Estudo introdutório e edição de Bruno Feilter, Evergton Sales Souza e organização de Istvan Jancsó, Pedro Puntoni. São Paulo: Editora da Universidade de São Paulo, 2010.

FERLINI, Vera Lúcia Amaral. "Folguedos, feiras e feriados: Aspectos socioeconômicos das festas no mundo dos engenhos". *In*: JANCSÓ, István; KANTOR, Iris (org.). **Festa**: Cultura & sociabilidade na América Portuguesa, volume II. São Paulo: Hucitec: Editora da Universidade de São Paulo: Fapesp: Imprensa Oficial, 2001.

FERLINI, Vera. **Terra, trabalho e poder**: o mundo dos engenhos no Nordeste colonial. Bauru, SP: Edusc, 2003.

FERLINI, Vera. **Açúcar e colonização**. São Paulo: Alameda, 2010.

FOUCAULT, Michel. **Microfísica do poder**. Tradução e organização de Roberto Machado. Rio de Janeiro: Edições Graal, 2010.

FRAGOSO, João. "A nobreza vive em bandos: a economia política das melhores famílias da terra do Rio de Janeiro, século XVII. Algumas notas de pesquisa". **Tempo**, Rio de Janeiro, n. 15, 2003.

FRAGOSO, João; ALMEIDA, Carla; SAMPAIO, Antonio Jucá de. "Introdução: Cenas do Antigo Regime nos trópicos". *In*: FRAGOSO, João Luís Ribeiro; ALMEIDA, Carla Maria Carvalho de; SAMPAIO, Antonio Carlos Jucá de. **Conquistadores e negociantes**: Histórias de elites no Antigo Regime nos trópicos. América lusa, Séculos XVI a XVIII. Rio de Janeiro: Civilização Brasileira, 2007.

FRAGOSO, João. "Fidalgos e parentes de pretos: notas sobre a nobreza principal da terra do Rio de Janeiro (1600-1750)". *In*: FRAGOSO, João Luís Ribeiro; ALMEIDA, Carla Maria Carvalho de; SAMPAIO, Antonio Carlos Jucá de. **Conquistadores e negociantes**: Histórias de elites no Antigo Regime nos trópicos. América lusa, Séculos XVI a XVIII. Rio de Janeiro: Civilização Brasileira, 2007.

FRAGOSO, João. "Modelos explicativos da chamada economia colonial e a ideia de Monarquia Pluricontinental: notas de um ensaio". **História**, São Paulo, v. 31, n. 2, p. 106-145, jul./dez. 2012.

FRAGOSO, João. "Nobreza principal da terra nas repúblicas de Antigo Regime nos trópicos de base escravista e açucareira: Rio de Janeiro, século XVII a meados do século XVIII". *In*: FRAGOSO, João; GOUVÊA, Maria de Fátima (org.). **O Brasil colonial**: volume 3 (ca. 1720 - ca. 1821). Rio de Janeiro: Civilização Brasileira, 2014a.

FRAGOSO, João. "Elite das senzalas e nobreza da terra numa sociedade rural do Antigo Regime nos trópicos: Campo Grande (Rio de Janeiro), 1704-1741". *In*: FRAGOSO, João; GOUVÊA, Maria de Fátima. **O Brasil Colonial**: volume 3 (ca. 1720 - ca.1821). Rio de Janeiro: Civilização Brasileira, 2014b.

FRAGOSO, João; FLORENTINO, Manolo. **O arcaísmo como projeto**: mercado atlântico, sociedade agrária e elite mercantil em uma economia colonial tardia: Rio de Janeiro, c. 1790 – c.1840. Rio de Janeiro: Civilização Brasileira, 2001.

FREITAS, Décio. **Palmares**: a guerra dos escravos. 2. ed. Rio de Janeiro: Edições Graal, 1978.

FREYRE, Gilberto. **Casa-grande & senzala**: formação da família brasileira sob o regime da economia patriarcal. São Paulo: Global, 2006.

FURTADO, Júnia. **Chica da Silva e o contratador dos diamantes** – o outro lado do mito. São Paulo: Companhia das Letras, 2003.

FURTADO, Júnia Ferreira; RESENDE, Maria Leônia Chaves de. "Apresentação". *In*: FURTADO, Júnia Ferreira; RESENDE, Maria Leônia Chaves de (org.). **Travessias inquisitoriais das Minas Gerais aos cárceres do Santo Ofício**: diálogos e trânsitos religiosos no império luso-brasileiro (sécs. XVI-XVIII). Belo Horizonte: Fino Traço, 2013.

GINZBURG, Carlo. "O inquisidor como antropólogo: Uma analogia e as suas implicações". *In*: GINZBURG, Carlo. **A micro-história e outros ensaios**. Lisboa: Difel, 1991.

GINZBURG, Carlo. "O nome e o como. Troca desigual e mercado historiográfico". *In*: GINZBURG, Carlo. **A micro-história e outros ensaios**. Lisboa: Difel, 1991.

GINZBURG, Carlo. "Micro-história: duas ou três coisas que sei a respeito". *In*: GINZBURG, Carlo. **O fio e os rastros**: verdadeiro, falso, fictício. São Paulo: Companhia das Letras, 2007.

GIZBERT-STUDNICKI, Daviken. "A Nação e o Império: o espaço da diáspora marítima portuguesa no Atlântico Luso-Ibérico do século 17". *In*: SCHWARTZ, Stuart; MYRUP, Erik. **O Brasil no império marítimo português**. Bauru, SP: Edusc, 2009.

GODINHO, Vitorino Magalhães. "Dúvidas e problemas acerca de algumas teses da história da expansão". *In*: GODINHO, Vitorino Magalhães. **Ensaios II**: sobre a história de Portugal. Lisboa: Livraria Sá da Costa Editora, 1968.

GODINHO, Vitorino Magalhães. "Finanças públicas e estrutura do Estado". *In*: GODINHO, Vitorino Magalhães. **Ensaios II**: sobre a história de Portugal. Lisboa: Livraria Sá da Costa Editora, 1968.

GODINHO, Vitorino Magalhães. "1580 e a Restauração". *In*: GODINHO, Vitorino Magalhães. **Ensaios II**: sobre a história de Portugal. Lisboa: Livraria Sá da Costa Editora, 1968.

GODINHO, Vitorino Magalhães. **Estrutura da antiga sociedade portuguesa**. 4. ed. Lisboa: Arcádia, 1980.

GODINHO, Vitorino Magalhães. **Os descobrimentos e a economia mundial**. 4 volumes. Lisboa: Editorial Presença, 1981.

GODINHO, Vitorino Magalhães. **Mito e Mercadoria**: Utopia e prática de navegar (sécs. XIII-XVIII). Lisboa: Difel, 1990.

GORENDER, Jacob. **O escravismo colonial**. 2. ed. São Paulo: Editora Ática, 1978.

GORENDER, Jacob. **O escravismo colonial**. São Paulo: Expressão Popular: Perseu Abramo, 2016.

GOUVEIA, António Camões; MONTEIRO, Nuno Gonçalo. "A Milícia". *In*: HESPANHA, António Manuel (coord.); MATTOSO, José (dir.). **História de Portugal, o antigo regime (vol. IV)**. Lisboa: Editorial Estampa, 1992.

GOUVEIA, António Camões. "O enquadramento pós-tridentino e as vivências do religioso". *In*: HESPANHA, António Manuel (coord.); MATTOSO, José (dir.). **História de Portugal, o antigo regime (vol. IV)**. Lisboa: Editorial Estampa, 1992.

HERMANN, Jacqueline. "Branca Dias". *In*: VAINFAS, Ronaldo (org.). **Dicionário do Brasil colonial (1500 - 1808)**. Rio de Janeiro: Objetiva, 2001.

HERMANN, Jacqueline. "Cristãos-novos". *In*: VAINFAS, Ronaldo (org.). **Dicionário do Brasil colonial (1500 - 1808)**. Rio de Janeiro: Objetiva, 2001.

HESPANHA, António Manuel. "Para uma teoria da história institucional do Antigo Regime". *In*: HESPANHA, António Manuel (org.). **Poder e Instituições na Europa de Antigo Regime**. Lisboa: Fundação Calouste Gulbenkian, 1984.

HESPANHA, António Manuel. "O poder Eclesiástico. Aspectos institucionais". *In*: HESPANHA, António Manuel (coord.); MATTOSO, José (dir.). **História de Portugal, o Antigo Regime (vol. IV)**. Lisboa: Editorial Estampa, 1992.

HESPANHA, António Manuel. "Fundamentos antropológicos da família de Antigo Regime: os sentimentos Familiares". *In*: HESPANHA, António Manuel (coord.); MATTOSO, José (dir.). **História de Portugal, o antigo regime (vol. IV)**. Lisboa: Editorial Estampa, 1992.

HESPANHA, António Manuel. "A Fazenda". *In*: HESPANHA, António Manuel (coord.); MATTOSO, José (dir.). **História de Portugal, o antigo regime (vol. IV)**. Lisboa: Editorial Estampa, 1992.

HESPANHA, António Manuel. **As vésperas do Leviathan**. Instituições e poder político: Portugal - séc. XVII. Lisboa: Almedina, 1994.

HESPANHA, António Manuel. **Cultura jurídica europeia**: síntese de um milénio. 3. ed. Lisboa: Publicações Europa-América, 2003.

HESPANHA, António Manuel. "Governo, elites e competência social: sugestão para um entendimento renovado da história das elites". *In*: BICALHO, Maria Fernanda Baptista; FERLINI, Vera Lúcia Amaral (org.). **Modos de governar**: ideias e práticas políticas no império português - séculos XVI-XIX. São Paulo: Alameda, 2005.

HESPANHA, António Manuel. "A mobilidade social na sociedade de Antigo Regime". **Revista Tempo**, Rio de Janeiro, v. 11, n. 21, jul. 2006.

HESPANHA, António Manuel. "Prefácio". *In*: FRAGOSO, João Luís Ribeiro. ALMEIDA, Carla Maria Carvalho de; SAMPAIO, Antonio Carlos Jucá de. **Conquistadores e negociantes**: Histórias de elites no Antigo Regime nos trópicos. América lusa, Séculos XVI a XVIII. Rio de Janeiro: Civilização Brasileira, 2007.

HESPANHA, António Manuel. "Por que é que foi 'portuguesa' a expansão portuguesa? ou O revisionismo nos trópicos". *In*: SOUZA, Laura de Mello e; FURTADO,

Júnia Ferreira; BICALHO, Maria Fernanda. **O governo dos povos**. São Paulo: Alameda, 2009.

HESPANHA, António Manuel. "A constituição do Império português. Revisão de alguns enviesamentos correntes". *In*: FRAGOSO, João; BICALHO, Maria Fernanda Baptista; GOUVÊA, Maria de Fátima Silva (org.). **O Antigo Regime nos trópicos**: a dinâmica imperial portuguesa (séculos XVI - XVIII). 2. ed. Rio de Janeiro: Civilização Brasileira, 2010.

HESPANHA, António Manuel. "Antigo regime nos trópicos? Um debate sobre o modelo político do império colonial português". *In*: FRAGOSO, João; GOUVÊA, Maria de Fátima (org.). **Na trama das redes**: política e negócios no império português, séculos XVI - XVIII. Rio de Janeiro: Civilização Brasileira, 2010.

HESPANHA, António Manuel. **Imbecillitas.** As bem-aventuranças da inferioridade nas sociedades de Antigo Regime. São Paulo: Annablume, 2010.

HESPANHA, António Manuel. "A monarquia: a legislação e os agentes". *In*: MONTEIRO, Nuno Gonçalo (coord.); MATTOSO, José (dir.). **História da vida privada em Portugal**: A idade moderna. Lisboa: Temas e Debates, Círculo de Leitores, 2011.

HESPANHA, António Manuel. "Os modelos normativos. Os paradigmas literários". *In*: MONTEIRO, Nuno Gonçalo (coord.); MATTOSO, José (dir.). **História da vida privada em Portugal**: A idade moderna. Lisboa: Temas e Debates, Círculo de Leitores, 2011.

HESPANHA, António Manuel; XAVIER, Ângela Barreto. "A representação da sociedade e do Poder". *In*: HESPANHA, António Manuel (coord.); MATTOSO, José (dir.). **História de Portugal, o antigo regime (vol. IV)**. Lisboa: Editorial Estampa, 1992.

HESPANHA, António Manuel; XAVIER, Ângela Barreto. "O paradigma individualista". *In*: HESPANHA, António Manuel (coord.); MATTOSO, José (dir.). **História de Portugal, o antigo regime (vol. IV)**. Lisboa: Editorial Estampa, 1992.

HIGGS, David. "Servir ao Santo Ofício nas Minas setecentistas: o comissário Nicolau Gomes Xavier". *In*: VAINFAS, Ronaldo; FEITLER, Bruno; LAGE, Lana (org.). **A Inquisição em xeque**: temas, controvérsias e estudos de caso. Rio de Janeiro: Eduerj, 2006.

HOLANDA, Sérgio Buarque de. **Raízes do Brasil**. São Paulo: Companhia das Letras, 1995.

HOLANDA, Sérgio Buarque de. **Raízes do Brasil**. Edição comemorativa 70 anos. São Paulo: Companhia das Letras, 2006.

HOORNAERT, Eduardo *et. al*. **História da Igreja no Brasil**: ensaio de interpretação a partir do povo: primeira época, Período colonial. Petrópolis, RJ: Vozes, 2008.

IZECKSOHN, Vitor. "Ordenanças, tropas de linha e auxiliares: mapeando os espaços Militares luso-brasileiros". *In*: FRAGOSO, João; GOUVÊA, Maria de Fátima. **O Brasil Colonial**: volume 3 (ca. 1720 - ca. 1821). Rio de Janeiro: Civilização Brasileira, 2014.

JACKSON, K. David. "*Rhymes, Roles, Saints, Songs*: Notas sobre literatura e religião nas viagens portuguesas". *In*: SCHWARTZ, Stuart; MYRUP, Erik. **O Brasil no império marítimo português**. Bauru, SP: Edusc, 2009.

KÜHN, Fábio. "As redes da distinção: familiares da Inquisição na América Portuguesa do século XVIII". **Varia História**, Belo Horizonte, vol. 26, nº 43: jan./jun. 2010.

LACOMBE, Américo Jacobina. "A Igreja no Brasil colonial". *In*: HOLANDA, Sérgio Buarque de (dir.). **História Geral da Civilização Brasileira**: A época colonial. Tomo II, Administração, economia e sociedade. São Paulo: Difel, 1982.

LÊNIN, Vladímir Ilitch. **Imperialismo, estágio superior do capitalismo**: ensaio de divulgação ao público. São Paulo: Boitempo, 2021.

LENK, Wolfgang. **Guerra e pacto colonial**: a Bahia contra o Brasil holandês (1624-1654). São Paulo: Alameda, 2013.

LIMA, Roberto Kant de. "Tradição inquisitorial no Brasil contemporâneo: a incessante busca da 'verdade real'". *In*: VAINFAS, Ronaldo; FEITLER, Bruno; LAGE, Lana (org.). **A Inquisição em xeque**: temas, controvérsias e estudos de caso. Rio de Janeiro: Eduerj, 2006.

LINDOSO, Dirceu. **A utopia armada**: Rebeliões de pobres nas matas do Tombo Real. 2. ed. rev. Maceió: Edufal, 2005.

LINDOSO, Dirceu. **Interpretação da província**: estudo da cultura alagoana. 3. ed. Maceió: Edufal, 2015.

LINDOSO, Dirceu. **A razão quilombola**: estudos em torno do conceito quilombola de nação etnográfica. Maceió: Edufal, 2011.

LIPNER, Elias. "Elias Lipner, por ele mesmo (fragmentos)". *In*: FALBEL, Nachman; MILGRAM, Avraham; DINES, Alberto (org.). **Em nome da Fé**: Estudos *in memoriam* de Elias Lipner. São Paulo: Editora Perspectiva, 1999.

LOPES, Luiz Fernando Rodrigues. **Vigilância, distinção & honra**: Os Familiares do Santo Ofício na Freguesia de Nossa Senhora da Conceição de Guarapiranga – Minas Gerais (1753-1801). Dissertação (Mestrado em História) – Programa de Pós-Graduação da Universidade Federal de Juiz de Fora, Juiz de Fora, 2012.

LOSURDO, Domenico. **Contra-história do Liberalismo**. Aparecida, SP: Ideias & Letras, 2006.

LUKÁCS, Georg. **História e consciência de classe**: estudos sobre a dialética marxista. São Paulo: Editora WMF Martins Fontes, 2018.

MACHADO, Alex Rolim. "Mercadores da Inquisição: Notas sobre estratégias de ascensão social (Alagoas Colonial, c. 1674- c. 1820)". **Historien**, Petrolina, ano 4, n. 9, jul./dez. 2013.

MACHADO, Alex Rolim. "Classificação e perseguição: os agentes da Inquisição, os negros, pardos e mulatos em uma sociedade escravista (Alagoas Colonial, 1674-1820)". **Sankofa** – Revista de História da África e de Estudos da Diáspora Africana, ano VII, n. XIV, dez. 2014.

MACHADO, Alex Rolim. "Cristãos-novos, Inquisição e escravidão: Ensaio sobre inclusão e exclusão social (Alagoas Colonial, 1575-1821)", **Revista Crítica Histórica**, ano VI, n. 11, jul. 2015.

MACHADO, Alex. "Cinco documentos para a História da Comarca das Alagoas. Contribuição para os estudos demográficos, econômicos, geográficos e administrativos, 1749-1814", **Revista Crítica Histórica**, v. 8, n. 16, 2017.

MACHADO, Alex Rolim. **"Para se administrar a justiça, conter os crimes e melhorar a arrecadação"**: desenvolvimento social e motivações econômicas na institucionalização da Comarca das Alagoas. Capitania de Pernambuco, 1654-1712. Tese (Doutorado em História) – Programa de Pós-Graduação em História, Universidade Federal de Pernambuco, Recife, 2020.

MAGALHÃES, Joaquim Romero. "Sociedade e Cultura". *In*: MAGALHÃES, Joaquim Romero (org.); **História de Portugal:** o alvorecer da modernidade (vol. II). Dir. José Mattoso--. Lisboa: Editorial Estampa, 1993.

MAGALHÃES, Joaquim Romero. "A construção do espaço brasileiro". *In*: BETHENCOURT, Francisco; CHAUDHURI, Kirti (dir.) **História da Expansão Portuguesa vol. II**: Do Índico ao Atlântico (1570-1697). Lisboa: Círculo dos Leitores, 1998b.

MAGALHÃES, Joaquim Romero. **Concelhos e organização municipal na Época Moderna**. Miunças 1. Coimbra: Imprensa da Universidade de Coimbra, 2011.

MARAVALL, José Antonio. **Antiguos y Modernos**. Visión de la historia e idea de progreso hasta el Renacimiento. Madrid: Alianza Editorial, 1986.

MARAVALL, José Antonio. **Estado Moderno y Mentalidad Social (siglos XV a XVII)**. Madrid: Alianza Editorial, 1986. 2 v.

MARAVALL, José Antonio. **A cultura do barroco**. Análise de uma estrutura histórica. São Paulo: Editora da Universidade de São Paulo, 2009.

MARQUES, Dimas. "Elites administrativas e a dinâmica da distribuição de cargos na Comarca das Alagoas (séculos XVII-XVIII)". *In*: CAETANO, Antonio Filipe Pereira (org.). **Alagoas e o império colonial português**: ensaios sobre poder e administração (séculos XVII – XVIII). Maceió: Cepal, 2010.

MARQUES, Dimas. "Por meus méritos às minhas mercês: Elites locais e a distribuição de cargos (Comarca das Alagoas – século XVIII)". *In*: CAETANO, Antonio Filipe Pereira (org.). **Alagoas Colonial**: Construindo Economias, Tecendo Redes de Poder e Fundando Administrações (Séculos XVII-XVIII). Recife: Editora Universitária UFPE, 2012.

MARQUES, Dimas. "**Por meus méritos às minhas mercês**". Elites administrativas e a distribuição de cargos (Comarca das Alagoas – século XVII-XVIII). Monografia (Bacharelado em História) – Instituto de Ciências Humanas, Comunicação e Artes, Departamento de História, Universidade Federal de Alagoas, Maceió, 2011.

MARQUESE, Rafael Bivar. **Administração & escravidão**. São Paulo; Hucitec/ Fapesp, 1999.

MARTINIÈRE, Guy. "A implantação das estruturas de Portugal na América (1620-1750)". *In*: MAURO, Frédéric (coord.); SERRÃO, Joel; MARQUES, A. H. de Oliveira (dir.). **Nova história da Expansão Portuguesa**: o Império Luso-Brasileiro (1620-1750). Lisboa: Editorial Estampa, 1991.

MARX, Karl. **Manuscritos econômico-filosóficos e outros textos escolhidos**. Seleção de textos de José Arthur Giannotti. 2. ed. São Paulo: Abril Cultural, 1978.

MARX, Karl. **Contribuição à crítica da economia política**. São Paulo: Martins Fontes, 2003.

MARX, Karl. "Contribuição à crítica da Filosofia do Direito de Hegel. Introdução". *In*: MARX, Karl. **Manuscritos Econômicos-Filosóficos**. São Paulo: Martin Claret, 2004.

MARX, Karl; ENGELS, Friedrich. **A ideologia alemã**. Rio de Janeiro: Civilização Brasileira, 2007.

MELÓ, Venuzia de Barros. **Barros Pimentel**: uma família Alagoana. Maceió: Departamento de assuntos culturais – SEC, 1984.

MELLO, Evaldo Cabral de. **O nome e o sangue**: Uma parábola Familiar no Pernambuco colonial. 2. ed. rev. Rio de Janeiro: Topbooks, 2000.

MELLO, Evaldo Cabral de. **Um imenso Portugal**: História e historiografia. São Paulo: Editora 34, 2002.

MELLO, Evaldo Cabral de. **Olinda restaurada**. Guerra e açúcar no nordeste, 1630-1654. São Paulo: Editora 34, 2007.

MELLO, Evaldo Cabral de. **Rubro veio**: o imaginário da restauração pernambucana. 3. ed. ver. São Paulo: Alameda, 2008.

MELLO, Evaldo Cabral de. **A fronda dos mazombos**: Nobres contra mascates, Pernambuco, 1666-1715. São Paulo: Editora 34, 2012.

MELLO, Evaldo Cabral de. "Uma nova Lusitânia". *In*: MELLO, Evaldo Cabral de. **A educação pela guerra**: leituras cruzadas de história colonial. São Paulo: Penguin Classics Companhia das Letras, 2014.

MELLO, Marcia Eliane Alves de Souza e. **Fé e Império**: as juntas das missões nas conquistas portuguesas. Manaus: Editora da Universidade Federal do Amazonas, 2009.

MELLO E SOUZA, Laura de. "Festas barrocas e vida cotidiana em Minas Gerais". *In*: JANCSÓ, István; KANTOR, Iris (org.). **Festa**: Cultura & sociabilidade na América Portuguesa, volume II. São Paulo: Hucitec: Editora da Universidade de São Paulo: Fapesp: Imprensa Oficial, 2001.

MELLO E SOUZA, Laura de. **O Sol e a Sombra**: política e administração na América portuguesa do século XVIII. São Paulo: Companhia das Letras, 2006.

MELLO E SOUZA, Laura de. **O diabo e a Terra de Santa Cruz**: feitiçaria e religiosidade popular no Brasil colonial. São Paulo: Companhia das Letras, 2009.

MELLO E SOUZA, Laura de; BICALHO, Maria Fernanda Baptista. **1680-1720**: O império deste mundo. São Paulo: Companhia das Letras, 2000.

MENDONÇA, Anne Karolline Campos. **A relação das mulheres com a Justiça e o Direito**: Comarca das Alagoas – Capitania de Pernambuco (1712-1798).

Dissertação (Mestrado em História) – Programa de Pós-Graduação em História, Instituto de Ciências Humanas, Comunicação e Artes, Universidade Federal de Alagoas, Maceió, 2016.

MENDONÇA, Anne Karolline Campos. **Imagem do Direito na Comarca das Alagoas**: continuidades e rupturas judiciais a partir da Lei da Boa Razão, 1755-1808. 2021. Tese (Doutorado em História) – Universidade Federal de Pernambuco, Recife, 2021.

MENDONÇA, Pollyanna Gouveia. "Uma questão de qualidade: justiça eclesiástica e clivagens sociais no Maranhão Colonial". *In*: TAVARES, Célia Cristina da Silva; RIBAS, Rogério de Oliveira (org.). **Hierarquias, raça e mobilidade social**: Portugal, Brasil e o império colonial português (séculos XVI-XVIII). Rio de Janeiro: Contra Capa/ Companhia das Índias, 2010.

MÉRO, Ernani. **Santa Maria Madalena**. Maceió: Sergasa, 1994.

MONTEIRO, Nuno Gonçalo. "Sistemas Familiares". *In*: HESPANHA, António Manuel (coord.). **História de Portugal, o antigo regime (vol. IV).** Dir. José Mattoso. Lisboa: editorial estampa, 1992.

MONTEIRO, Nuno Gonçalo. "Casa, casamento e nome: fragmentos sobre relações Familiares e indivíduos". *In*: MONTEIRO, Nuno Gonçalo (coord.); MATTOSO, José (dir.). **História da vida privada em Portugal**: A idade moderna. Lisboa: Temas e Debates, Círculo de Leitores, 2011.

MONTEIRO, Rodrigo Bentes. "Aparente e essencial. Sobre a representação do poder na Época Moderna". *In*: SOUZA, Laura de Mello e; FURTADO, Júnia Ferreira; BICALHO, Maria Fernanda. **O governo dos povos**. São Paulo: Alameda, 2009.

MOTT, Luiz. "A Inquisição em Alagoas". **Debates de História Regional** – Revista do Departamento de História da UFAL, Maceió, n. 1, 1992.

MOTT, Luiz. "Cotidiano e vivência religiosa: entre a capela e o calundu". *In*: SOUZA, Laura de Mello e (coord.); NOVAIS, Fernando A. (dir.). **História da vida privada no Brasil**: Cotidiano e vida privada na América portuguesa. São Paulo: Companhia das Letras, 1997.

MOTT, Luiz. "Bígamos de Alagoas nas garras da Inquisição". **Revista Ultramares**, Maceió, GEAC, v. 1, n. 1, jan.-jul. 2012.

NOVAIS, Fernando A. **Portugal e Brasil na crise do antigo sistema colonial (1777 – 1808)**. São Paulo: Hucitec, 2006.

NOVINSKY, Anita. "Prefácio". *In*: CARNEIRO, Maria Luiza Tucci. **Preconceito Racial em Portuga e Brasil Colônia:** os cristãos-novos e o mito da pureza de sangue. – São Paulo: Perspectiva, 2005.

OLIVAL, Fernanda. **As Ordens Militares e o Estado Moderno**: Honra, Mercê e Venalidade em Portugal (1641-1789). Lisboa: Estar, 2001.

OLIVAL, Fernanda. "Os lugares e espaços do privado nos grupos populares e intermédios". *In*: MONTEIRO, Nuno Gonçalo (coord.); MATTOSO, José (dir.). **História da vida privada em Portugal**: A idade moderna. Lisboa: Temas e Debates, Círculo de Leitores, 2011.

OLIVAL, Fernanda. "Ser Comissário na Inquisição portuguesa e fingir sê-lo (séculos XVII-XVIII)". *In*: FURTADO, Júnia Ferreira; RESENDE, Maria Leônia Chaves de (org.). **Travessias inquisitoriais das Minas Gerais aos cárceres do Santo Ofício**: diálogos e trânsitos religiosos no império luso-brasileiro (sécs. XVI-XVIII). Belo Horizonte: Fino Traço, 2013.

PEDREIRA, Jorge M. "Custos e Tendências Financeiras do Império Português, 1415-1822". *In*: BETHENCOURT, Francisco; CURTO, Diogo Ramada (dir.). **A expansão marítima portuguesa, 1400-1800**. Lisboa: Edições 70, 2010.

PEDROSA, Lanuza. "Entre prestígios e conflitos: formação e estrutura da Ouvidoria alagoana por intermédio de seu ouvidores-gerais (séculos XVII e XVIII)". *In*: CAETANO, Antonio Filipe Pereira (org.). **Alagoas e o império colonial português**: ensaios sobre poder e administração (séculos XVII – XVIII). Maceió: Cepal, 2010.

PEDROSA, Lanuza Carnaúba. "Regalias, Polêmicas e Poder: O caso dos ouvidores João Vilela do Amaral e Manuel de Almeida Matoso (Comarca das Alagoas, 1717-1727)". *In*: CAETANO, Antonio Filipe Pereira (org.). **Conflitos, revoltas e insurreições na América portuguesa**. Maceió: Edufal, 2011.

PRADO JR., Caio. **Formação do Brasil contemporâneo**: colônia. 23. ed. São Paulo: Brasiliense, 2008.

PRADO JR., Caio. **Formação do Brasil contemporâneo**: colônia. São Paulo: Companhia das Letras, 2011.

PUNTONI, Pedro. **A Guerra dos Bárbaros**: Povos Indígenas e a Colonização do Sertão Nordeste do Brasil, 1650-1720. São Paulo: Hucitec: Editora da Universidade de São Paulo: Fapesp, 2002.

QUEIROZ, Álvaro. **Os carmelitas na história de Alagoas**. Maceió: Sergasa, 1994.

RAFAEL, Ulisses Neves. **Xangô rezado baixo**: um estudo da perseguição aos terreiros de Alagoas em 1912. Rio de Janeiro: UFRJ/IFCS, 2004.

RAMINELLI, Ronald. "Império da fé: Ensaio sobre os portugueses no Congo, Brasil e Japão". *In*: FRAGOSO, João; BICALHO, Maria Fernanda Baptista; GOUVÊA, Maria de Fátima (org.). **O Antigo Regime nos Trópicos**: a dinâmica imperial portuguesa (séculos XVI-XVIII). Rio de Janeiro: Civilização Brasileira, 2010.

RAMINELLI, Ronald. "Eva tupinambá". *In*: DEL PRIORE, Mary (org.); PINKSY, Carla Bassanezi (coord. de textos). **História das mulheres no Brasil**. São Paulo: Contexto, 2013.

RENOU, René. "A cultura explícita (1620-1750)". *In*: MAURO, Frédéric (coord.); SERRÃO, Joel; MARQUES, A. H. de Oliveira (dir.). **Nova história da Expansão Portuguesa**: o Império Luso-Brasileiro (1620-1750). Lisboa: Editorial Estampa, 1991.

RESENDE, Maria Leônia Chaves de. "Cartografia gentílica: os índios e a Inquisição na América Portuesa (século XVIII)". *In*: FURTADO, Júnia Ferreira; RESENDE, Maria Leônia Chaves de (org.). **Travessias inquisitoriais das Minas Gerais aos cárceres do Santo Ofício**: diálogos e trânsitos religiosos no império luso-brasileiro (sécs. XVI-XVIII). Belo Horizonte: Fino Traço, 2013.

RITA, Carlos Santa. **A Igreja de Nossa Senhora da Corrente**: subsídios a história de Penedo. Maceió: Divulgação do Departamento Estadual de Cultura, 1962.

RODRIGUES, Aldair. **Sociedade e Inquisição em Minas Colonial**: Os Familiares do Santo Ofício (1711-1808). Dissertação (Mestrado em História) – Universidade de São Paulo, São Paulo, 2007.

RODRIGUES, Aldair Carlos. "Inquisição e sociedade. A formação da rede de Familiares do Santo Ofício em Minas Gerais colonial (1711-1808)". **Varia História**, Belo Horizonte, v. 26, n. 43, p. 197-216, jan./jun. 2010.

RODRIGUES, Aldair. **Poder Eclesiástico e Inquisição no século XVIII luso-brasileiro**: agentes, carreiras e mecanismos de promoção social. Tese (Doutorado em História) – Universidade de São Paulo, São Paulo, 2012.

ROLIM, Alex. "Por via da administração para salvação das almas: o Clero Secular e a comarca das Alagoas (Século XVII-XVIII)". *In*: CAETANO, Antonio Filipe Pereira (org.). **Alagoas e o império colonial português**: ensaios sobre poder e administração (séculos XVII – XVIII). Maceió: Cepal, 2010.

ROLIM, Alex. "Caos administrativo e atuação eclesiástica. Vila das Alagoas (c. 1770)". *In*: CAETANO, Antonio Filipe Pereira (org.). **Alagoas Colonial**: Construindo Economias, Tecendo Redes de Poder e Fundando Administrações (Séculos XVII-XVIII). Recife: Editora Universitária UFPE, 2012.

ROLIM, Alex. **O caleidoscópio do poder**: monarquia pluricontinental e autoridades negociadas na institucionalização da ouvidoria das alagoas na capitania de Pernambuco. (1699-1712). Monografia (Bacharelado em História) – Instituto de Ciências Humanas, Comunicação e Artes (ICHCA), Universidade Federal de Alagoas, Maceió, 2013.

ROLIM, Alex; CURVELO, Arthur Almeida S. C.; MARQUES, Dimas Bezerra; PEDROSA, Lanuza Maria Carnaúba. "Crime e Justiça no 'domicílio ordinário dos delinquentes': Comarca das Alagoas (século XVIII)". **Revista Crítica Histórica**, ano II, n. 3, jul. 2011.

ROMANELLI, Cristina. "Fogo que arde sem se ver". **Revista de História da Biblioteca Nacional**: Dossiê Inquisição, ano 7, n. 73, out. 2011.

RUSSEL-WOOD, A. J. R. **Fidalgos e filantropos:** a Santa Casa da Misericórdia da Bahia, 1550 – 1755. – Brasília, Editora Universidade de Brasília, 1981.

RUSSELL-WOOD, A. J. R. "Senhores de Engenho e Comerciantes". *In*: BETHENCOURT, Francisco; CHAUDHURI, Kirti (dir.). **História da Expansão Portuguesa vol. III**: O Brasil na Balança do Império (1697-1808). Lisboa: Temas e Debates, 1998c.

RUSSELL-WOOD, A. J. R. "Ritmos e destinos de emigração". *In*: BETHENCOURT, Francisco; CHAUDHURI, Kirti (dir.). **História da Expansão Portuguesa vol. II**: Do Índico ao Atlântico (1570-1697). Lisboa: Círculo dos Leitores, 1998.

RUSSELL-WOOD, A. J. R. "Prefácio". *In*: FRAGOSO, João; BICALHO, Maria Fernanda Baptista; GOUVÊA, Maria de Fátima Silva (org.). **O Antigo Regime nos trópicos**: a dinâmica imperial portuguesa (séculos XVI – XVIII). 2. ed. Rio de Janeiro: Civilização Brasileira, 2010.

SÁ, Isabel de Guimarães. "Misericórdias". *In*: BETHENCOURT, Francisco; CHAUDHURI, Kirti (dir.). **História da Expansão Portuguesa vol. III**: O Brasil na Balança do Império (1697-1808). Lisboa: Temas e Debates, 1998c.

SÁ, Isabel de Guimarães. "Estruturas Eclesiásticas e Acção Religiosa". *In*: BETHENCOURT, Francisco; CURTO, Diogo Ramada (dir.). **A expansão marítima portuguesa, 1400-1800.** Lisboa: Edições 70, 2010.

SÁ, Isabel de Guimarães. **As Misericórdias Portuguesas**, séculos XVI a XVIII. Rio de Janeiro: Editora FGV, 2013.

SALGADO, Graça (coord.). **Fiscais e Meirinhos**: a administração no Brasil Colonial. 2. ed. Rio de Janeiro: Nova Fronteira, 1985.

SALVADOR, José Gonçalves. **Cristãos-novos, jesuítas e Inquisição**: Aspectos de sua atuação nas capitanias do Sul, 1530-1680. São Paulo: Livraria Pioneira Editoria; Editora da Universidade de São Paulo, 1969.

SAMPAIO, Antonio Carlos de. "Famílias e negócios: a formação da comunidade mercantil carioca na primeira metade do setecentos". *In*: FRAGOSO, João Luís Ribeiro; ALMEIDA, Carla Maria Carvalho de; SAMPAIO, Antonio Carlos Jucá de. **Conquistadores e negociantes**: Histórias de elites no Antigo Regime nos trópicos. América lusa, Séculos XVI a XVIII. Rio de Janeiro: Civilização Brasileira, 2007.

SAMPAIO, Antonio Carlos de. "Os homens de negócio e a coroa na construção das hierarquias sociais: o Rio de Janeiro na primeira metade do século XVIII". *In*: FRAGOSO, João; GOUVÊA, Maria de Fátima (org.). **Na trama das redes**: política e negócios no império português, séculos XVI – XVIII. Rio de Janeiro: Civilização Brasileira, 2010.

SAMPAIO, Antônio Carlos Jucá de. "Fluxos e refluxos mercantis: centros, periferias e diversidade regional". *In*: FRAGOSO, João; GOUVÊA, Maria de Fátima. **O Brasil Colonial**: volume 2 (ca. 1580- ca.1720). Rio de Janeiro: Civilização Brasileira, 2014.

SANTIAGO, Camila Fernanda Guimarães. "Os gastos do senado da Câmara de Vila Rica com festas: destaque para a *Corpus Christi* (1720-1750)". *In*: JANCSÓ, István; KANTOR, Iris (org.). **Festa**: Cultura & sociabilidade na América Portuguesa, volume II. São Paulo: Hucitec: Editora da Universidade de São Paulo: Fapesp: Imprensa Oficial, 2001.

SANTOS, Beatriz Catão Cruz. "Unidade e diversidade através da festa de *Corpus Christi*". *In*: JANCSÓ, István; KANTOR, Iris (org.). **Festa**: Cultura & sociabilidade na América Portuguesa, volume II. São Paulo: Hucitec: Editora da Universidade de São Paulo: Fapesp: Imprensa Oficial, 2001.

SCHWARTZ, Stuart. **Segredos internos**: engenhos e escravos na sociedade colonial, 1550-1835. São Paulo: Companhia das Letras, 1988.

SCHWARTZ, Stuart. "A 'babilônia' Colonial: a Economia Açucareira". *In*: BETHENCOURT, Francisco; CHAUDHURI, Kirti (dir.). **História da Expansão Portuguesa vol. II**: Do Índico ao Atlântico (1570-1697). Lisboa: Círculo dos Leitores, 1998.

SCHWARTZ, Stuart. "O Brasil colonial, c. 1580-1750: as grandes lavouras e as periferias". *In*: BETHELL, Leslie (org.). **História da América Latina**: América Latina Colonial, volume II. São Paulo: Editorada Universidade de São Paulo; Brasília, DF: Fundação Alexandre de Gusmão, 2008.

SCHWARTZ, Stuart. **Cada um na sua lei**: tolerância religiosa e salvação no mundo atlântico ibérico. São Paulo: Companhia das Letras; Bauru: Edusc, 2009.

SCHWARTZ, Stuart. "A Economia do Império Português". *In*: BETHENCOURT, Francisco; CURTO, Diogo Ramada (dir.). **A expansão marítima portuguesa, 1400-1800**. Lisboa: Edições 70, 2010.

SCHWARTZ, Stuart. **Burocracia e sociedade no Brasil colonial**: o Tribunal Superior da Bahia e seus desembargadores, 1609-1751. São Paulo: Companhia das Letras, 2011.

SERRÃO, José Vicente. "O quadro económico. Configurações estruturais e tendências de evolução". *In*: HESPANHA, António Manuel (coord.). **História de Portugal, o antigo regime (vol. IV).** Dir. José Mattoso. Lisboa: editorial estampa, 1992.

SILVA, Gian Carlo de Melo. "Pai zeloso, cristão e senhor de escravos: o caso de José Henrique Pereira Brainer – Pernambuco, limiar dos séculos XVIII e XIX". *In*: ALMEIDA, Suely Creusa Cordeiro de; SILVA, Gian Carlo de Melo; RIBEIRO, Marília de Azambuja (org.). **Cultura e sociabilidade no mundo atlântico**. Recife: Ed. Universitária da UFPE, 2012.

SILVA, Kalina Vanderlei. **O miserável soldo & a boa ordem da sociedade colonial**: Militarização e marginalidade na Capitania de Pernambuco dos séculos XVII e XVIII. Recife: Fundação de Cultura Cidade do Recife, 2001.

SILVA, Maria Beatriz Nizza da. **Sistema de casamento no Brasil colonial**. São Paulo: Editora da Universidade de São Paulo, 1984.

SILVA, Maria Beatriz Nizza da. "A cultura implícita". *In*: MAURO, Frédéric (coord.); SERRÃO, Joel; MARQUES, A. H. de Oliveira (dir.). **Nova história da Expansão Portuguesa**: o Império Luso-Brasileiro (1620-1750). Lisboa: Editorial Estampa, 1991.

SILVA, Maria Beatriz Nizza da. "A vida quotidiana". *In*: SILVA, Maria Beatriz Nizza da (coord.); SERRÃO, Joel; MARQUES, A. H. de Oliveira (dir.). **Nova história da Expansão Portuguesa**: o Império Luso-Brasileiro (1750-1822). Lisboa: Editorial Estampa, 1991.

SILVA. Maria Beatriz Nizza da. "A estrutura social". *In*: SILVA, Maria Beatriz Nizza da (coord.); SERRÃO, Joel; MARQUES, A. H. de Oliveira (dir.). **Nova história da**

Expansão Portuguesa: o Império Luso-Brasileiro (1750-1822). Lisboa: Editorial Estampa, 1991.

SILVA, Maria Beatriz Nizza da. **Ser nobre na Colônia**. São Paulo: Editora da Unesp, 2005.

SIQUEIRA, Sonia. **A Inquisição portuguesa e a sociedade colonial**. São Paulo: Ática, 1978.

SKINNER, Quentin. **As fundações do pensamento político moderno**. São Paulo: Companhia das Letras, 1996.

SOBRAL, Luís de Moura. "A Expansão e as Artes: Transferências, Contaminações, Inovações". *In*: BETHENCOURT, Francisco; CURTO, Diogo Ramada (dir.). **A expansão marítima portuguesa, 1400-1800**. Lisboa: Edições 70, 2010.

SOUZA, George Félix Cabral de. **Tratos & mofatras**: o grupo mercantil do Recife colonial (c. 1654-c. 1759). Recife: Ed. Universitária da UFPE, 2012.

STEVENSON, Robert. "Nota: a música no Brasil Colonial". *In*: BETHELL, Leslie (org.). **História da América Latina**: América Latina Colonial, volume II. São Paulo: Editora da Universidade de São Paulo; Brasília, DF: Fundação Alexandre de Gusmão, 2008.

STONE, Lawrence. "Prosopografia". **Revista Sociologia Política**, Curitiba, v. 15, n. 39, p. 115-137, jun. 2011.

STOPPINO, Mario. "Poder". *In*: BOBBIO, Norberto; MATTEUCCI, Nicola; PASQUINO, Gianfranco (org.). **Dicionário de Política**. Vol. II. Brasília: Editora Universidade de Brasília. São Paulo: Imprensa Oficial do Estado, 2000b.

STOPPINO, Mario. "Violência". *In*: BOBBIO, Norberto; MATTEUCCI, Nicola; PASQUINO, Gianfranco (org.). **Dicionário de Política**. Vol. II. Brasília: Editora Universidade de Brasília. São Paulo: Imprensa Oficial do Estado, 2000b.

SZMRECSÁNYI, Tamás (org.). **História econômica do período colonial**. São Paulo: Editora Hucitec, 1996.

THOMPSON, Edward. **A miséria da teoria ou Um planetário de erros**: uma crítica ao pensamento de Althusser. Rio de Janeiro: Zahar, 1981.

THOMPSON, Edward. **Formação da classe operária inglesa**: vol. I, a árvore da liberdade. Rio de Janeiro: Paz e Terra, 1987.

THOMPSON, Edward P. **Costumes em comum**. São Paulo: Companhia das Letras, 1998.

VEIGA TORRES, José. "Da Repressão Religiosa para a Promoção Social. A Inquisição como instância legitimadora da promoção social da burguesia mercantil". **Revista Crítica de Ciências Sociais**, n. 40, out. 1994.

VAINFAS, Ronaldo. **Ideologia e Escravidão**. Petrópolis: Vozes, 1986.

VAINFAS, Ronaldo. "Moralidades brasílicas: deleites sexuais e linguagem erótica na sociedade escravista". *In*: SOUZA, Laura de Mello e (org.); NOVAIS, Fernando A. (coord. geral). **História da vida privada no Brasil**: cotidiano e vida privada na América portuguesa. São Paulo: Companhia das Letras, 1997.

VAINFAS, Ronaldo. **Trópico dos pecados**: moral, Sexualidade e Inquisição no Brasil. Rio de Janeiro: Civilização Brasileira, 2010.

VAINFAS, Ronaldo. **Jerusalém colonial**: judeus portugueses no Brasil holandês. Rio de Janeiro: Civilização Brasileira, 2010.

VAINFAS, Ronaldo. SANTOS, Georgina Silva dos. "Igreja, Inquisição e religiosidades coloniais". *In*: FRAGOSO, João; GOUVÊA, Maria de Fátima. **O Brasil Colonial**: volume 1 (ca. 1443- ca.1580). – Rio de Janeiro: Civilização Brasileira, 2014.

VENÂNCIO, Renato Pinto; FURTADO, Júnia Ferreira. "Comerciantes, tratantes e mascates". *In*: DEL PRIORE, Mary (org.). **Revisão do Paraíso**: os brasileiros e o estado em 500 anos de história. Rio de Janeiro: Campus, 2000.

WIZNITZER, Arnold. **Os judeus no Brasil Colonial**. São Paulo: Livraria Pioneira Editora; Editora da Universidade de São Paulo, 1966.

ZIZEK, Slavoj. **Menos que nada**: Hegel e a sombra do materialismo dialético. São Paulo: Boitempo, 2013.

DOCUMENTOS MANUSCRITOS:

Arquivo Histórico Ultramarino.

Alagoas Avulsos. Documentos: 21, 23, 27, 30, 33, 34, 38, 40, 46, 60, 63, 73, 137, 164, 175, 201, 209, 218, 222, 257, 286, 324, 326, 346, 361, 383, 429, 455, 462, 465.

Pernambuco Avulsos. Documentos: 1809, 1812, 12619.

Arquivo Nacional Torre do Tombo.

Chancelaria Régia. Dom Pedro II. Ofícios e Mercês. Livro 41, fls. 290v-291.

Chancelaria Régia. D. João V. Ofícios e Mercês. Livro 35. Microfilme 1498.

Desembargo do Paço. Justiça e Despacho da Mesa. Repartição das Justiças. Maço 937.

Tribunal do Santo Ofício. Maços Avulsos. Maço 16, documento nº 11.

Tribunal do Santo Ofício. Inquisição de Lisboa. Processos. Processo 3025. Processo. 8172. Processo 10291. Processo 17462.

Tribunal do Santo Ofício. Inquisição de Lisboa. Caderno do Promotor, livro 324.

Tribunal do Santo Ofício. Ministros e Oficiais. Provisões de nomeação e termos de juramento. Livro 5, fl. 399v; Livro 18, fl. 270v; Livro 20, fl. 175; Livro 21, fl. 147v Livro 22, fl. 7 e 156.

Tribunal do Santo Ofício. Conselho Geral do Santo Ofício. Habilitações. Agostinho. Maço 6, doc. 89. André. Maço 13, doc. 199. Antonio. Maço 20, doc. 613, microfilme 2932. Antonio. Maço 20, doc. 613. Microfilme 2926. Antonio. Maço 27, doc. 744. Constatino. Maço 1, doc. 6, microfilme 2931. Domingos. Maço 19, doc. 391. Francisco. Maço 95, doc. 1572. Gabriel. Maço 4, doc 40. Gonçalo. Maço 6, doc. 112. Inácio. Maço 10, doc. 161. João. Maço 35, doc. 772. João. Maço 129, doc. 2006. João. Maço 166, doc. 1421. Joaquim. Maço 21, doc. 262. José. Maço 158, doc. 3062. José. Maço 103, doc. 1465. Manuel. Maço 86, doc. 162. Pedro. Maço. 38, doc. 645.

Tribunal do Santo Ofício. Habilitações Incompletas. Maço 27, doc. 1109.

Arquivo Público do Estado da Bahia.

Tribunal da Relação da Bahia. Códice 505-1 (1724-1726).

Arquivo da Universidade de Coimbra.

Coleção Conde dos Arcos. Códice 31.

Instituto Histórico e Geográfico Brasileiro.

Manuscritos. Lata 21, pasta 15. Notas Corográficas sobre a Comarca das Alagoas em 1814.

Instituto Histórico e Geográfico de Alagoas.

00007-01-02. 2º Livro de Vereações da Câmara de Alagoas do Sul, vários fólios.

00031-01-03-11. Ordem 3ª de Nossa Senhora do Monte do Carmo. Livro de atas. Vila da Alagoas do Sul, 5 Dez, 1728.

00034-01-03-14. Ordem 3ª de Nossa Senhora do Monte do Carmo. Livro de registro das entradas e profissões, 16 de julho, 1744.

00043-02-01-09. Vila das Alagoas. Atos oficiais relativos a antiguidade desta Vila. 1756.

00078-02-03-13. FERNANDES, Bartholomeu. Balanço das contas da sociedade com José Lins do Cabo [sic]. (...). 2 ago. 1806.

00848-11-01-06. CABRAL, João Francisco Dias. Informações acerca da fundação de alguns templos da Vila de Santa Maria Madalena da Lagoa do Sul. Maceió, ago. 1874.

Arquivo Público do Estado de Alagoas.

Gabinete Civil. Caixa 0957. Auto de Inventário de D. Maria Victoria Lins.

DOCUMENTOS IMPRESSOS:

ANTONIL, André João. **Cultura e opulência no Brasil**. 3. ed. Belo Horizonte: Ed. Itatiaia; São Paulo: Ed. da Universidade de São Paulo, 1982.

"ASSENTOS da Casa. II. Os Familiares do Santo Ofício, nas causas cíveis, sendo Réus, gozam de privilégio de foro". *In*: **Collecção Chronologica dos Assentos das Casas da Suplicação e do Cível**. Livro II. Coimbra: Real Imprensa da Universidade, 1791.

BLUTEAU, Raphael. **Vocabulario portuguez & Latino**. Coimbra: Collegio das Artes da Companhia de Jesus, 1712-1728 (8 volumes.). Disponível em: https://www.bbm.usp.br/pt-br/dicionarios/vocabulario-portuguez-latino-aulico-anatomico-architectonico/, acesso em 18/11/2023.

COMPROMISSO da Irmandade de São Gonçalo Garcia dos Homens Pardos da Vila do Penedo. 26 de fevereiro de 1807. Disponível em: https://digital.bbm.usp.br/handle/bbm/5385, acesso em 18/11/2023.

COUTO, Dom Domingos Loreto. **Desagravos do Brasil e glórias de Pernambuco**. Recife: Fundação de Cultura Cidade do Recife, 1757 [1981].

"DECRETO de 17 de Março de 1654. Foro do Santo Ofício não se estende aos filhos dos Familiares". *In*: SILVA, José Justino de Andrade e. **Collecção Chronologica da Legislação Portugueza – 1648-1656.** Lisboa: Imprensa de J. J. A. Silva, 1854.

"[DOCUMENTO] 110". *In*: **Documentos Históricos**, vol. 99. Rio de Janeiro: Biblioteca Nacional, 1953.

INFORMAÇÃO Geral da Capitania de Pernambuco. *In*: **Anais da Biblioteca Nacional do Rio de Janeiro**. Rio de Janeiro: Biblioteca Nacional, Volume XXVIII, 1906.

JABOATÃO, Fr. Antonio de Santa Maria. **Novo Orbe Serafico Brasilico ou Chronica dos Frades Menores da Provincia do Brasil**. Vol. III. Recife, [s. *n*.], 1761 [1980].

"MEMORIAL que fazem a V. Magestade os Indios da Aldeia de S. Amaro...". **Revista do Instituto Archeológico e Geográphico Alagoano**, Maceió, Typographia do Jornal das Alagoas, v. I, n. 4, jul. 1874.

PINTO, Luiz Maria da Silva. Diccionario da Lingua Brasileira. Typographia de Silva, 1832. Disponível em: https://www.bbm.usp.br/pt-br/dicionarios/diccionario-da-lingua-brasileira/, acesso em 18/11/2023.

PITA, Sebastião da Rocha. **História da América portuguesa**. Brasília: Senado Federal, Conselho Editorial, 1730 [2011].

"PRIVILÉGIOS Concedidos aos Oficiais, e Familiares do Santo Ofício da Inquisição destes Reinos, e Senhorios de Portugal". *In*: SOUZA, José Roberto Monteiro de Campos Coelho e. **Systema, ou Collecção dos Regimentos Reaes, 1785**. Lisboa: Oficina de Francisco Borges de Sousa, 1783.

"REGIMENTO do Santo Ofício da Inquisição dos Reinos de Portugal (...) – 1640". **Revista do Instituto Histórico e Geográfico Brasileiro**, Rio de Janeiro, Instituto Histórico e Geográfico Brasileiro, ano 157, n. 392, jul./set. 1996.

"REGIMENTO do Santo Ofício da Inquisição dos Reinos de Portugal (...) – 1774". **Revista do Instituto Histórico e Geográfico Brasileiro**, Rio de Janeiro, Instituto Histórico e Geográfico Brasileiro, ano 157, n. 392, jul./set. 1996.

"REGISTRO de Alvará por que a Vossa Senhoria tem por bem conceder e dar sesmaria..." *In*: **Documentos Históricos**, volume 59. Typographia Baptista de Souza. Rio de Janeiro, 1943.

"Requerimento (...)". *In*: GOMES, Flávio (org.). **Mocambos de Palmares**: histórias e fontes (séculos XVI-XIX). Rio de Janeiro: 7 Letras, 2010.

SILVA, Antonio Moraes. **Diccionario da língua portuguesa. (2 volumes)** Lisboa: Typhografia Lacerdina, 1813. Disponível em: https://www.bbm.usp.br/pt-br/

dicionarios/diccionario-da-lingua-portugueza-recompilado-dos-vocabularios-impressos-ate-agora-e-nesta-segunda-edi%C3%A7%C3%A3o-novamente-emendado-e-muito-acrescentado-por-antonio-de-moraes-silva/, acesso em 18/11/2023

TÍTULO VI: "Como se cumprirão os mandados dos Inquisidores". *In*: **Ordenações Filipinas**. Livros II e III. Lisboa: Fundação Calouste Gulbenkian, 1985.

TÍTULO IX: "Dos casos mixti-fori". *In*: **Ordenações Filipinas**. Livros II e III. Lisboa: Fundação Calouste Gulbenkian, 1985.

VIDE, Sebastião Monteiro da. **Constituições Primeiras do Arcebispado da Bahia**. Organizado por Istvan Jancsó e Pedro Puntoni. São Paulo: Editora da Universidade de São Paulo, 2010.